PHOTOSHOP CS6 中文版从入门到精通

赵 侠 刘红梅 张琳琳 安 雪 / 主编
彭 浩 勒玉海 冯 逢 徐小亚 / 编著

图书在版编目（CIP）数据

Photoshop CS6 从入门到精通：铂金精粹版 / 赵侠等主编；彭浩等编著 .
一北京：中国青年出版社，2014.2
ISBN 978-7-5153-0598-1
I. ①P… II. ①赵… ②彭… III. ①图像处理软件 IV. ①TP391.41
中国版本图书馆 CIP 数据核字（2014）第 014971 号

Photoshop CS6 从入门到精通（铂金精粹版）

赵　侠　刘红梅　张琳琳　安　雪 / 主编
彭　浩　勒玉海　冯　逢　徐小亚 / 编著

出版发行：中国青年出版社
地　　址：北京市东四十二条 21 号
邮政编码：100708
电　　话：（010）59521188 / 59521189
传　　真：（010）59521111
企　　划：北京中青雄狮数码传媒科技有限公司
责任编辑：张　军　张海玲
封面制作：六面体书籍设计　孙素锦

印　　刷：中煤（北京）印务有限公司
开　　本：787×1092　1/16
印　　张：14.5
版　　次：2014 年 3 月北京第 1 版
印　　次：2017 年 1 月第 4 次印刷
书　　号：ISBN 978-7-5 53-0598-1
定　　价：69.80 元（附赠 1DVD）

本书如有印装质量等问题，请与本社联系
电话：(010) 59521188 / 59521189
读者来信：reader@cypmedia.com
如有其他问题请访问我们的网站：www.cypmedia.com

“北大方正公司电子有限公司”授权本书使用如下方正字体。
封面用字包括：方正粗雅宋简体，方正兰亭黑系列。

Photoshop CS6带给我们哪些惊喜？

本书将以案例形式对Photoshop CS6的新增功能一一进行介绍，使您直观感受新功能的无限魅力，并深刻体会这些功能带给我们的改变。现在我们“抢鲜”预览一下这些新功能吧！

1. 全新的画笔系统更加智能化、多样化，提升了Photoshop的绘画艺术水平，使画面效果更真实。

2. 新增的内容感知移动工具可在无需复杂图层或慢速精确地选择选取的情况下快速地重构图像，扩展模式可对头发、树或建筑等对象进行扩展或收缩，效果令人信服。

3. 更新的修补工具包含“内容识别”选项，可通过合成邻近内容来无缝替换不需要的图像元素。

4. 改进的裁剪工具可为用户提供交互式的预览，从而获得更好的视觉效果。新增的透视裁剪工具，可以快速校正图像透视。

5. 使用新增的“自适应广角”滤镜，可以将全景图或使用鱼眼镜头和广角镜头拍摄的照片中的弯曲线条迅速拉直，利用各种镜头的物理特性来自动校正图像。

学习本书前，一定要阅读的重要内容：

本书共16章，分为4篇，即基础篇、提高篇、深入篇和应用篇。读者可根据自身的情况，选择适合自己的内容进行学习。

- 基础篇以专题讲解的方式对选区、图层、路径、颜色调整和图像绘制与处理等知识结合小案例进行了详细、生动的讲解，即使初学者也能一学就会。
- 提高篇深入讲解了图像的绘制、文本和路径的创建与应用，并对图像调整与修正的高级应用进行了深入解析，可使您对图像、选区和图层有更深入的了解。
- 深入篇进一步探讨通道、蒙版、滤镜、视频动画和3D技术等Photoshop功能的精髓，在相应知识点后安排的设计师训练营更提供了完整操作过程，帮助您迅速领会所学知识。
- 应用篇介绍了图像后期打印输出和文件发布的相关知识，并通过6个综合案例充分利用Photoshop的多种功能制作完整设计作品，使您快速了解实际工作的需要。

除了一本制作精美的彩色书，更有1张超大容量DVD光盘帮助您更好地进行学习。

光盘中赠送4小时Photoshop CS6多媒体教学视频，本书所有实例的原始素材和最终效果文件。另外，还赠送了海量实用的学习素材供您随时调用，包括3000多个画笔、样式、渐变、烟雾和墨迹喷溅等设计素材；500张高清材质纹理贴图；70套数码照片艺术调色动作等。

本书在写作过程中力求严谨，但由于时间有限疏漏之处在所难免，恳请广大读者予以批评指正。

编　者

2014年1月

Part 01

基础篇

Chapter 01

Photoshop CS6基础知识

Section 01 Photoshop应用领域 ······ 016

Section 02 Photoshop常用术语 ······ 018

Section 03 Photoshop CS6工作界面 ······ 020

01 了解Photoshop CS6的工作界面 ······ 020

02 面板的组合和移动 ······ 021

Section 04 “首选项”对话框 ······ 022

Section 05 设置快捷键 ······ 023

01 了解“键盘快捷键和菜单”对话框 ······ 023

02 自定义键盘快捷键 ······ 024

Section 06 调整屏幕模式并排列文档 ······ 025

01 屏幕模式类型和查看多个文档 ······ 025

02 使用不同方式切换屏幕模式 ······ 027

Section 07 图像文件的基本操作 ······ 028

01 新建和打开文件 ······ 028

02 置入文件 ······ 029

Section 08 选取颜色……030
01 关于前景色和背景色……030
02 使用吸管工具选取颜色……031
Section 09 图像处理中的辅助工具……032
Section 10 使用Adobe Bridge……033
01 Adobe Bridge工作界面……033
02 在Adobe Bridge中查看图片……034

Chapter 02 选区的创建和编辑

Section 01 常用选区工具……036
Section 02 创建规则选区和不规则选区……037
01 不同工具的操作方法……037
02 制作网状效果图像……037
Section 03 基于色彩创建选区……038
01 魔棒工具和快速选择工具……038
02 使用“色彩范围”命令创建选区……039
Section 04 选区的编辑和修改……040
01 修改和变换选区……040
02 编辑选区……040
设计师训练营 制作艺术化合成图像……041

Chapter 03 图层的应用和管理

Section 01 认识图层……046
01 图层的作用……046
02 了解“图层”面板……046
Section 02 移动、堆栈和锁定图层……048
Section 03 图层的对齐和分布……049
01 对齐和分布图层……049
02 对齐不同图层上的对象……049
Section 04 利用图层组管理图层……050
01 管理图层的作用……050
02 为图层或组设置颜色……050
03 合并和盖印图层或组……051
Section 05 设置图层不透明度和填充不透明度……052
设计师训练营 制作富有层次感的舞蹈海报……053

图像的颜色和色调调整

Section 01 图像的颜色模式 ……060

01 查看图像的颜色模式……060

02 颜色模式之间的转换……060

Section 02 "直方图"面板和颜色取样器工具……061

01 了解"直方图"面板……061

02 查看文件中不同图层的"直方图"信息……062

03 使用颜色取样器工具改变图像颜色……062

Section 03 调整图像色阶和亮度……064

01 "色阶"、"曲线"和"曝光度"对话框……064

02 使用多种命令调整图像的色调和对比度……066

Section 04 特殊调整……067

设计师训练营 调整风景照的神秘色调……069

Section 05 "阴影/高光"和"变化"命令……071

01 "阴影/高光"和"变化"对话框……071

02 使用"变化"命令调整图像……073

Section 06 "匹配颜色"和"替换颜色"命令……074

01 "匹配颜色"对话框……074

02 "替换颜色"对话框……075

图像的修复与修饰

Section 01 "仿制源"面板……077

01 了解"仿制源"面板……077

02 使用仿制图章工具修饰图像……077

Section 02 修复工具组……078

01 修复工具组的属性栏……078

02 使用修复工具修饰图像……080

设计师训练营 制作人物水粉画……081

Section 03 颜色替换工具……084

Section 04 修饰工具组……085

01 认识修饰工具……085

02 使用修饰工具修饰图像……085

Part 02

提高篇

Chapter 06

图像的绘制

Section 01 绘图工具 ……088
Section 02 历史记录艺术画笔 ……089
01 历史记录艺术画笔工具的属性栏 ……089
02 使用历史记录艺术画笔制作水彩画 ……089
Section 03 加深和减淡工具 ……090
01 加深和减淡工具的属性栏 ……090
02 对图像进行加深和减淡操作 ……090
Section 04 画笔预设 ……091
01 了解“画笔”面板 ……091
02 载入、存储和管理预设画笔 ……092
设计师训练营 绘制写实人物插画 ……093
Section 05 创建和管理图案 ……097
Section 06 填充渐变 ……098

文本和路径的创建与应用

Section 01 文本的创建……100
01 关于文字和文字图层……100
02 创建文本……101
Section 02 编辑文本……102
01 了解“查找和替换文本”对话框……102
02 更改文字图层的方向……102
Section 03 形状工具……103
01 常用的形状工具……103
02 将形状或路径存储为自定形状……104
Section 04 钢笔工具……105
01 钢笔工具的属性栏……105
02 使用钢笔工具绘制形状……105
设计师训练营 绘制剪影图像……106
Section 05 编辑路径……110
01 路径选择工具的属性栏……110
02 使用路径选择工具编辑路径……110

深入解析选区与图层

Section 01 特殊的选区创建方法……113
01 蒙版……113
02 通道……113
设计师训练营 制作具有动感背景的个性写真……114
Section 02 选区的调整、存储和载入……120
01 不同的选区调整功能……120
02 使用通道存储选区……121
Section 03 图层混合模式……122
01 初步了解图层混合模式……122
02 设置图像的图层混合模式……122
Section 04 图层样式……123
01 图层样式的不同效果……123
02 添加多个图层样式……124
Section 05 “样式”面板……125
Section 06 调整图层和填充图层……126
01 调整图层和填充图层的特点……126
02 创建并编辑调整图层……126

Section 07 智能对象和智能滤镜……127
01 智能对象和智能滤镜的用途……127
02 创建并编辑智能对象……127
03 结合智能滤镜与图层蒙版进行操作……127

图像调整与修正高级应用

Section 01 HDR拾色器……129
01 关于HDR拾色器……129
02 将图像转换为32位/通道……130
03 将图像合并到HDR……130
Section 02 内容识别比例……131
Section 03 调整图层属性面板……132
01 了解调整图层属性面板……132
02 通过属性面板设置图像效果……133
Section 04 校正图像扭曲……134
01 关于镜头扭曲……134
02 校正镜头扭曲并调整透视效果……135
Section 05 锐化图像……136
01 锐化图像的多种方法……136
02 使用“智能锐化”进行锐化处理……137
Section 06 变换对象……138
01 “变换”命令……138
02 应用“缩放”、“旋转”、“扭曲”、“透视”或“变形”命令……138
Section 07 历史记录画笔工具……139
01 了解“历史记录”面板……139
02 使用历史记录画笔工具对图像应用之前的操作效果……139
Section 08 “液化”滤镜……140
01 关于“液化”滤镜……140
02 扭曲图像……140
设计师训练营 美化照片中的人物……142
Section 09 “消失点”滤镜……144
01 关于“消失点”滤镜……144
02 在消失点中定义和调整透视平面……144
Section 10 创建全景图……145

Part 03

深入篇

文本与路径的深入探索

Section 01 文本编辑 ……148

Section 02 设置段落格式 ……149

01 了解“段落”面板 ……149

02 设置段落文字对齐方式 ……149

Section 03 创建文字效果 ……150

01 文字效果的多种形式 ……150

02 在路径上创建和编辑文字 ……150

Section 04 管理和编辑路径 ……151

01 了解“路径”面板 ……151

02 填充和描边路径 ……152

设计师训练营 绘制简单插画 ……153

Chapter 11

通道和蒙版的综合运用

Section 01 通道和Alpha通道 ……158
01 通道的作用 ……158
02 创建Alpha通道和载入Alpha通道选区 ……158
Section 02 通道的编辑 ……159
01 显示或隐藏通道 ……159
02 选择和编辑通道 ……159
03 重新排列、重命名Alpha通道和专色通道 ……160
设计师训练营 在通道中制作非主流颜色照片 ……161
Section 03 通道计算 ……163
Section 04 “蒙版”面板 ……164

Chapter 12

滤镜的综合运用

Section 01 滤镜基础知识 ……166
01 关于滤镜 ……166
02 重新应用上一次滤镜 ……166
Section 02 独立滤镜 ……167
Section 03 校正性滤镜 ……168
01 杂色类滤镜 ……168
02 模糊类滤镜 ……168
03 锐化类滤镜 ……169
Section 04 变形滤镜 ……170
设计师训练营 制作科幻海报 ……171
Section 05 效果滤镜 ……176
Section 06 其他滤镜效果 ……178

Chapter 13

创建视频动画和3D技术成像

Section 01 创建视频图像 ……180
01 创建在视频中使用的图像 ……180
02 创建新的视频图层 ……180
Section 02 创建帧动画和时间轴动画 ……181
Section 03 3D工具的基础知识 ……183
Section 04 编辑3D模型 ……185
设计师训练营 制作3D动画 ……186

图像任务自动化

Section 01 动作的基础知识 ······ 190
01 关于动作 ······ 190
02 对文件播放动作 ······ 190
Section 02 动作的基本操作 ······ 191
Section 03 动作的高级操作 ······ 192
01 再次记录动作 ······ 192
02 覆盖单个命令并重新排列动作中的命令 ······ 192
Section 04 应用自动化命令 ······ 195
Section 05 脚本 ······ 196

Part 04 应用篇

打印输出和文件发布

Section 01 色彩管理 ······ 200
01 色彩管理参数设置 ······ 200
02 从Photoshop打印分色 ······ 201
Section 02 打印设置 ······ 202
Section 03 打印双色调 ······ 203

01 关于双色调······203
02 指定压印颜色······204
Section 04 创建发布Web的优化图像······205
01 JPEG优化选项······205
02 GIF和PNG-8优化选项······205

Chapter 16

Photoshop CS6实战应用

Section 01 制作艺术文字······208
Section 02 制作超现实合成图像······217
Section 03 制作电影海报······226

附录

Photoshop CS6常用快捷键列表

Part 01

基础篇

Chapter 01　Photoshop CS6基础知识
Chapter 02　选区的创建和编辑
Chapter 03　图层的应用和管理
Chapter 04　图像的颜色和色调调整
Chapter 05　图像的修复与修饰

Photoshop CS6 基础知识

了解Photoshop的基础知识和基本操作，能够帮助用户快速熟悉软件的基本功能，以便创建适合自己使用的工作界面，从而按照自己的习惯轻松地处理图形图像文件。

Photoshop应用领域

Photoshop是当今世界上用户最多的平面设计软件，其功能非常强大，可以对图像进行编辑、合成以及校色、调色等多种操作。尤其是最新版本的Photoshop CS6，应用领域更加广泛，在图像、图形、文字、视频等各个领域都能看到它的踪迹，本节将对几个主要的应用领域进行介绍。

1. 平面设计

平面设计是Photoshop使用最广泛的领域，平面设计包括的范围也很广，小到DM单、杂志广告，大到海报招贴、户外广告等，基本上都需要使用Photoshop来对图像进行处理。

航空公司广告　广告代理：麦肯，特拉维夫，以色列

吸尘器广告　广告代理：马塞尔，巴黎，法国

2. 修复照片

Photoshop具有强大的图像修饰功能，使用这些功能可以快速修复一张破损的照片，或是对人物和背景图像中的斑点、瑕疵进行修复。此外，还可以通过调整色彩，使照片更具艺术感。

原图1

美白后

原图2

调色后

3. 艺术文字

要使文字具有艺术感，可以使用Photoshop来完成。例如，可以利用Photoshop中的各种图层样式制作出具有质感的文字效果，或者在文字中添加其他元素，产生合成的文字效果。

4. 广告摄影

广告摄影对拍摄作品要求非常严格，但有时由于拍摄条件或环境等因素的影响，照片中会出现颜色或构图等方面的缺陷，这时可使用Photoshop来修正，以得到满意的效果。

Campaign: Its trendy, Its buzzy, Its you.
Client : Inditimes.com
Agency: Euro RSCG India
Chief Creative Officer: Satbir Singh
Creative Director: RaviRaghavendra
Art Director: Tarun Kumar
Copywriter: RaviRaghavendra, SharikKhullar

古董珠宝广告摄影　广告代理：Rubecon，金奈，印度

5. 创意图像

使用Photoshop可将原本毫无关联的对象有创意地组合在一起，使图像发生巨大的变化，体现特殊效果，给人以强烈的视觉冲击。

6. 网页制作

随着网络的普及率逐渐升高，人们对网页的审美要求也逐渐提高，此时Photoshop就显得尤为重要，使用它可处理、加工网页中的元素。

创意艺术图像　广告代理：智威汤逊，古尔冈，印度

食品网页　广告代理：1毫克，金奈，印度

7. 绘画

Photoshop中包含大量的绘画与调色工具，许多插画家都会在使用铅笔绘制完草图后，再用Photoshop来填色。此外，近年来非常流行的像素画也多为使用Photoshop创作的作品。

插画作品　Elisandra插画欣赏之彩色的世界

儿童插画　Jane Hissey故事绘本

上面对Photoshop的一些主要应用领域进行了介绍，除此以外，它还有很多其他的用途，如处理三维贴图、设计婚纱照、制作图标等。

Photoshop常用术语

在正式学习Photoshop CS6之前，我们首先对Photoshop的一些相关术语进行介绍，例如，位图和矢量图的区别、像素和分辨率的概念、图像的颜色模式等，为后面的学习打下良好的基础。

1. 位图和矢量图

位图是由表现为小方点的多个图片元素所组成的，这些图片元素又被称为像素。每个像素都分配有特定的位置和颜色值。在处理位图时，被编辑的是像素而不是整体对象。位图图像是连续色调图像最常用的电子媒介，因为它可以有效地表现阴影和颜色的细微层次。位图的清晰度与分辨率有关，一张图像包含固定数量的像素，当对该图像进行缩放操作时，将图像放大到一定程度，将会呈现为像素色块，因此在打印位图时，最好将图像的打印尺寸缩小到原始尺寸以下，以避免打印的图像由于分辨率过低而呈现出马赛克效果。

位图

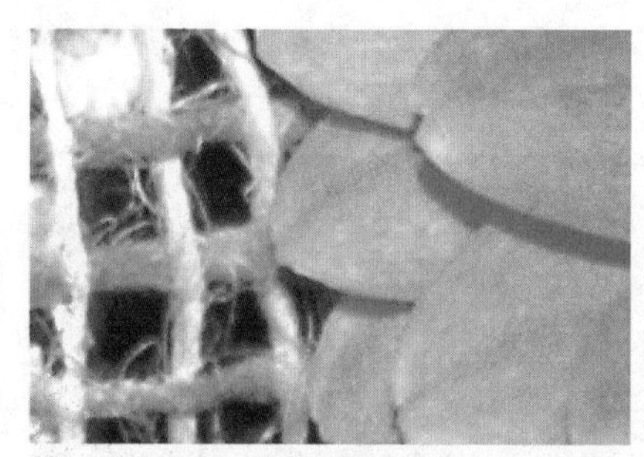
放大后的局部

矢量图是由被称作矢量的数字对象定义的线段和曲线所构成的图像，它根据图像的几何特征对其进行描述，编辑时定义的是描述图形形状的线和曲线的属性。矢量图不受设备的分辨率影响，当放大或缩小矢量图形时，图像的显示质量不会发生改变。

矢量图

放大后的局部

2. 像素

像素（Pixel）在英文中是由Picture和Element这两个单词合成的，它作为位图图像最基本的单位，是一种计算数码影像的虚拟单位。在Photoshop中，位图图像是由无数个带有颜色的小方点组成的，这些点即被称作像素。

Photoshop支持的最大像素大小为每个图像300000像素×300000像素，这样就限制了图像可用的打印尺寸和分辨率。像素越多，图像文件越大。

文件大小为10.6MB的像素显示效果

文件大小为78.0KB的像素显示效果

3. 分辨率

分辨率是衡量图像细节表现力的技术参数，它关系到图像的清晰度。分辨率的类型有很多种，如图像分辨率、显示器分辨率、打印机分辨率、扫描分辨率和数码相机分辨率等。

图像分辨率就是图像上每英寸包含的像素的数量，单位为像素/英寸（dpi）。图像的分辨率和尺寸一起决定文件的大小及输出质量。图像文件的大小与其分辨率的平方成正比。

显示器分辨率是指显示器上每单位面积包含的像素数量，单位为像素/英寸（dpi）。显示器分辨率取决于显示器的大小及其像素的设置。

打印机分辨率是指在打印输出时横向和纵向两个方向上每英寸最多能够打印的点数，通常以像素/英寸（dpi）为度量单位。

扫描分辨率是指在扫描一幅图像之前所设定的分辨率，它将影响生成图像的质量和使用性能，并决定图像将以何种方式显示或打印。

分辨率为300像素/英寸

分辨率为100像素/英寸

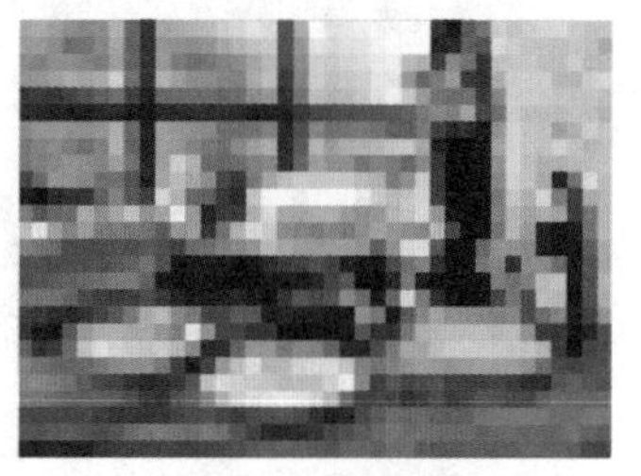
分辨率为50像素/英寸

4. 色相

色相是色彩的相貌称谓，通常以颜色名称标示，它是色彩的首要特征。调整图像的色相可更改图像的色彩，使它在多种颜色之间变化。

原图

色相为-100

色相为100

色相为180

Photoshop CS6工作界面

安装完Photoshop CS6后，即可运行该软件进行图像处理操作了，在此之前，为了能够熟练使用Photoshop CS6，我们先了解一下其工作界面。Photoshop CS6的工作界面由菜单栏、属性栏、工具箱、面板组、工作区和状态栏等组成。

01 了解Photoshop CS6的工作界面

Photoshop CS6的工作界面同之前的版本相比有很大的变化，其中增加了很多新的选项和按钮。对于一个图像处理软件来说，开阔的设计空间尤为重要，Photoshop CS6在这一方面进行了改进。另外，在最新的Photoshop CS6工作界面中，将一些常用的功能以按钮的形式罗列出来，方便用户对图像进行快速操作。

运行Photoshop CS6后，即可进入到该软件的界面，任意打开一幅图像，下面将对工作界面中的各组成部分进行详细介绍。

Photoshop CS6工作界面

❶ **菜单栏**：Photoshop CS6的菜单栏中共包括11个菜单，分别是“文件”、“编辑”、“图像”、“图层”、“文字”、“选择”、“滤镜”、“3D”、“视图”、“窗口”和“帮助”。

❷ **属性栏**：当用户选择不同的工具时，属性栏中即可切换显示相应的属性选项，方便用户对其进行设置。

❸ **工具箱**：工具箱中包含了Photoshop CS6的常用工具，单击相应的按钮即可选择各工具。工具箱中工具按钮右下角有三角形标志的，表示此为一个工具组，只要在此按钮上单击鼠标右键或按住鼠标左键不放，即可显示该工具组中的所有工具。

❹ **面板组：**面板组位于工作界面的右侧和最下方，包括多个面板，主要用于配合图像的编辑，对操作进行控制和参数设置。为了便于操作，用户可以将“时间轴”面板拖动到最小化，也可以根据需要将最下方的“时间轴”面板关闭。只要在右侧扩展按钮上单击，在弹出的快捷菜单中选择“关闭选项卡组”命令即可。

❺ **工作区：**工作区位于操作窗口的正中，用于对图像进行操作，也可以放置工具箱、面板组等。

❻ **状态栏：**状态栏位于工作界面的底部，在其中会显示图像的比例及相关信息，还可单击右侧的右三角按钮查看其他操作信息。

02 面板的组合和移动

Photoshop CS6中包含28个面板，在默认状态下，面板排放在工作窗口的右侧，在Photoshop中可以通过拖曳、移动等方法调整面板的位置和大小。下面就来详细介绍组合和移动面板的操作方法。

01 打开图像文件

启动Photoshop CS6软件，任意打开一张图像，在默认情况下，面板位于图像窗口的右侧位置。

02 关闭“时间轴”面板

单击“时间轴”面板右上角的扩展按钮，在弹出的扩展菜单中选择“关闭选项卡组”命令，将“时间轴”面板关闭。

03 移动“颜色”面板

在“颜色”面板标签上单击并按住鼠标左键不放，直接向工作区进行拖动，使面板显示为浮动状态。

04 移动“色板”面板

使用相同的方法，在“色板”面板标签上单击并按住鼠标左键不放，将其拖动到工作区中。

05 组合面板

在“色板”面板标签上单击并按住鼠标左键不放，将其拖动到“颜色”面板的下边缘位置，当出现蓝色线条时，释放鼠标，即可将两个面板组合到一起。

知识链接 工具组和工具组内工具

前面我们曾提到过，在一些工具按钮的右下角有三角形标志，表明此为一个工具组。同一工具组中的各工具性质相似，但作用略有不同，我们应对工具组一一进行了解。另外，单击移动工具后，在属性栏会出现3D模式选项组，其中包括多个3D工具可供选择。

3D模式选项组

“首选项”对话框

在Photoshop中除了可以对工作界面进行设置外，还可以对在操作时会使用到的文件处理、性能、光标、透明度与色域、单位与标尺等的相关参数或显示进行设置，从而使用户在操作时更加方便。

知识链接

“缩放时调整窗口大小”复选框

为了查看图像的细节或整体效果，经常会将图像放大或缩小。默认情况下在进行放大或缩小操作时，只是图像大小改变，工作区的大小不会改变。如果勾选“常规”选项面板中的“缩放时调整窗口大小”复选框，再进行放大或缩小操作时，工作区就会配合图像的大小而发生变化。

原图像窗口效果

未勾选复选框缩小图像的效果

勾选复选框缩小图像的效果

执行“编辑>首选项>常规”命令，即可打开“首选项”对话框。在左侧的列表框中选择不同的选项，会切换到相应的选项面板。在“首选项”对话框中包括11个选项面板，下面将详细介绍这些面板中的参数。

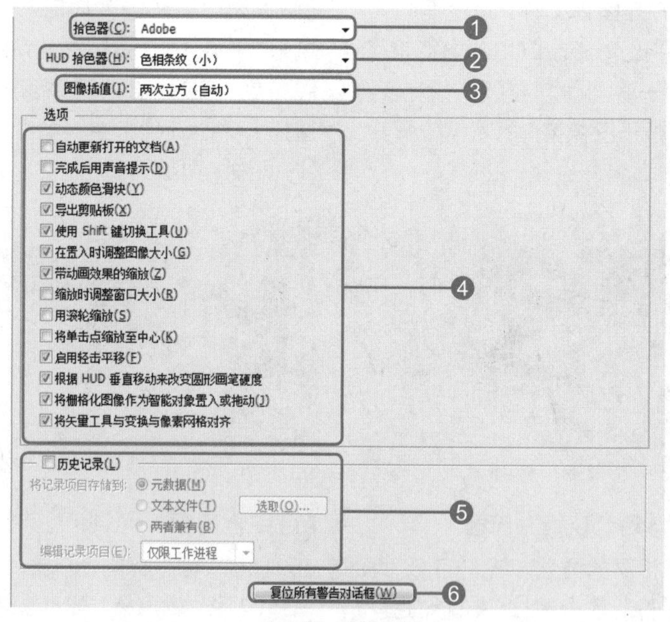

“常规”选项面板

❶ **拾色器**：单击右侧的下拉按钮，在弹出的下拉列表中可选择一种拾色器方式。

❷ **HUD拾色器**：单击右侧的下拉按钮，在弹出的下拉列表中可选择一种色相形态。

❸ **图像插值**：单击右侧的下拉按钮，在弹出的下拉列表中可选择一种图像差值计算方式。

❹ **“选项”选项组**：设置常用操作的一些相关选项。

❺ **“历史记录”选项组**：可设置存储及编辑历史记录的方式。

❻ **“复位所有警告对话框”按钮**：单击此按钮，即可启用所有警告对话框。

设置快捷键

很多软件中都设有快捷键功能，方便用户通过键盘来快速应用操作，这是提高工作效率的途径之一。在Photoshop中也设有相当多的快捷键，如果用户觉得预设的快捷键不是很好记，还可以在Photoshop的“键盘快捷键和菜单”对话框中将常用命令设置为熟悉的快捷键，使操作更加简单快捷。

01 了解“键盘快捷键和菜单”对话框

通过“键盘快捷键和菜单”对话框可查看并编辑所有的应用程序、面板命令及工具等的快捷键，并可以创建新快捷键。执行“编辑>键盘快捷键”命令，打开“键盘快捷键和菜单”对话框。

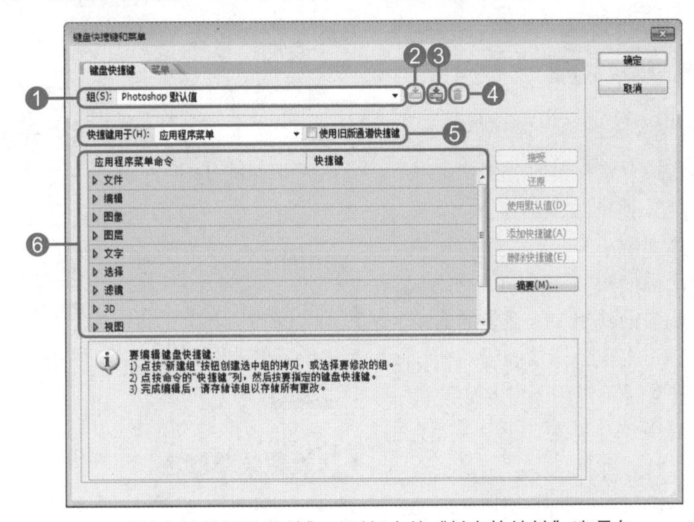

“键盘快捷键和菜单”对话框中的“键盘快捷键”选项卡

❶ **组：**单击“组”下拉按钮，在下拉列表中可选择当前需要更改的快捷键组。

❷ **“存储对当前快捷键组的所有更改”按钮：**单击该按钮，即可弹出“存储”对话框，可将设置的快捷键保存到相应位置，方便共享。

❸ **“根据当前的快捷键组创建一组新的快捷键”按钮：**单击该按钮，弹出“存储”对话框，可对当前的快捷键组进行拷贝并暂存，然后再根据需要对这个新的快捷键组进行设置。

❹ **“删除当前的快捷键组合”按钮：**单击该按钮，即可将当前的快捷键组合删除。

❺ **快捷键用于：**单击其下拉按钮，可选择所设置的快捷键是用于应用程序菜单、面板菜单，还是工具菜单。

❻ **“应用程序菜单”命令和“快捷键”列表框：**在该列表框中会根据“快捷键用于”选项显示相应的菜单命令及快捷键。

专家技巧

设置菜单的颜色

在“键盘快捷键和菜单”对话框中，除了可以对快捷键进行设置外，还可以设置菜单的可见性和颜色。

在“键盘快捷键和菜单”对话框中单击“菜单”标签，即可切换到该选项卡，在下面的列表框中选择一个菜单项，再单击其右边的颜色选项，在弹出的下拉列表中选择一个颜色，完成后单击“确定”按钮。此时，打开菜单，即可发现刚才所设置的菜单颜色已被应用。

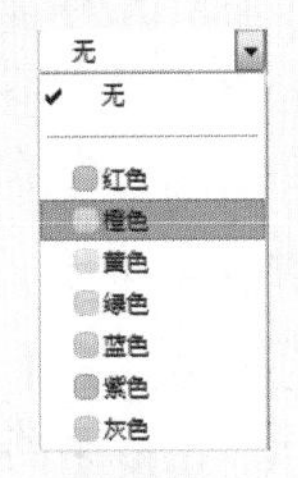

选择颜色

新建(N)...	Ctrl+N
打开(O)...	Ctrl+O
在 Bridge 中浏览(B)...	Alt+Ctrl+O
在 Mini Bridge 中浏览(G)...	
打开为...	Alt+Shift+Ctrl+O
打开为智能对象...	
最近打开文件(T)	
关闭(C)	Ctrl+W
关闭全部	Alt+Ctrl+W
关闭并转到 Bridge...	Shift+Ctrl+W
存储(S)	Ctrl+S
存储为(A)...	Shift+Ctrl+S
签入(I)...	
存储为 Web 所用格式...	Alt+Shift+Ctrl+S
恢复(V)	F12
置入(L)...	
导入(M)	
导出(E)	

应用菜单颜色

02 自定义键盘快捷键

在Photoshop中可以自定义键盘快捷键，从而使软件的使用更加符合用户的习惯。下面来介绍自定义键盘快捷键的具体操作方法。

01 打开对话框

执行“编辑>键盘快捷键”命令，弹出“键盘快捷键和菜单”对话框，在列表框中单击“文件”应用的三角形按钮，打开隐藏菜单。

02 更改快捷键

单击“新建”命令右侧的快捷键，出现有闪烁插入点的文本框，说明当前快捷键呈可编辑状态。此时，在键盘上同时按下要设置的快捷键组合，这里按下快捷键Alt+Shift+Ctrl+U，然后在该对话框中单击任意空白处，即可完成快捷键的更改。

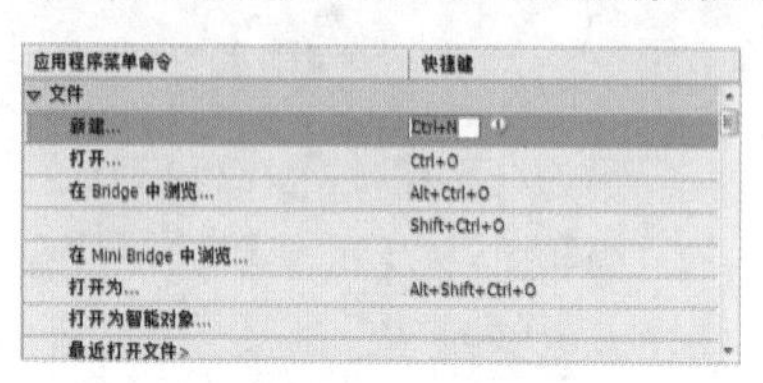

03 添加快捷键

单击“新建”命令下方“打开”命令的快捷键，出现有闪烁插入点的文本框后，单击对话框右侧的“添加快捷键”按钮，即可在当前命令的快捷键下方添加一行并显示文本框。在键盘上按下快捷键Alt+Ctrl+O，单击任意空白处，设置“打开”命令为两个快捷键。

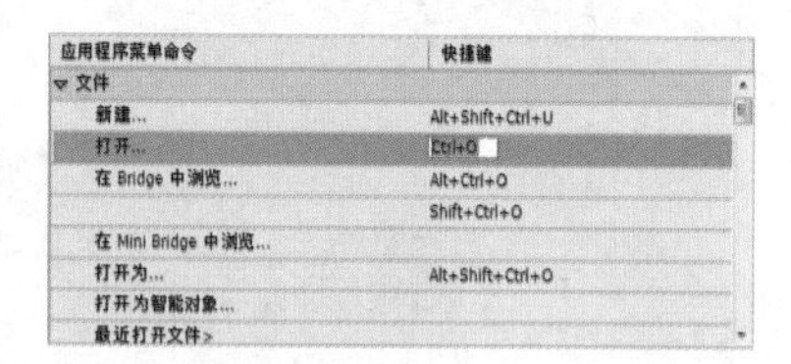

04 设置菜单颜色

单击“菜单”标签，切换到“菜单”选项卡。在列表框中单击“文件”应用程序菜单命令前的三角形按钮，打开隐藏命令，然后单击“新建”命令右侧相应的颜色选项，在弹出的下拉列表中选择“红色”，完成后单击“确定”按钮，即可应用该颜色效果到“新建”菜单中，并且快捷键也变成了刚才所设置的快捷键。

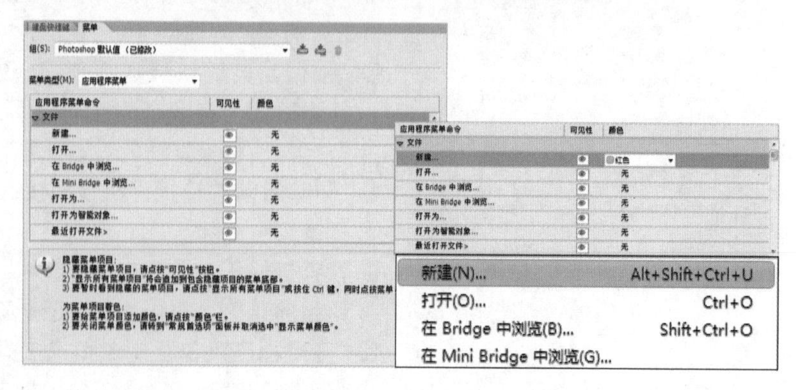

知识链接

设置快捷键时出现的提示符号

在设置快捷键时，经常会在设置的快捷键右侧出现⚠或⊗符号。当出现⚠符号时，说明该快捷键已被使用，如果确认更改，它将从当前使用该快捷键的命令中删除而表现为无快捷键。当出现⊗符号时，说明无法指定当前设置的快捷键到该命令中，因为操作系统正在使用它。总之，当出现⚠符号时，该快捷键可以被更改，而出现⊗符号时，该快捷键不能被更改。

知识链接

取消当前设置

如果对当前设置不满意，在还没有存储当前所做的一组更改前，可以单击“取消”按钮，扔掉所有更改并退出对话框。此外，还可以在更改后单击“使用默认值”按钮，恢复默认快捷键的设置。

调整屏幕模式并排列文档

在使用Photoshop时，有时需要将工具箱、面板等显示出来，有时需要将它们隐藏以得到更多的工作区域，有时还可能需要显示一部分内容，这时就需要通过调整屏幕模式来达到目的。此外，在对多个图像进行对比等操作时，可以通过排列文档功能将多个窗口同时显示，方便操作。本节就将详细介绍调整屏幕模式和同时显示多个图像的操作方法。

01 屏幕模式类型和查看多个文档

要在Photoshop中以不同方式查看单个或多个图像文件，可以通过设置屏幕模式来方便地进行查看，下面对相关内容进行介绍。

1. 屏幕模式的类型

在Photoshop中屏幕模式的类型主要有3种，它们分别是标准屏幕模式、带有菜单栏的全屏模式和全屏模式。默认情况下，按下F键，即可在这几种模式间进行切换。其中，标准屏幕模式会显示所有的对象，包括面板、工具箱、属性栏以及图像窗口等；带有菜单栏的全屏模式只显示基本的对象，而图像以全屏方式显示；全屏模式只显示出全屏效果的图像，其他对象均不显示。

标准屏幕模式

带有菜单栏的全屏模式

全屏模式

专家技巧

使用快捷键迅速切换屏幕模式

除了可以使用F键在各个屏幕模式之间进行切换外，在标准屏幕模式和带有菜单栏的全屏模式下，如果只隐藏属性栏、工具箱和面板，只需要按下Tab键即可。在隐藏状态下，再次按下Tab键，即可重新显示属性栏、工具箱和面板。

原屏幕显示效果

隐藏工具箱、属性栏和面板

2. 同时查看排列的多个文档

当在Photoshop CS6中打开多个图像时，会出现多个文件窗口，通常情况下，会在窗口标签栏处显示这些图像的名称和格式，而不会将图像同时显示出来。其实可以根据需要将不同的图像按照要求排列，以同时显示，方便实际工作时进行对比操作。执行“窗口>排列”命令，再在其子菜单中选择需要的排列模式即可。

默认的排列方式

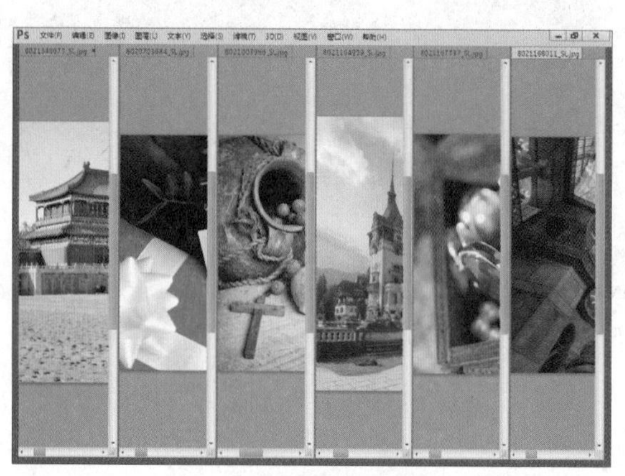

“全部垂直拼贴”方式

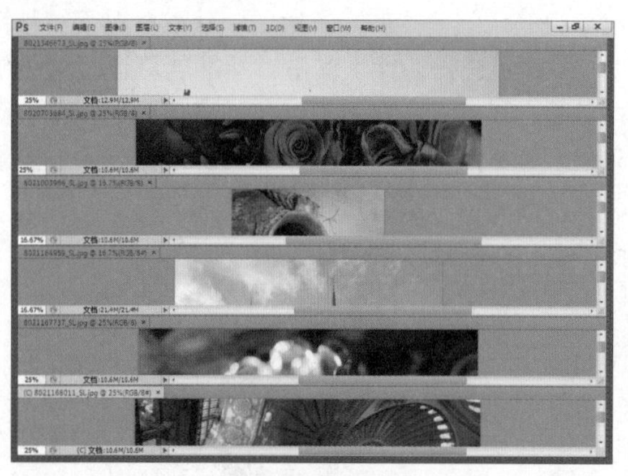

“全部水平拼贴”方式

“双联水平”方式

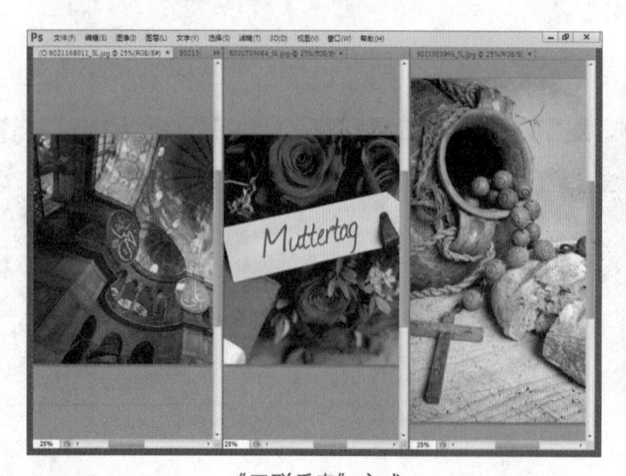

“三联垂直”方式

“三联堆积”方式

知识链接

复制当前文档

当需要复制当前图像并生成新的图像窗口时，可以执行“窗口>排列”命令，然后在弹出的子菜单中选择菜单最下方的为“01.jpg”新建窗口，即可复制当前文件到新窗口中。

原图

复制文件到新窗口

“四联”方式

“六联”方式

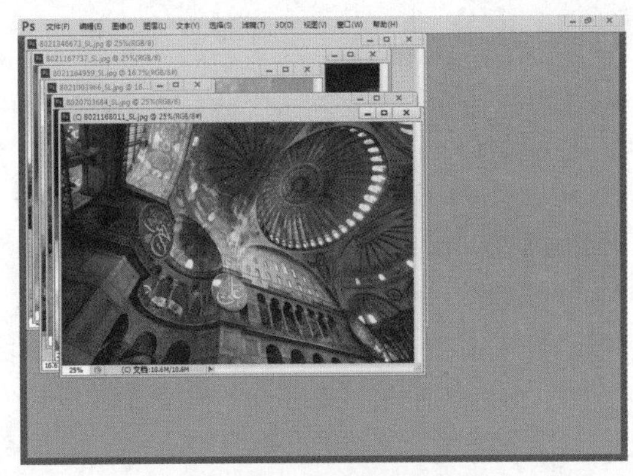

“使所有内容在窗口中浮动”方式

知识链接 使用快捷键切换多个图像窗口

在Photoshop中同时打开多个文件后，其名称及格式将以标签排布的方式显示，按下快捷键Shift+Ctrl+Tab，即可从当前文件向左依次切换。

02 使用不同方式切换屏幕模式

在Photoshop CS6中不仅可以使用快捷键来切换屏幕模式，还可以通过单击“屏幕模式”按钮以及执行菜单命令来设置不同的屏幕模式，下面就来介绍使用不同的方式切换屏幕模式的具体方法。

01 打开图像文件

执行“文件>打开”命令，打开附书光盘中的实例文件\Chapter 01\Media\04.jpg文件。

02 通过按钮切换

单击工具箱中的“标准屏幕模式”按钮，即可将屏幕切换到带有菜单栏的全屏模式。

03 通过菜单命令切换

再次单击该按钮，然后在弹出的“信息”对话框中单击“全屏”按钮，即可切换到全屏模式。

图像文件的基本操作

图像文件的基本操作主要包括“新建”、“打开”、“关闭”、“存储”和“置入”等，熟练掌握这些基本操作，对学习Photoshop软件有很大的帮助。本节就对Photoshop中图像文件的基本操作进行介绍。

01 新建和打开文件

在对Photoshop CS6进行了初步了解后，要对其进行更深入的学习，最先接触到的就是图像文件的基本操作，首先是新建和打开文件的操作。

执行“文件>新建”命令，或者按下快捷键Ctrl+N，即可打开“新建”对话框，在此对话框中可以对所要创建文件的“名称”、“宽度”、“高度”、“分辨率”、“颜色模式”和“背景内容”进行设置，完成后单击“确定”按钮，即可创建出符合需要的空白文件。

此外，我们经常会使用Photoshop对图像进行处理，此时就需要先将图像打开，然后再进行编辑。执行“文件>打开”命令，或者按下快捷键Ctrl+O，即可打开“打开”对话框，在该对话框中，选择需要打开的图像文件，再单击“打开”按钮，即可将选中的图像文件在Photoshop中打开。

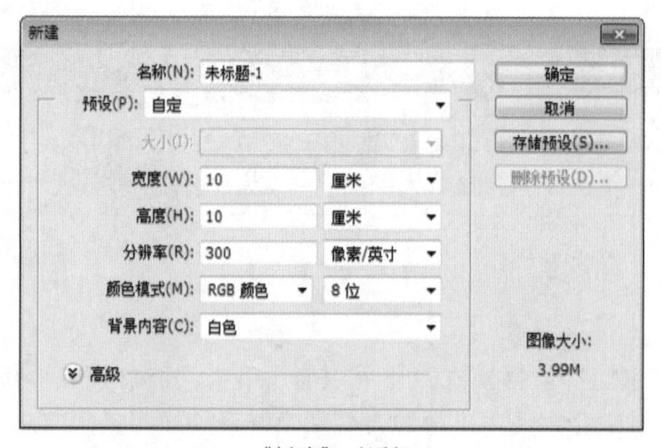

“新建”对话框

“打开”对话框

知识链接 常用的图像文件格式

在Photoshop中经常会用到的图像文件格式有EPS、TIFF、JPEG、PSD。

EPS文件格式：EPS文件格式是专业出版与打印行业普遍使用的一种文件格式，该格式存储格式化和打印等信息可以用于Pagemaker、InDesign软件的排版和设计，方便文件在各软件间的交互使用。

TIFF文件格式：TIFF文件格式是一种比较灵活的图像格式，支持256位色、24位色、48位色等多种色彩位，能够最大程度地存储图像文件的信息，主要用于图片的打印输出。

JPEG文件格式：JPEG文件格式是目前网络上最流行的图像格式，可以将文件压缩到最小并保证图像在该大小内的最好质量。

PSD文件格式：PSD文件格式是Adobe公司图形设计软件Photoshop的专用格式，可以存储为RGB或CMYK颜色模式，还能够自定义颜色并加以存储。此外，还可保留在Photoshop中所创建的所有文件信息，在大多数软件内部都可以通用。

02 置入文件

通过执行“置入”命令可以将不同格式的位图图像和矢量图形添加到当前图像文件中，从而达到简单合成的目的。下面就来介绍置入文件的具体操作方法。

01 打开图像文件

执行“文件>打开”命令，或者按下快捷键Ctrl+O，打开附书光盘中的实例文件\Chapter 01\Media\05.jpg文件。

02 置入图像

执行“文件>置入”命令，弹出“置入”对话框，设置“文件类型”为“所有格式”，选择附书光盘中的实例文件\Chapter 01\Media\06.psd文件，单击“置入”按钮，即可将选中文件置入到当前图像中。

03 调整置入图像大小及位置

置入图像后，图像四周显示出控制框，按住Shift键不放，通过拖动控制点来将图像等比例放大，并将其移动到适当的位置。

04 确定置入图像

双击置入的图像，确定刚才设置的图像大小及位置。这时如果要删除置入的对象，直接按下Delete键即可。

05 再次置入图像

使用相同的方法，再次置入附书光盘中的实例文件\Chapter 01\Media\07.psd文件，将图像置于左上角位置，并调整图像大小。

06 另存图像

由于当前图像已经做了更改，为了保留原图像，这里对更改后的图像文件执行“文件>存储为”命令，或者按下快捷键Shift+Ctrl+S，在弹出的“存储为”对话框中选择当前文件需要存储的位置，然后设置“文件名”为05，“格式”为Photoshop（*.PSD；*.PDD），完成后单击“保存”按钮，即可将当前文件保存在其他位置。至此，本实例制作完成。

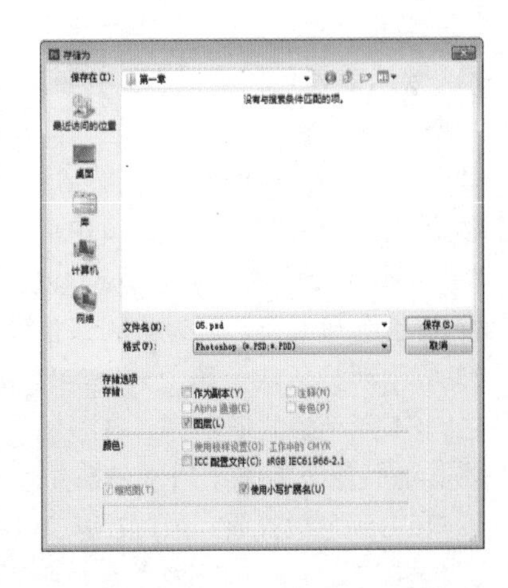

选取颜色

在Photoshop中进行操作时，可以通过不同的方法来选取颜色，主要有4种方法，包括使用吸管工具、“颜色”面板、“色板”面板以及在Adobe拾色器中指定新的颜色。本节就对选取颜色的相关内容进行介绍。

01 关于前景色和背景色

在设置颜色之前，需要先了解一下前景色和背景色，因为在Photoshop中所有要在图像中使用的颜色都会在前景色或背景色中表现出来。可以使用前景色来绘画、填充和描边选区，使用背景色来生成渐变填充和在空白区域中填充。此外，在应用一些具有特殊效果的滤镜时也会用到前景色和背景色。

设置前景色和背景色可以利用位于工具箱下方的两个色块，在默认情况下前景色为黑色，而背景色为白色。要设置不同的前景色或背景色，只需要直接单击前景色或背景色色块，即可弹出相应的“拾色器（前景色/背景色）”对话框，再通过拖动滑块或设置颜色模式数值来确定颜色。

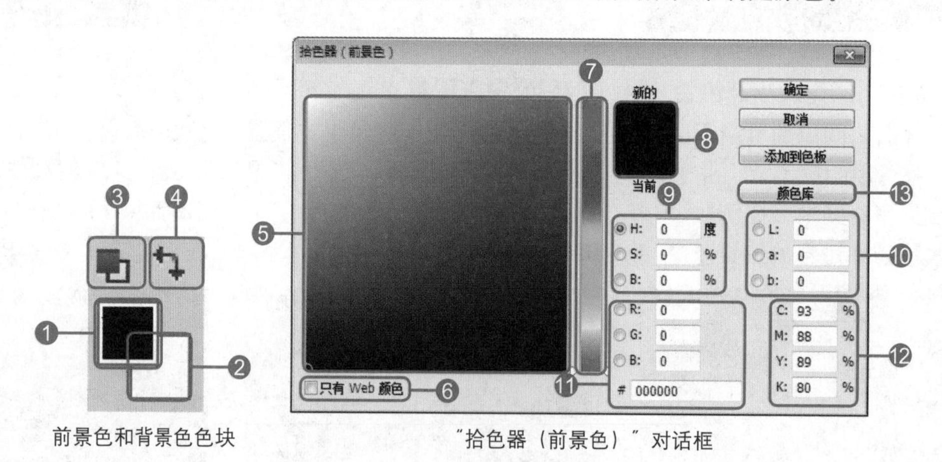

前景色和背景色色块

“拾色器（前景色）”对话框

❶**“设置前景色”色块**：该色块中显示的是当前所使用的前景颜色。单击该色块，即可弹出“拾色器（前景色）”对话框，在该对话框中可对前景色进行设置。

❷**“设置背景色”色块**：该色块中显示的是当前所使用的背景颜色。单击该色块，即可弹出“拾色器（背景色）”对话框，在该对话框中可对背景色进行设置。

❸**“默认前景色和背景色”按钮**：单击此按钮，即可将当前前景色和背景色调整到默认的前景色和背景色效果状态。

❹**“切换前景色和背景色”按钮**：单击此按钮，可使前景色和背景色互换。

❺**颜色选择窗口**：在此窗口中可通过单击或拖动来选择颜色。

❻**“只有Web颜色”复选框**：勾选该复选框，则当前对话框中只显示Web颜色。

❼**颜色选择滑块**：通过拖动该色条两侧的滑块，可设置颜色选择窗口中所显示的颜色。

❽**颜色预览色块**：该色块上半部分颜色为新设置的颜色，下半部分颜色为上一次所设置的颜色。

❾**HSB颜色模式值**：通过在各文本框中输入HSB颜色模式数值来设置不同的颜色。

❿**Lab颜色模式值**：通过在各文本框中输入Lab颜色模式数值来设置不同的颜色。

⓫**RGB颜色模式值**：通过在各文本框中输入RGB颜色模式数值来设置不同的颜色。

⑫ **CMYK颜色模式值**：通过在各文本框中输入CMYK颜色模式数值来设置不同的颜色。

⑬ **“颜色库”按钮**：单击该按钮，在弹出的“颜色库”对话框中可针对特殊颜色进行设置。

02 使用吸管工具选取颜色

使用吸管工具可以选取当前图像中任何区域的颜色，并将选取的颜色指定为新的前景色或背景色。下面就来介绍使用吸管工具选取颜色的具体操作方法。

知识链接

快速填充前景色或背景色

通过使用快捷键，能够更快速地使用当前前景色或背景色对图层或当前选区进行填充。

如果要在当前选区中填充前景色，在创建了选区的状态下，按下快捷键Alt+Delete即可。

如果要在当前选区中填充背景色，在创建了选区的状态下，按下快捷键Ctrl+Delete即可。

创建选区

填充前景色

填充背景色

01 打开图像文件

执行“文件>打开”命令，或者按下快捷键Ctrl+O，打开附书光盘中的实例文件\Chapter 01\Media\08.jpg文件。

02 选取前景色

单击工具箱中的吸管工具，将光标移至图像中部的黄色位置，单击鼠标即可将前景色设置为吸管工具选取的颜色。

03 设置背景色

单击“设置背景色”色块，弹出“拾色器（背景色）”对话框，然后移动光标并在图像中的草绿色位置单击，此时，“拾色器（背景色）”对话框中的“新的”颜色色块即显示为刚才吸取的图像颜色，完成后单击“确定”按钮，即可将当前背景色设置为选中的颜色。

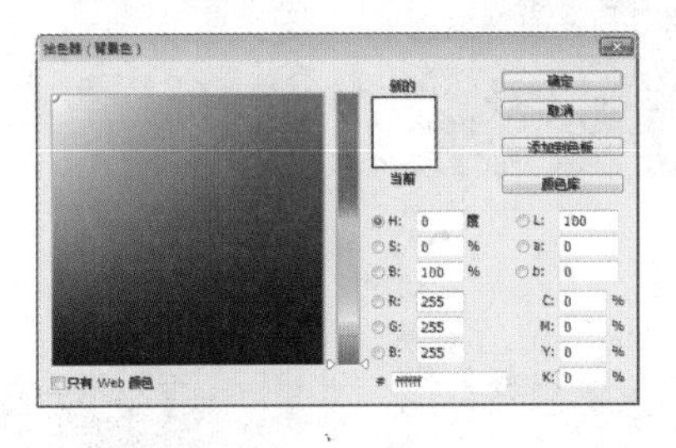

04 快速切换到吸管工具

使用画笔工具时，如按住Alt键不放，即可将当前工具暂时切换到吸管工具吸取颜色，释放Alt键即可返回到画笔工具。

图像处理中的辅助工具

Photoshop中的辅助工具主要用于对对象进行精确定位，从而使图像效果更完整、美观，主要包括标尺、参考线、标尺工具和网格。它们虽然都是辅助工具，但作用却各不相同，本节就对这些辅助工具的使用方法和特点进行介绍。

在Photoshop中使用辅助工具可以快速对齐、测量或排布对象。辅助工具主要包括标尺、参考线、网格和标尺工具，它们的作用和特点各不相同，下面将对内容进行详细介绍。

标尺用于测量页面中的对象，也可以测量页面的长宽，方便平均添加参考线。

参考线和网格可以帮助用户精确定位图像或元素，并且由于网格呈网状，因此定位图像或元素时更方便。参考线显示为浮动状态，打印输出时，网格和参考线都不会被打印出来。

标尺工具可以帮助用户准确定位图像或元素。标尺工具的特点是可以计算工作区任意两点之间的距离，且标尺工具所绘制出来的距离直线不会被打印出来。当选择使用标尺工具后，会在属性栏和“信息”面板中显示出标尺的起始位置、在X和Y轴上移动的水平和垂直距离、相对于轴偏离的角度、移动的总长度以及创建角度时的角度等。

标尺

参考线

标尺工具

网格

使用Adobe Bridge

Adobe Bridge是Photoshop中自带的一个软件，用户可以使用该软件来组织、浏览和寻找所需资源，创建供印刷、网站和移动设备使用的内容。本节就来学习Adobe Bridge的相关知识和使用方法。

01 Adobe Bridge工作界面

使用Adobe Bridge可以方便访问本地的PSD、AI、INDD和PDF文件，以及其他Adobe和非Adobe应用程序文件。下面先来认识一下Adobe Bridge的工作界面。

Adobe Bridge工作界面

❶ **标题栏：**在标题栏中会显示当前界面名称，以及界面放大、缩小、关闭等按钮。

❷ **菜单栏：**菜单栏中包括8个菜单项，它们分别是“文件”、“编辑”、“视图”、“堆栈”、“标签”、“工具”、“窗口”和“帮助”。单击菜单项可打开菜单，选择执行相关命令。

❸ **工具栏：**在工具栏中会显示一些经常使用的工具选项，单击相应按钮，可快速应用相应的操作到当前图像文件。

❹ **文件路径：**显示当前打开的文件夹路径，也可以在此选择需要打开的文件路径。

❺ **控制面板框：**在该控制面板框中主要包含了5个控制面板，即“收藏夹”、“文件夹”、“过滤器”、“收藏集”和“导出”面板，单击任意标签，即可切换到相应面板，对图像文件的管理进行具体设置。

❻ **文件预览窗口：**在该窗口中会显示当前打开文件夹中的所有图像文件。

❼ **“预览方式”选项组：**在此选项组中包含4个项目，分别是“必要项”、“胶片”、“元数据”和“输出”，单击其中一个选项，可使预览窗口中的文件按照设置的方式显示。

❽ **“图像查看方式”选项组**：在该选项组中可设置当前文件夹中的所有图像文件的排列方式，单击相应按钮，即可按相应的方式排列文件。此外，也可以通过单击该选项组中的旋转按钮来旋转当前图像文件。

❾ **控制面板框**：该控制面板框和左侧的控制面板框作用相似，主要包括“预览”、“元数据”和“关键字”面板。在“预览”面板中可以调整当前图像文件所调整的方式，“元数据”面板中会显示当前图像文件的相关属性，而在“关键字”面板中可以对图像搜索时的关键字进行设置。

02 在Adobe Bridge中查看图片

使用Adobe Bridge可以不用打开文件夹，直接在Adobe Bridge中选择相应路径查看图片。下面来介绍在Adobe Bridge中查看图片的具体操作方法。

01 打开Adobe Bridge

运行Photoshop后，执行“文件>在Bridge中浏览”命令，即可打开Adobe Bridge，在文件路径区域单击选择路径的按钮■，打开下拉列表。

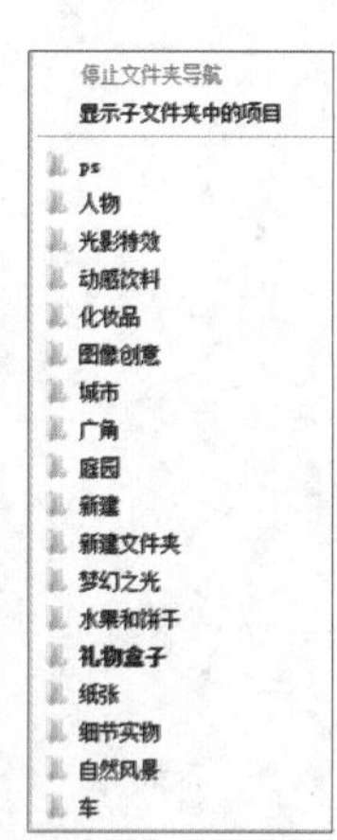

02 选择文件夹

在下拉列表中选择需要的文件夹，即可在Adobe Bridge中打开该文件夹中的图像文件。

03 放大预览图像

单击选中一张图像，然后单击“预览方式”选项组中的■按钮，即可将当前选中的图像以较大方式预览。

04 旋转对象

在“预览”面板上方单击“逆时针旋90°”按钮■，即可在“预览”面板中将图像向左旋转90°。

Chapter 02

选区的创建和编辑

选区的使用大大方便了对图像局部的操作，创建选区可以保护选区外图像不受其他操作影响，对选区内图像进行移动、填充或颜色调整，不会改变其他区域的图像信息。

常用选区工具

Photoshop中有多种选区工具，分别为选框套索工具组和魔棒工具组，使用这些选区工具可以创建多种形状的选区，以便对当前选区中的对象进行进一步的操作。本节就对这些工具进行介绍。

Photoshop中的选区工具主要包括矩形选框工具、椭圆选框工具、单行选框工具、单列选框工具、套索工具、多边形套索工具、磁性套索工具、快速选择工具和魔棒工具，这9种工具可分为以下3大类，用户可根据情况的不同来选择使用。

选框工具组（矩形选框工具、椭圆选框工具、单行选框工具和单列选框工具）：通过在图像上拖曳，直接创建规则选区，如矩形选区和椭圆选区。

套索工具组（套索工具、多边形套索工具和磁性套索工具）：用于设置曲线、多边形或不规则形态的选区。

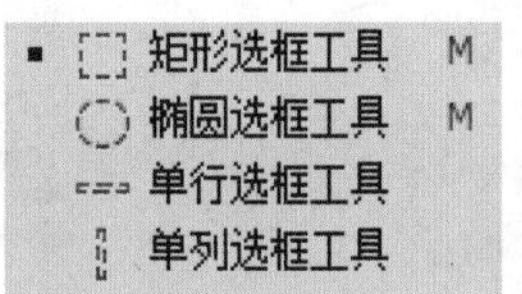

选框工具组

矩形选框工具

椭圆选框工具

单行选框工具和单列选框工具

套索工具 L
多边形套索工具 L
磁性套索工具 L

套索工具组

套索工具

多边形套索工具

磁性套索工具

魔棒工具组（快速选择工具和魔棒工具）：通过在图像中进行拖曳或单击图像，可将单击部分周围颜色相近的区域指定为选区。

专家技巧 在工具箱中快速切换不同的选区工具

如果需要切换到套索工具组，可以按下L键，如果要在此工具组中的各工具间进行切换，选中该工具组中的任意一个套索工具，然后按下快捷键Shift+L一次或多次，即可对该工具组中的工具按顺序进行切换。需要切换到其他工具组中的工具，按照与此相似的方法操作即可。

创建规则选区和不规则选区

使用规则选区工具可以创建出矩形、椭圆等几何选区，并通过填充、描边、剪切等方法制作出不同的效果。创建规则选区的工具主要包括矩形选框工具、椭圆选框工具、单行选框工具和单列选框工具。使用不规则选区工具可以创建任意选区，创建不规则选区的工具包括套索工具、多边形套索工具和磁性套索工具。下面就来详细介绍不同的选区工具。

01 不同工具的操作方法

在Photoshop中，不同的选区工具其操作方法各有不同，可以通过拖动、单击或双击鼠标等方法创建选区，下面就来具体介绍使用不同选区工具的操作要点。

矩形选框工具和椭圆选框工具：在工具箱中选择选框工具后，在图像中直接单击后按住鼠标左键拖动至合适位置，释放鼠标，即可创建出需要的选区效果。

单行选框工具和单列选框工具：在工具箱中选择选框工具后，在图像中单击，即可创建相应选区。

套索工具：在工具箱中选择该工具后，按住鼠标左键不放，在图像中直接拖动，完成选区边缘的设置后，释放鼠标，即可创建出需要的选区。

多边形套索工具：在工具箱中选择该工具后，在图像中单击鼠标左键，可确定起点位置，再单击，可确定下一个拐点位置，要完成选区的创建，单击起点位置即可。

磁性套索工具：选择该工具后，在图像中单击后拖动鼠标，该工具可自动吸附到对象边缘，在图像中单击可创建拐点，单击起点位置即可完成选区的创建。

拖动鼠标创建矩形选区

单击鼠标创建单行选区

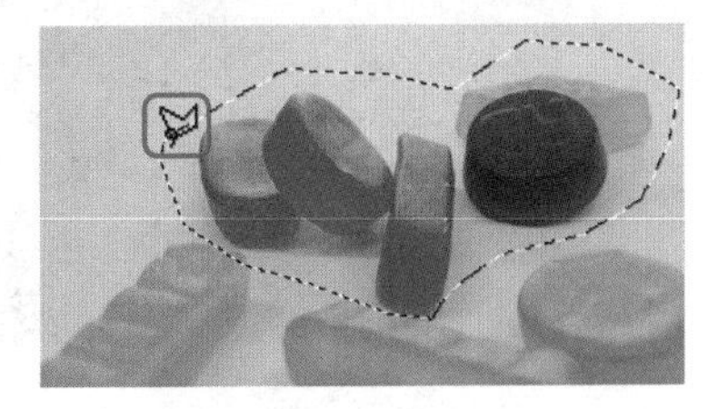
多次单击鼠标创建多边形选区

02 制作网状效果图像

使用单行选框工具或单列选框工具，可创建具有网状效果的图像，使图像画面更具艺术感。

创建条形选区

创建网状选区

填充选区颜色

基于色彩创建选区

魔棒工具和快速选择工具都是基于色彩创建选区，使用这两种工具在图像中单击，即可将图像中同样颜色的区域创建为选区。另外，通过“色彩范围”对话框也可以将同样颜色的区域创建为选区。本节就来介绍这些工具和对话框的使用方法。

01 魔棒工具和快速选择工具

使用魔棒工具可以通过简单的单击操作创建选区。在工具箱中选择魔棒工具后，在其属性栏中设置容差值。容差值越大，选中的颜色越多；容差值越小，选中的颜色越精确。

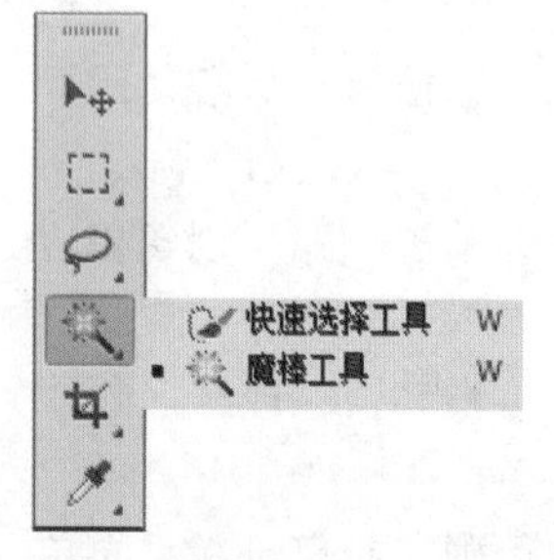

魔棒工具组

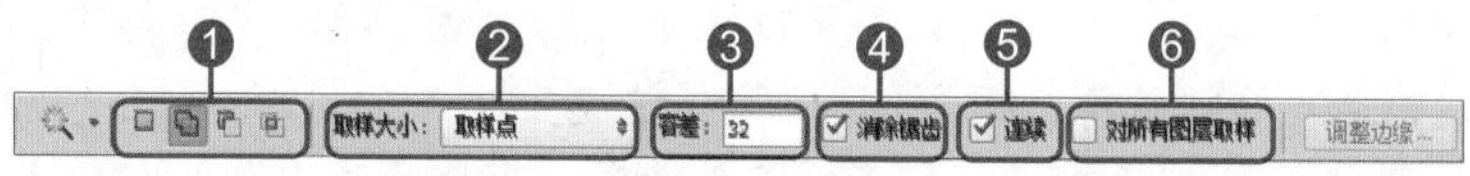

魔棒工具属性栏

❶ **选区选项**：激活该选项组的不同按钮确定选区相加、相减情况。

添加选区

减去选区

保留选区中交叉部分

❷**“取样大小”下拉列表**：用于更改魔棒单击区域内的取样大小。单击右侧下拉按钮，在弹出的下拉列表中包括取样点、3×3平均等7个选项，用于读取单击区域内指定数量的像素的平均值。

❸**“容差”文本框**：用于指定选定像素的相似点差异，取值范围为0～255。值越小，则会选择与选择像素非常相似的少数几种颜色；值越大，则会选择范围更广的颜色。

❹**“消除锯齿”复选框**：勾选该复选框后，即可创建较平滑的边缘选区。

❺**“连续”复选框**：勾选该复选框后，只选中相同颜色的相邻区域，取消该复选框的勾选，会选中整个图像中相同颜色的所有区域。

❻**“对所有图层取样”复选框**：勾选该复选框，魔棒工具将从所有可见图层中选择颜色。否则，魔棒工具将只从当前图层中选择颜色。

快速选择工具和魔棒工具的使用方法相同，通过在需要的区域单击即可在图像中迅速自动创建选区。使用快速选择工具通过设置画笔大小来确定选取范围。

快速选择工具属性栏

❶ **选区选项**：通过激活该选项组中的不同按钮确定选区的相加、相减情况。
❷ **画笔**：设置笔触大小和半径。
❸ **"对所有图层取样"复选框**：勾选该复选框，基于所有图层创建一个选区。
❹ **"自动增强"复选框**：勾选该复选框，减少选区边界的粗糙度和块效应。

02 使用"色彩范围"命令创建选区

使用"色彩范围"对话框，可以选择当前选区或整个图像中指定的颜色或色彩范围，下面就来介绍通过"色彩范围"对话框创建选区的详细操作方法。

01 打开图像文件

按下快捷键Ctrl+O，打开附书光盘中的实例文件\Chapter 02\Media\03.jpg文件。

02 创建选区

执行"选择>色彩范围"命令，在打开的"色彩范围"对话框中设置"颜色容差"为200，并在图像中吸取绿色，完成后单击"确定"按钮，即可将图像中的绿色区域选中。

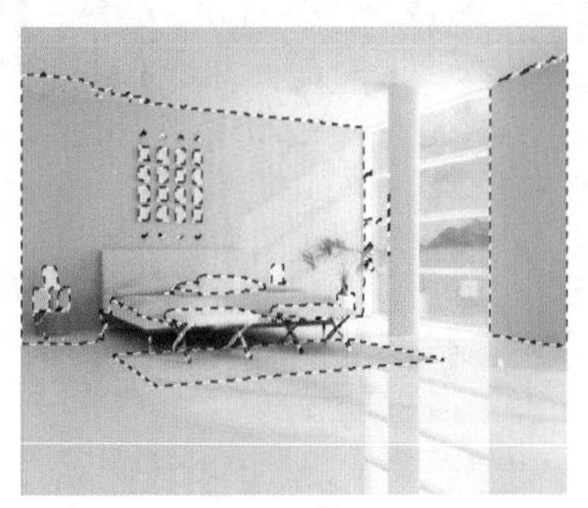

03 调整图像饱和度

执行"图像>调整>色相/饱和度"命令，或者按下快捷键Ctrl+U，弹出"色相/饱和度"对话框，设置"色相"为-104，设置完成后单击"确定"按钮，即可调整图像中选区部分的饱和度。

04 取消选区

执行"选择>取消选择"命令，即可取消选区。至此，本实例制作完成。

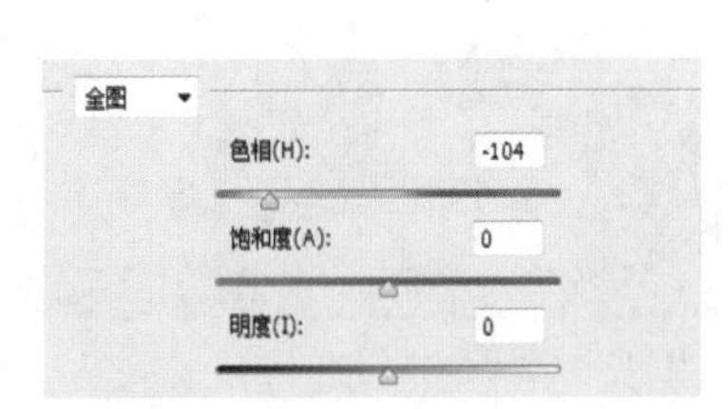

选区的编辑和修改

在图像中创建选区后，要得到所需的选区效果，还需要对选区进行编辑和修改。本节将介绍使用选区工具和修改、变换等命令对选区进行编辑和修改的相关知识。

01 修改和变换选区

使用“修改”和“变换”命令组中的命令编辑和修改选区，应用不同的命令可以得到不同的图像效果。在“修改”命令组中，包括“边界”、“平滑”、“扩展”、“收缩”和“羽化”5个对选区进行修改的命令。在“变换”命令组中，包括“缩放”、“旋转”、“斜切”、“扭曲”、“透视”和“变形”等选区操作命令。

应用“边界”命令可以将选区向内或向外扩展，从而使选区内容成为边界，还可对选区进行填充、描边等操作；应用“平滑”命令可使选区中具有拐点的部分变得平滑，成为圆角效果；应用“扩展”命令可将当前选区向外扩展；应用“收缩”命令可将当前选区向内收缩；应用“羽化”命令可对选区边缘进行柔化处理，产生朦胧感；应用“变换选区”命令可只改变当前图像选区的大小和长宽。

原图

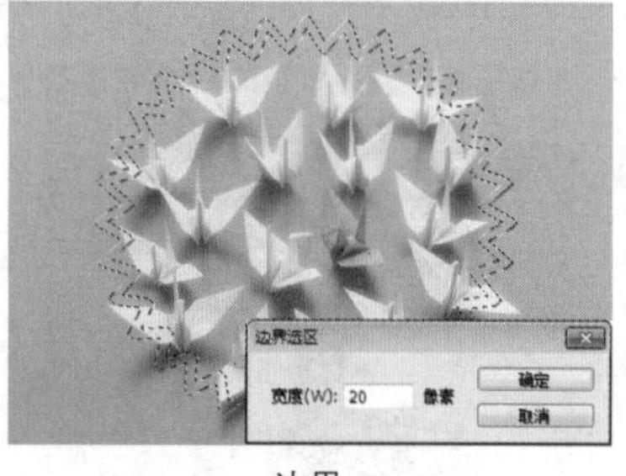

边界

羽化

02 编辑选区

前面已经对选区的创建以及简单应用进行了了解，在实际操作中还需要对选区进行进一步的编辑，使其更符合当前的需要，下面通过一个实例来介绍编辑选区的方法，最终效果见光盘中的实例文件\Chapter 02\Complete\05.psd文件。

❶ 打开素材，载入“图层1”选区，新建图层2。

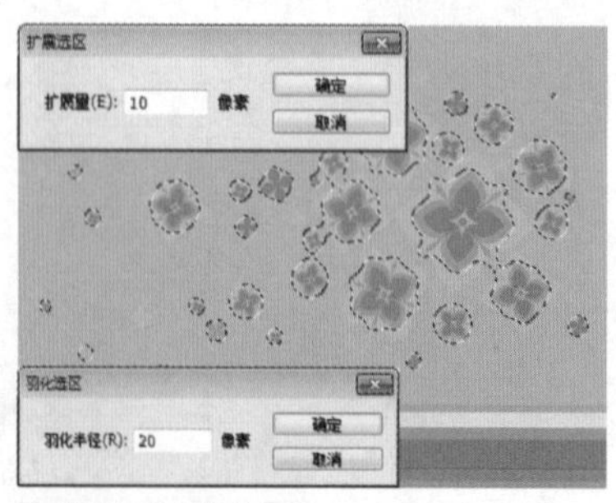

❷ 扩展及羽化选区。

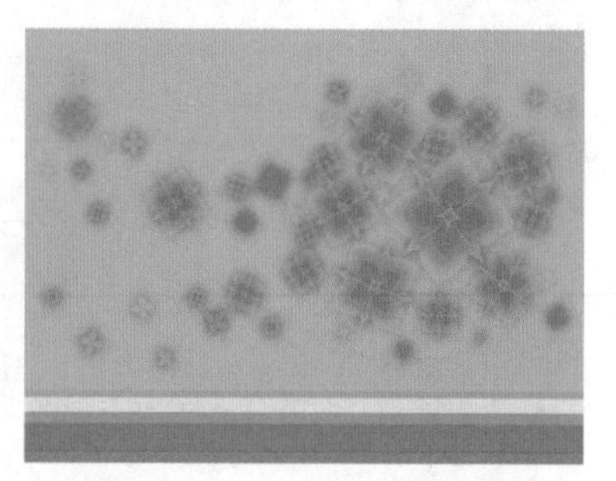

❸ 填充选区，并将“图层2”拖至背景上层。

设计师训练营 制作艺术化合成图像

使用选区工具结合编辑选区功能，可以对选区内的图像进行调整，添加素材图像使其产生艺术化的合成效果，下面就来介绍制作艺术化合成图像的具体操作方法。

01 将背景图层转换为普通图层

按下快捷键Ctrl+O，打开附书光盘中的实例文件\Chapter 02\Media\05.jpg文件，在“图层”面板中双击“背景”图层，弹出“新建图层”对话框，单击“确定”按钮，将背景图层转换为普通图层。

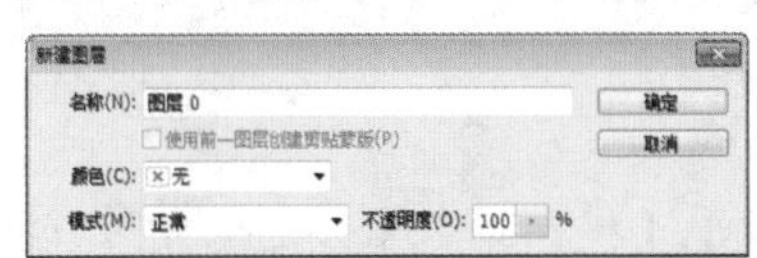

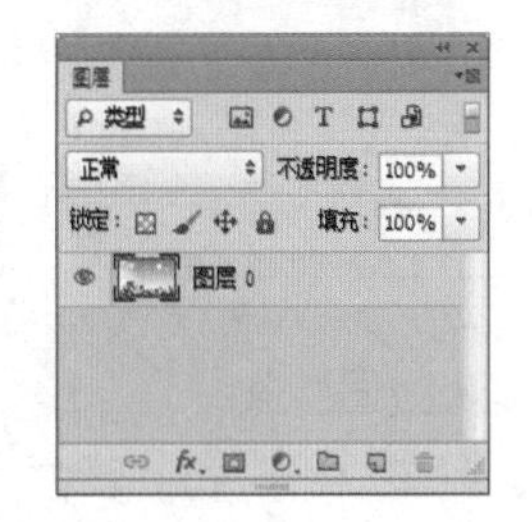

02 填充选区

单击套索工具，在画面中的热气球四周单击并拖动鼠标，创建选区，然后执行“编辑>填充”命令，打开“填充”对话框，单击“使用”右侧的下拉按钮，在弹出的下拉列表中选择“内容识别”选项。

03 隐藏选区内容

设置完成后单击“确定”按钮，此时，可以看到选区内的热气球图像被隐藏了。

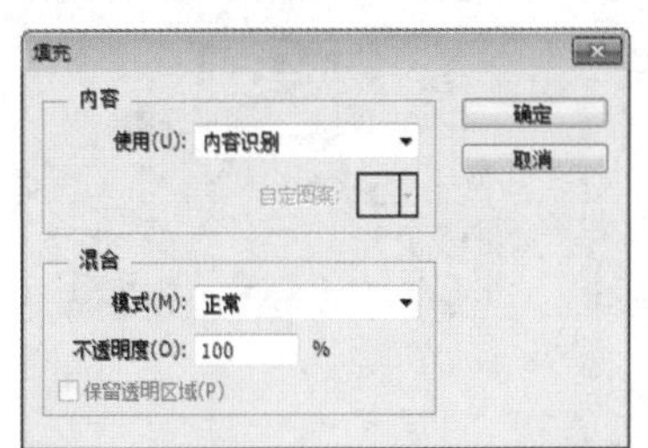

04 调整色相/饱和度

单击魔棒工具，在属性栏上单击“添加到选区”按钮，在蓝色填充背景上多次单击鼠标，创建图像选区，然后右击，在弹出的快捷菜单中选择“羽化”命令，设置“羽化”为100像素。完成选区创建后，单击“图层”面板下方的“创建新的填充或调整图层”按钮，在弹出的菜单中选择“色相/饱和度”命令，打开“色相/饱和度”面板，设置各项参数值，在“图层”面板中生成一个“色相/饱和度 1”调整图层。

05 添加高斯模糊滤镜

按下快捷键Ctrl+Shift+Alt+E，盖印图层，生成“图层 1”。选择“图层 1”，执行“滤镜>模糊>高斯模糊”命令，在弹出的“高斯模糊”对话框中设置“半径”为10像素，单击“确定”按钮。

06 添加图层蒙版

单击“图层”面板下方的“添加矢量蒙版”按钮，为当前图层添加图层蒙版。

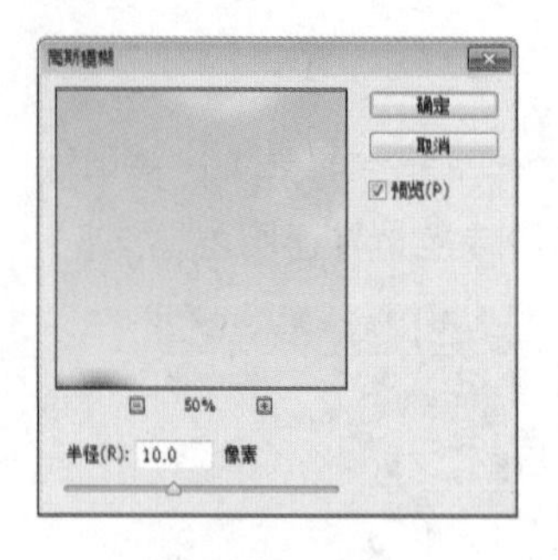

07 编辑图层蒙版

按住Ctrl键的同时在“图层”面板中单击“色相/饱和度1”调整图层的图层蒙版，载入蒙版选区，然后选择“图层 1”的图层蒙版，填充蒙版选区颜色为黑色，完成后设置图层混合模式为“变亮”。

08 添加素材图像

取消选区，打开“人物.png”文件，添加素材图像至当前图像文件中，生成“图层 2”。

09 添加“色相/饱和度”调整图层

按住Ctrl键的同时在“图层”面板中单击“图层 2”缩览图，载入“人物”图像的选区。单击“图层”面板下方的“创建新的填充或调整图层”按钮，在弹出的菜单中选择“色相/饱和度”命令，打开“色相/饱和度”面板，设置各项参数值，在“图层”面板中生成一个“色相/饱和度 2”调整图层。

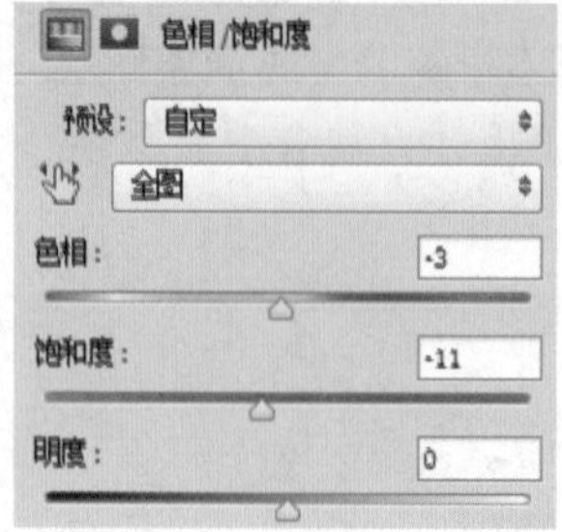

10 添加“曲线”调整图层

保持选区，按下快捷键Shift+Ctrl+I，对选区进行反选，然后单击“图层”面板下方的“创建新的填充或调整图层”按钮，在弹出的菜单中选择“曲线”命令，打开“曲线”面板，分别对各个通道进行曲线调整，增强图像明暗对比效果，在“图层”面板中生成一个“曲线1”调整图层。

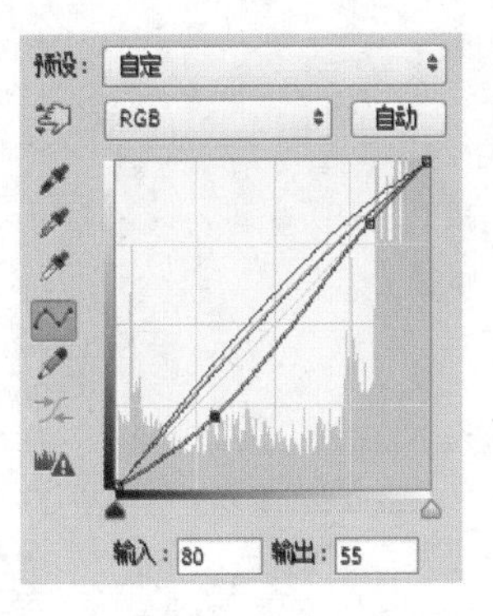

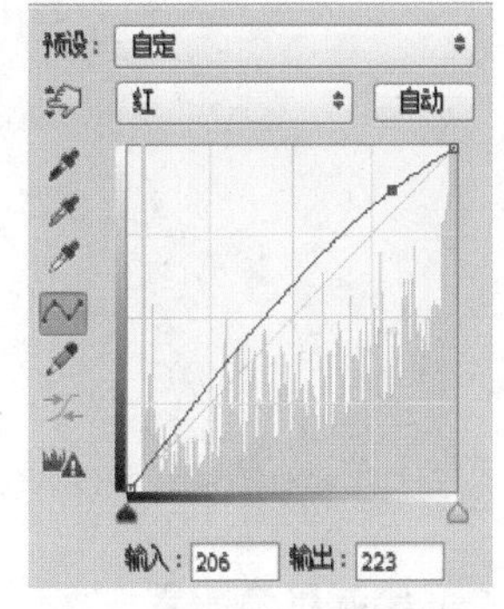

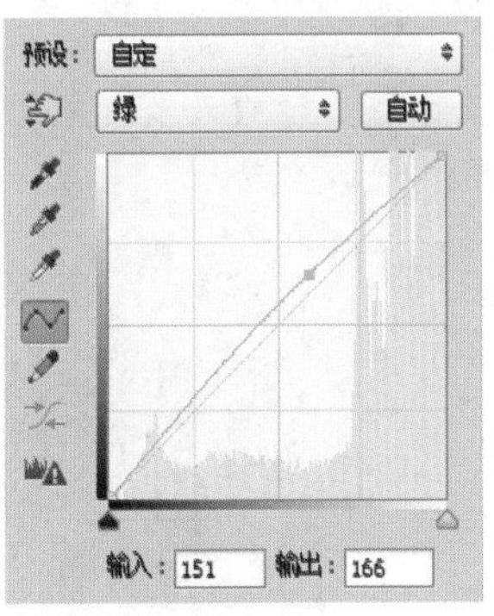

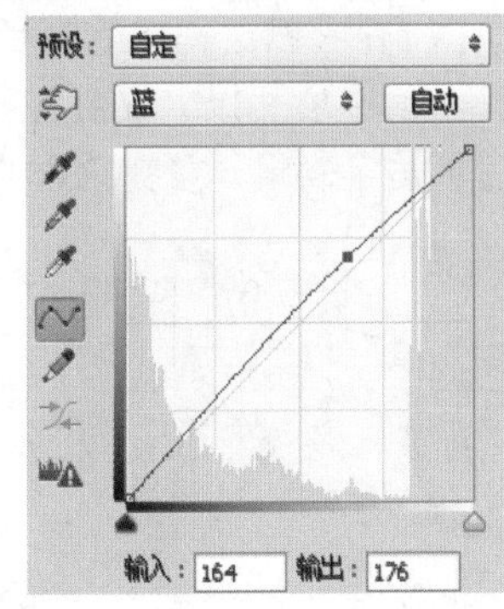

11 填充渐变

按下快捷键Ctrl+D，取消选区。新建“图层 3”，单击钢笔工具，在画面下方绘制路径，绘制完成后按下快捷键Ctrl+Enter，将路径转换为选区，单击渐变工具，在属性栏中单击渐变缩览图，打开“渐变编辑器”对话框，设置渐变颜色为白色到透明色的线性渐变，单击“确定”按钮，从上到下对选区进行渐变填充，完成后取消选区。

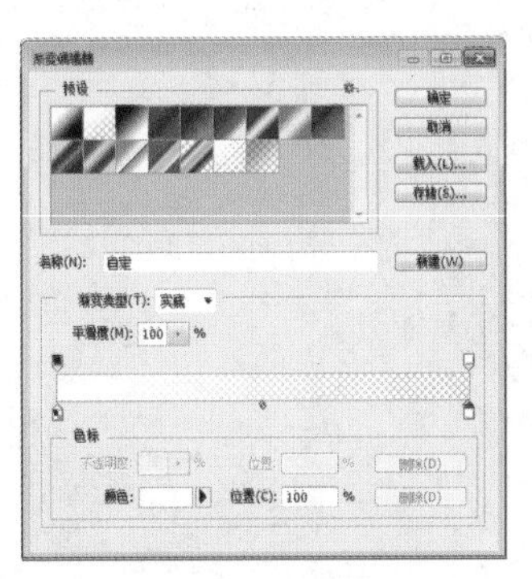

知识链接 填充选区

使用渐变工具进行填充可以使选区内的图像颜色更为丰富，使用油漆桶工具与“填充”命令有相同之处，都可以为选区填充图案，从而赋予选区内图像一定的质感。按下快捷键Alt+Delete可以为选区填充前景色，按下快捷键Ctrl+Delete可以为选区填充背景色。

12 绘制更多白色渐变图像

参照步骤11的操作，在画面中绘制更多的白色渐变图像，绘制完成后设置“图层 3”的“不透明度”为84%，在画面下方制作白色光影效果。新建“图层 4”，单击画笔工具，在“画笔预设”面板中选择柔角笔刷样式。

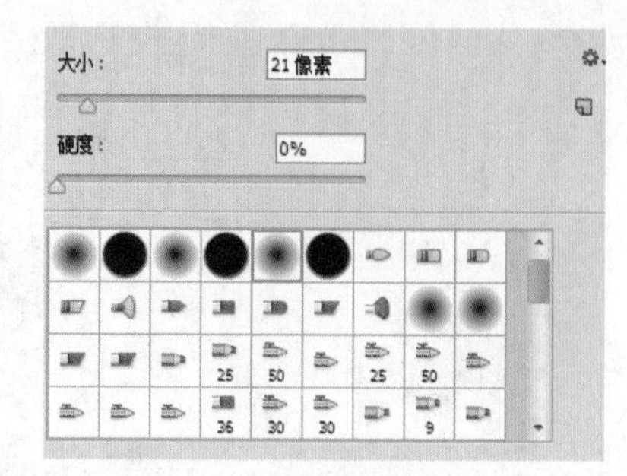

13 绘制星光效果

选择柔角笔刷，设置前景色为白色，然后结合[和]键随时对画笔大小进行调整，绘制画面中大小不同的白色圆点效果。

14 添加图层样式

双击“图层 4”，打开“图层样式”对话框，勾选“外发光”复选框并打开“外发光”选项面板，设置各项参数值，设置外发光颜色为白色，完成后单击“确定”按钮，添加图像光影效果。

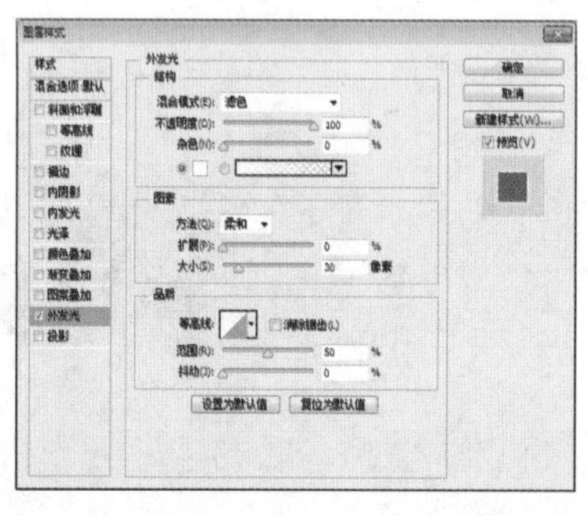

15 添加素材图像

按下快捷键Ctrl+O，打开“蝴蝶.png”文件，单击移动工具，将素材图像拖曳到当前图像文件中，生成“图层 5”。执行“自由变换”命令对图像进行旋转，完成后按下Enter键，结束自由变换操作。至此，本实例制作完成。

知识链接 “正片叠底”图层混合模式

“正片叠底”图层混合模式是将两个颜色的像素值相乘后除以255，最后得到的数值即为最终色的像素值，因此设置“正片叠底”模式后的颜色比原来两种颜色都深。“正片叠底”图层混合模式在数码照片处理中多用于修正曝光过度照片，如果将一层图像设置“正片叠底”图层混合模式后无法修正过度曝光效果，为更多的图层执行相同操作即可。

Chapter

图层的应用和管理

图层就像一层层透明的玻璃纸，每个图层都保存着特定的图像信息，根据功能不同分成各种不同的图层。创建图层和管理图层是Photoshop中最基本的操作。

认识图层

图层是将多个图像创建出具有工作流程效果的构建块，这就好比一张完整的图像，由层叠在一起的透明纸组成，可以透过图层的透明区域看到下面一层的图像，这样就组成了一个完整的图像效果了，本节将对图层的相关知识进行介绍。

01 图层的作用

在Photoshop中图层具有非常重要的作用，简单来说，其功能主要是管理当前文件中的图像，使不同对象更易于单独编辑。

有时在有的图层中不会包含任何显而易见的内容，比如调整图层，其中包含可对其下面的图层产生影响的颜色或色调调整，可以编辑调整图层并保持下层像素不变，而不是直接编辑图像像素，当不需要调整时，将调整图层删除即可恢复到图像调整前的状态。

在“图层”面板中，可以对图层进行新建、删除、排列、编组等操作，从而使用户在调整效果时，能够轻易将其找到，并进行相应的编辑。

最后，还可以使用视频图层向图像中添加视频，将视频剪辑作为视频图层导入到图像中之后，可以遮盖、变换、应用图层。

02 了解“图层”面板

在Photoshop的“图层”面板中，可以查看当前图像文件的所有图层以及排列效果、属性等，通过了解“图层”面板中各个选项和按钮的意义，能够更方便地控制图层，下面我们就来介绍“图层”面板的相关参数设置。

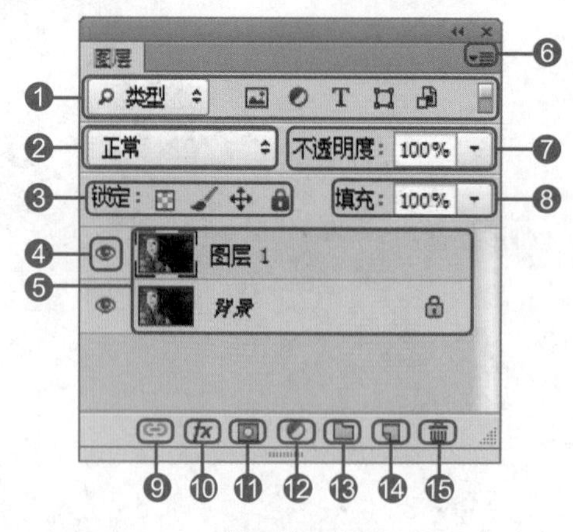

“图层”面板

❶**“类型”下拉列表**：单击右侧的下拉按钮，在打开的下拉列表中，可以选择一种类型，方便用户查看图层，右侧还包括像素图层滤镜、调整图层滤镜等按钮，单击各按钮即可查看对应图层。

❷**“图层混合模式”下拉列表**：单击右侧的下拉按钮，在打开的下拉列表中，可以选择一种图层混合模式，使当前图层作用于下方的图层，从而产生不同的效果。

原图

变暗

差值

❸**“锁定”选项组**：在此选项组中，包含了“锁定透明像素”、“锁定图像像素”、“锁定位置”和“锁定全部”4个选项。单击相应的按钮，即可对当前图层进行锁定操作。

❹**“指示图层可见性”按钮**：取消该按钮后，当前图层将不会在图像中显示出来。

原图

隐藏图层

❺**图层列表**：在该区域显示出当前图像文件中所有的图层和图层排列效果。

❻**扩展按钮**：单击该按钮，打开扩展菜单，通过执行扩展菜单命令可以对图层进行各种操作。

❼**“不透明度”文本框**：通过输入数值或拖动滑块，设置当前图层的不透明度。

❽**“填充”文本框**：通过输入数值或拖动滑块，设置图层的填充程度。

❾**“链接图层”按钮**：同时选中两个或两个以上图层时，单击此按钮，即可将选中的图层链接。

❿**“添加图层样式”按钮**：单击该按钮，在打开的菜单中可选择需要添加的图层样式，为当前图层添加图层样式。

⓫**“添加图层蒙版”按钮**：单击该按钮，即可为当前选中的图层添加图层蒙版。

⓬**“创建新的填充或调整图层”按钮**：单击该按钮，在弹出的菜单中选择填充或调整图层选项，添加填充图层或调整图层。

⓭**“创建新组”按钮**：单击该按钮，即可在当前图层的上方创建一个新组。

⓮**“创建新图层”按钮**：单击该按钮，即可在当前图层上方创建一个新图层。

⓯**“删除图层”按钮**：单击该按钮，即可将当前图层删除。

移动、堆栈和锁定图层

移动、堆栈和锁定图层操作是对图层进行编辑时比较常见的操作，在这一小节，将对其相关操作和知识进行介绍。

掌握移动、堆栈和锁定图层的方法，可以在对图像进行编辑时对图层进行移动、堆栈和锁定操作。移动图层的操作可以将图层中的对象放置于除背景图层外的其他任何一个图层的下方或上方，从而调整图像中对象的层叠效果；堆栈图层的操作可以将图层放置于组文件夹中，将同类图像的图层放置到相应组文件夹中，更容易对其进行统一性操作；锁定图层的操作可以将不需要移动的图层锁定，在执行其他操作时，被锁定的图层将不会被编辑。

原图

移动图层

知识链接

不同的锁定显示效果

在“图层”面板中，对图层进行锁定操作时，其显示效果各不相同。在普通图层中，单击“锁定全部”按钮后，显示为全部锁定按钮图标；而锁定组时，其中的普通图层中的锁定按钮图标变成灰色状态。

锁定组图层

选中图层

堆栈到组文件夹中

锁定图层透明像素

锁定图层

图层的对齐和分布

对齐图层功能，可以使不同图层上的对象按照指定的对齐方式进行自动对齐，从而得到整齐的图像效果。分布图层功能，可以均匀分布图层和组，使图层对象或组对象按照指定的分布方式进行自动分布，从而得到具有相同距离或相同对齐点的图像效果。

01 对齐和分布图层

对齐和分布图层功能，即对齐不同图层上的对象及均匀分布图层和组。对图层进行对齐和分布操作前先指定一个图层作为参考图层，执行“图层>对齐”子菜单命令可对图层进行顶边对齐、垂直居中对齐、底边对齐、左边对齐、水平居中对齐和右边对齐操作。同样地，执行“图层>分布”子菜单命令可对图层进行顶边分布、垂直居中分布、底边分布、左边分布、水平居中分布和右边分布操作。

02 对齐不同图层上的对象

将不同图层上的对象对齐可以更精确地制作整齐的图像效果，下面具体介绍。

01 打开图像文件

执行“文件>打开”命令，打开附书光盘中的实例文件\Chapter 03\Media\07.psd文件。按下F7键，打开“图层”面板。

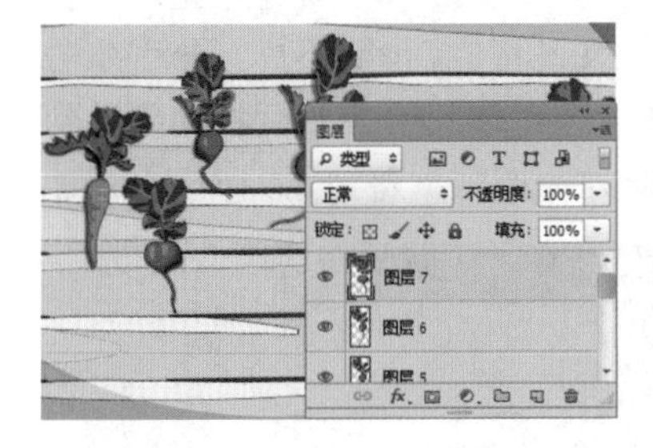

02 单独调整图像位置

按住Ctrl键不放，在“图层”面板中分别单击“图层 7”和“图层 2”，将这两个图层同时选中，执行“图层>对齐>顶边”命令，即可将当前选中的两个图层中的对象以顶边对齐方式显示。使用同样方法，可以设置图层垂直居中或底边对齐，使图层对象以不同的对齐方式显示。

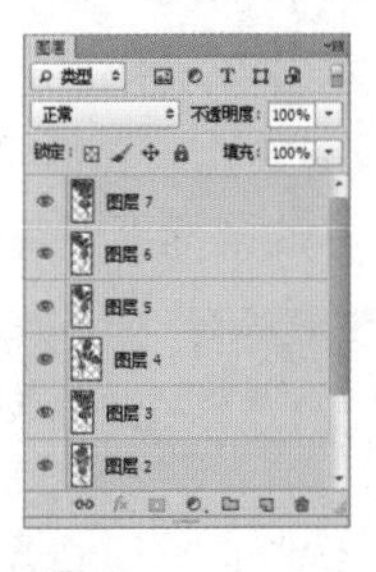

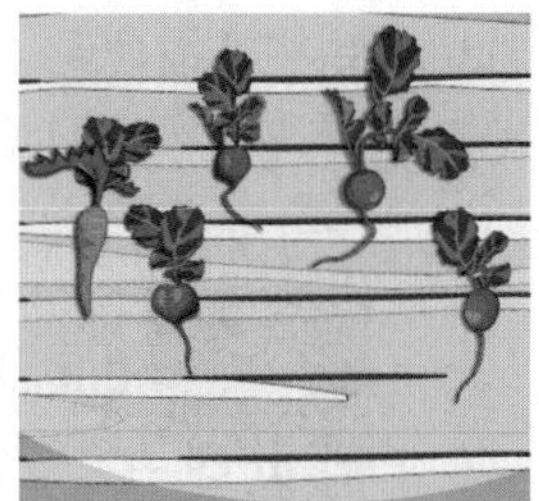

03 对齐选中图层对象位置

按住Ctrl键，将除“图层 7”和“图层 2”外的图层选中，执行“图层>对齐>底边”命令，将当前所选中的所有图层对象以底边对齐方式显示。

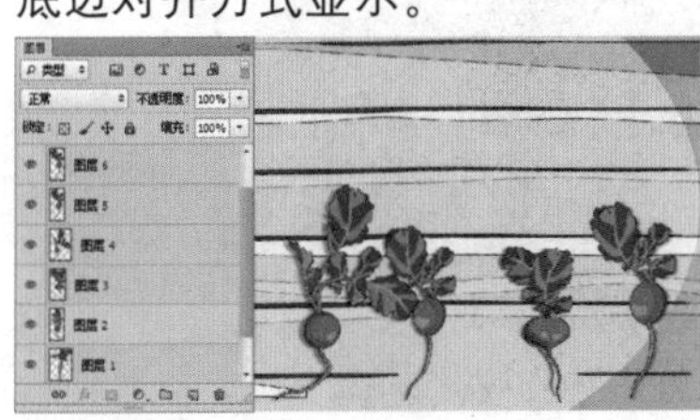

04 选中所有图层

按住Shift键不放，单击“图层 1”，再单击“图层 7”，将两图层之间的图层全部选中。

05 调整对象分布效果

执行“图层>分布>水平居中”命令，即可将当前选中的所有图层按照水平居中，且以间距相等的方式显示。

利用图层组管理图层

在Photoshop中利用图层组管理图层是非常有效的管理多层文件的方法。将图层划分为不同的组后，可以通过设置图层或组的颜色进行区分，也可以通过合并或盖印图层来减少图层的数量或改变图层的排列顺序。在本节中，将对管理图层的相关知识和操作方法进行介绍。

01 管理图层的作用

管理图层的方法有设置图层或组的颜色、合并图层、合并可见图层、拼合图像、盖印图层和盖印当前图层等。设置图层或组的颜色能够将不同的图层或组区分开来，方便用户迅速查找到图层对象；合并图层是将当前文件中的所有图层合并为一个图层；合并可见图层是将当前文件中的所有可见图层合并为一个图层，而不可见的图层保持不变；拼合图像是将当前文件中的所有图层合并为一个图层；盖印图层是将当前文件中的所有图层添加到一个新的图层中，而原图层保持不变；盖印当前图层是将当前图层中的内容添加到一个新的图层中。

02 为图层或组设置颜色

对包含图层较多的文件进行操作时，将图层或组设置为不同的颜色，能够让用户在查找时一目了然，迅速查找到要处理的图层或组，下面就来介绍为图层或组设置颜色的具体操作方法。

01 打开图像文件

按下快捷键Ctrl+O，打开附书光盘中的实例文件\Chapter 03\Media\09.psd文件。按下F7键，打开“图层”面板。

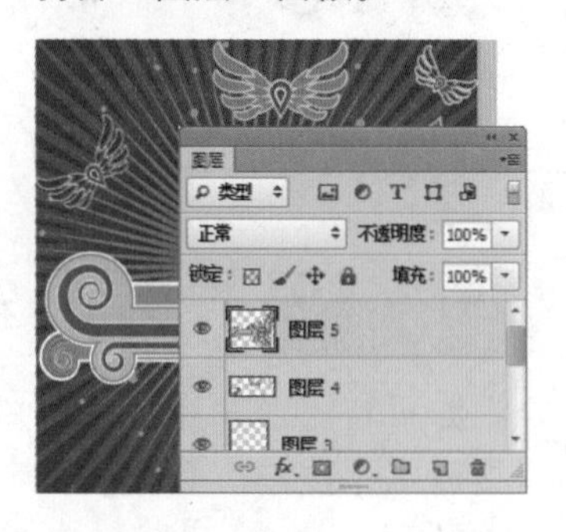

02 新建组

单击“图层”面板底部的“创建新组”按钮，新建“组 1”，并将其拖动到“图层 2”的上层位置。按住Ctrl键不放，分别单击“图层 1”和“图层 2”，同时选中这两个图层，然后将其拖动到“组 1”图标上，释放鼠标即可将这两个图层放置到“组 1”中。

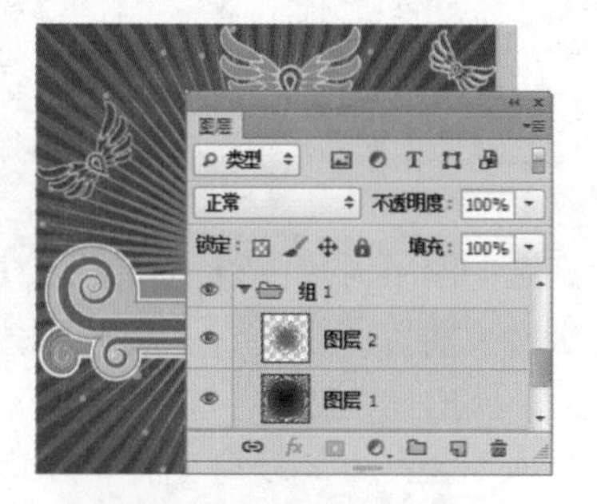

03 改变组颜色

选中“组 1”并单击鼠标右键，在弹出的快捷菜单中选择“橙色”，即可将刚才所设置的组颜色应用到当前组中。

04 改变图层颜色

单击“图层 4”，使其成为当前图层，单击鼠标右键，在弹出的快捷菜单中选择“蓝色”，即可将刚才所设置的颜色应用到当前图层中。

05 合并组并直接改变图层颜色

单击“组1”左侧的折叠按钮，收缩图层，然后执行“图层>合并组”命令，或者按下快捷键Ctrl+E，即可将当前组图层合并为一个普通图层，而其颜色不发生改变。在“图层 5”的“指示图层可见性”按钮上单击鼠标右键，在弹出的快捷菜单中选择颜色选项，即可将设置的颜色应用到当前图层中。这里选择“绿色”选项，则“图层 5”将以绿色显示。

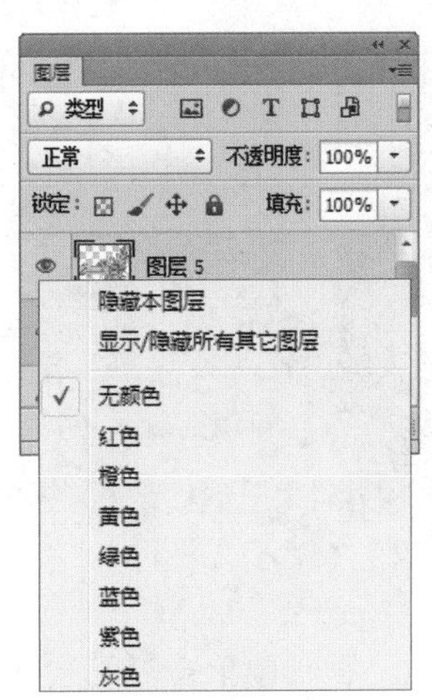

03 合并和盖印图层或组

合并和盖印图层或组可以在不改变当前图层的情况下，将当前或所有图层中的对象添加到一个新的图层中，这样在返回图层组中的图层进行操作时，就可以在当前图层状态不变的情况下对下面的内容进行编辑，下面简单介绍下合并和盖印图层或组的关键操作。

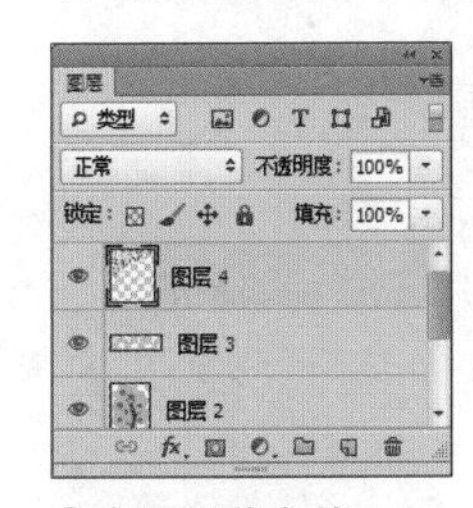

❶ 打开图像文件。

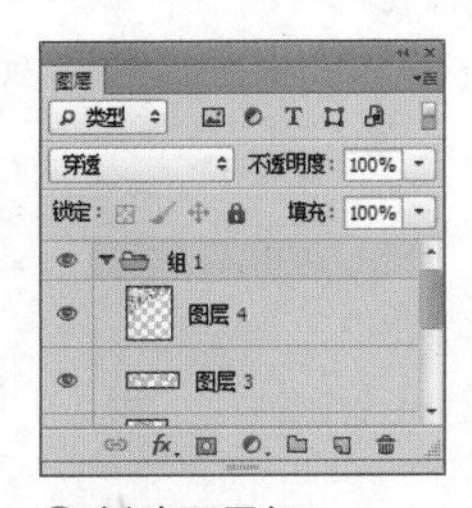

❷ 新建图层组。

❸ 合并图层组。

❹ 盖印图层。

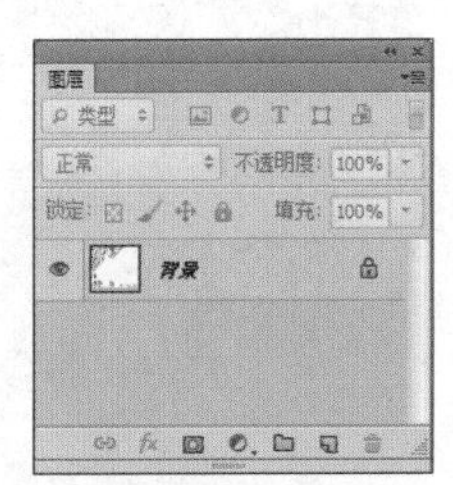

❺ 拼合图层。

设置图层不透明度和填充不透明度

设置图层的不透明度可以透过当前图层看到下层图层中的对象，从而产生新的视觉效果。设置图层的填充不透明度，将改变图层中绘制的像素或形状的效果。在本节中，将对设置图层不透明度和填充不透明度的相关知识进行介绍。

在“图层”面板中可以根据需要为当前图层设置适当的不透明度和填充不透明度，其中设置不透明度的方法主要有两种。一种是通过拖曳“不透明度”下方的滑块进行任意调整；另一种是通过在“不透明度”文本框中输入数值，进行精确调整。下面就来介绍通过键盘输入数值设置不透明度参数的操作方法。

01 打开图像文件

按下快捷键Ctrl+O，打开附书光盘中的实例文件\Chapter 03\Media\11.jpg文件。按下F7键，打开“图层”面板，然后再次按下快捷键Ctrl+O，打开附书光盘中的实例文件\Chapter 03\Media\12.png文件，单击移动工具，将图层中的对象拖曳到11.jpg文件的页面正中位置，生成“图层 1”，并调整对象的大小。

02 设置图层对象不透明度

单击“图层”面板中的“图层 1”，使其成为当前图层，然后在其“不透明度”文本框中输入50，按下Enter键确定，即可将当前图层的不透明度调整为50%。

03 载入选区

按住Ctrl键不放，在“图层”面板中单击“图层 1”缩览图，载入选区，然后单击“创建新图层”按钮，生成“图层 2”。

04 填充颜色

填充橙色到选区中，然后按下快捷键Ctrl+D，取消选区。在“图层”面板中设置“图层 2”的“不透明度”为60%、图层混合模式为“饱和度”。

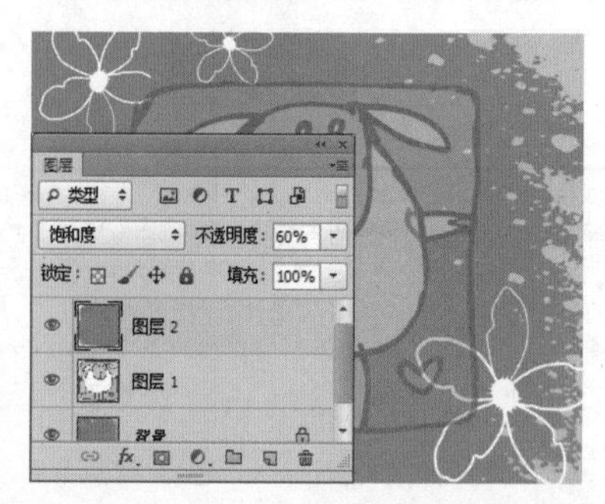

设计师训练营 制作富有层次感的舞蹈海报

在制作合成效果的图像时，可以在“图层”面板中通过创建图层组或对图层进行编组来编辑文件中的图层，下面就来介绍制作富有层次感的舞蹈海报，并对海报的图层组进行管理。

01 新建图像文件

执行“文件>新建”命令，打开“新建”对话框，设置“名称”为09，“宽度”为16厘米，“高度”为22.5厘米，完成后单击“确定”按钮，新建一个空白的图像文件。新建“图层 1”，设置前景色为R131、G36、B88，按下快捷键Alt+Delete为其填充前景色。

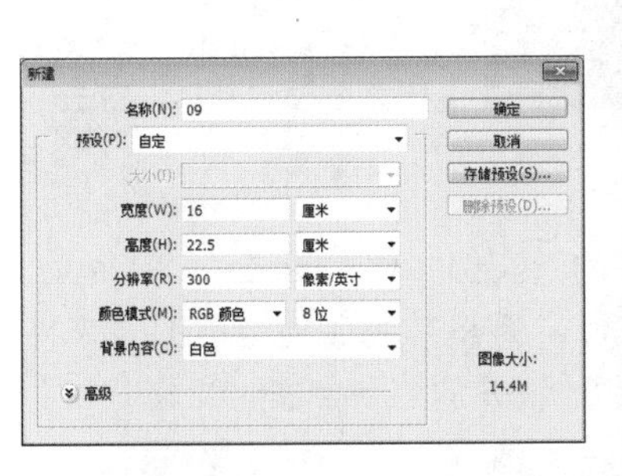

02 绘制图像

新建“图层 2”，设置前景色为R95、G58、B81，使用半透明的画笔工具，在图像中多次涂抹，绘制出暗部图像。

03 绘制图像并设置图层混合模式

新建“图层 3”，继续使用画笔工具，并设置前景色为R240、G215、B221，在画面中多次涂抹，绘制出亮部图像。然后设置其图层混合模式为“颜色减淡”。

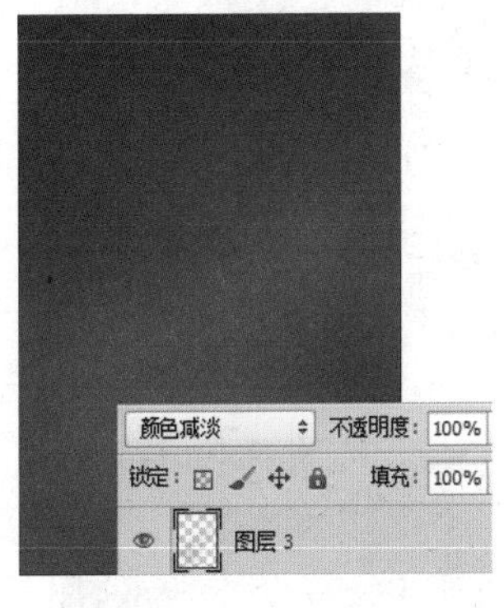

04 绘制图像

新建“图层 4”，设置前景色为R199、G98、B127。单击钢笔工具，在画面相应位置绘制出一个不规则图形，将其转换为选区后，为其填充前景色。然后使用橡皮擦工具，将部分图像擦除。

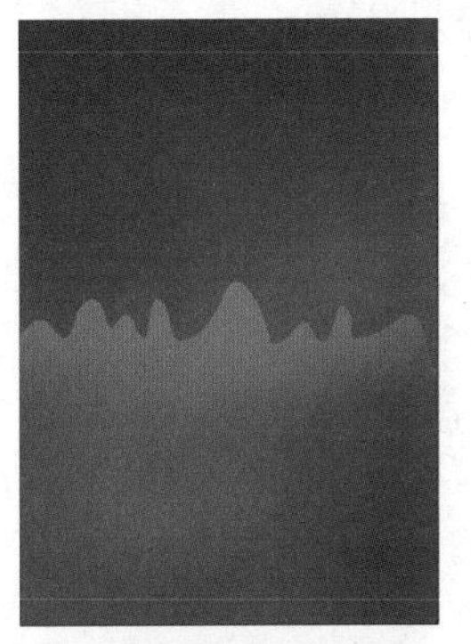

05 绘制图像

新建“图层 5”，继续使用画笔工具，并设置前景色为R183、G118、B150，在画面中多次涂抹，绘制相应图像。

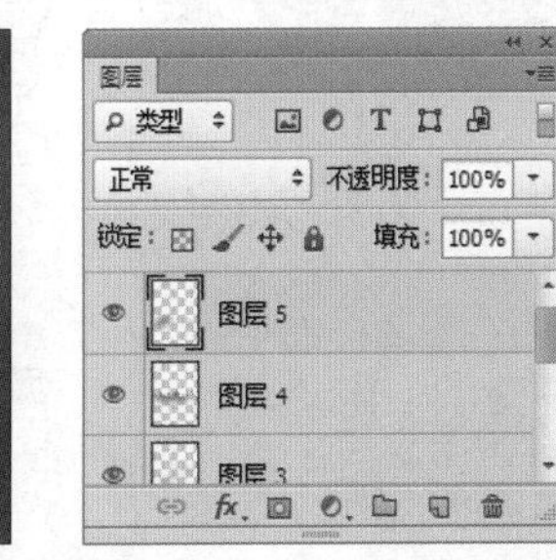

06 绘制图像

新建“图层 6”，设置前景色为R215、G149、B142，使用画笔工具，在画面中多次涂抹，绘制亮部图像。

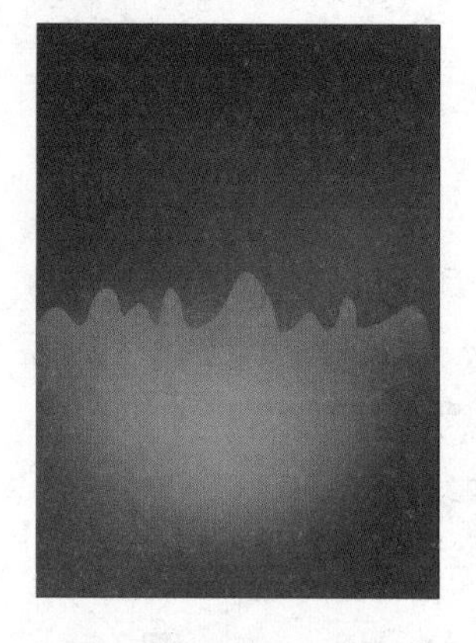

07 添加水彩图像

打开附书光盘中的“实例文件\Chapter 03\Media\水彩.png”文件，并将其拖曳到当前图像文件中，生成“图层 7”，并调整到合适的位置。

08 设置图层混合模式

设置该图层的图层混合模式为“滤色”，使其与下层图像融合。

09 添加水彩图像

打开附书光盘中的“实例文件\Chapter 03\Media\水彩1.png”文件，并将其拖曳到当前图像文件中，生成“图层 8”，并调整到合适的位置。

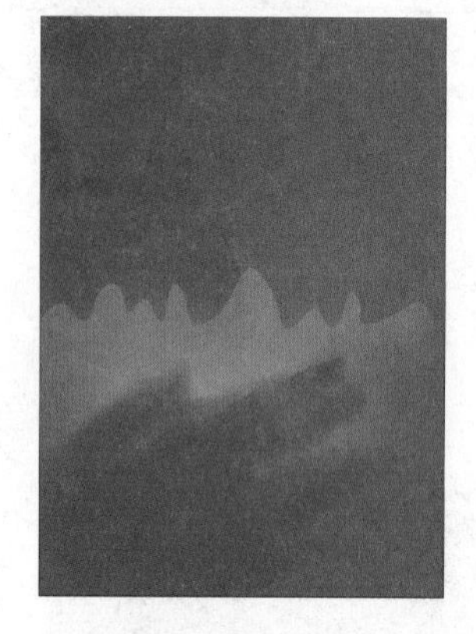

10 设置图层混合模式

设置该图层的图层混合模式为“正片叠底”、“不透明度”为50%，使其与下层图像融合。

11 绘制图像

新建“图层 9”，设置前景色为R67、G28、B53，使用画笔工具，在画面中涂抹，绘制亮部图像。

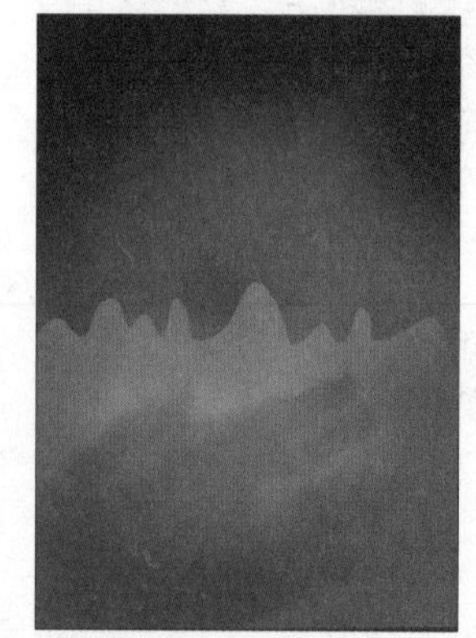

12 添加图像并调整不透明度

打开附书光盘中的“实例文件\Chapter 03\Media\斑点.png”文件，并将其拖曳到当前图像文件中，生成“图层 10”，并调整到合适的位置。设置该图层的“不透明度”为30%，使其呈现通透的效果。

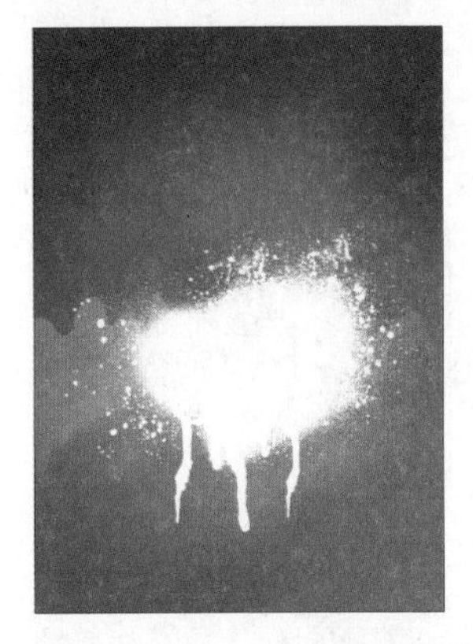

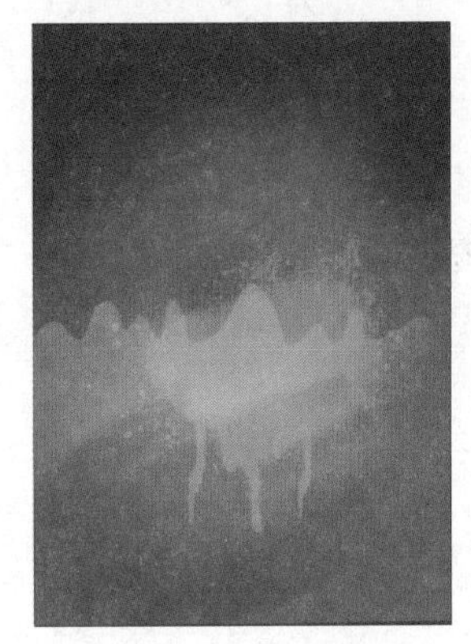

13 添加图像并调整不透明度

打开附书光盘中的“实例文件\Chapter 03\Media\斑点1.psd”文件，并将其拖曳到当前图像文件中，生成“图层 11”、“图层 12”，并分别调整到合适的位置。然后依次设置各图层的“不透明度”为20%，使其与下层图像呈现融合的效果。

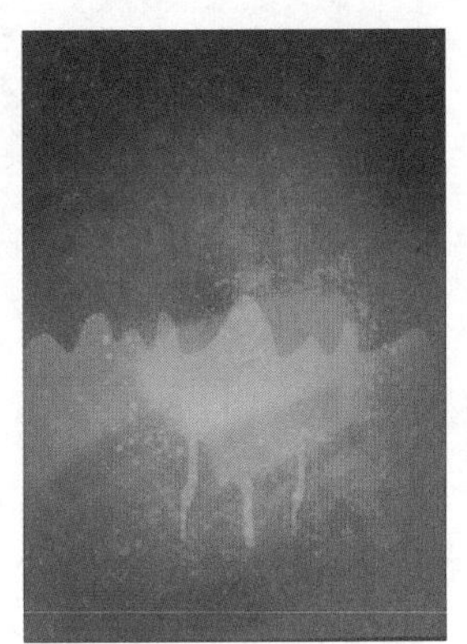

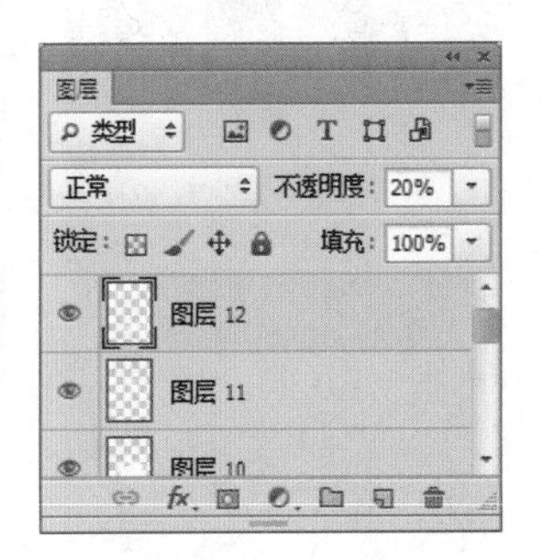

14 绘制路径并填充颜色

新建“图层 13”，设置前景色为R134、G50、B74，单击钢笔工具，在画面相应位置绘制多个路径，按下快捷键Ctrl+Enter将路径转换为选区后，按下快捷键Alt+Delete，为选区填充前景色，设置完成后按下快捷键Ctrl+D，取消选区。

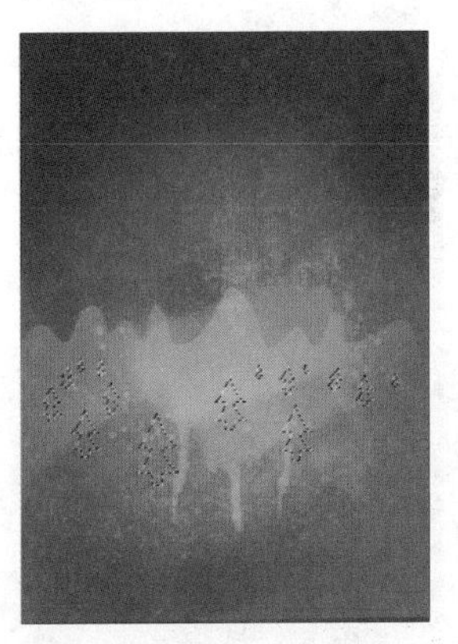

15 创建选区并复制选区

单击多边形套索工具，在图像中创建适合选区，然后按下快捷键Ctrl+J拷贝该选区，得到“图层14”。

16 添加斑点图像

打开附书光盘中的“实例文件\Chapter 03\Media\斑点2.png”文件，并将其拖曳到原图像中，生成“图层 15”，然后将该图像移动到页面正中位置。

17 添加图层蒙版

单击“添加图层蒙版”按钮，为“图层 15”添加图层蒙版。单击画笔工具，在图像中涂抹，隐藏中心部分的图像。

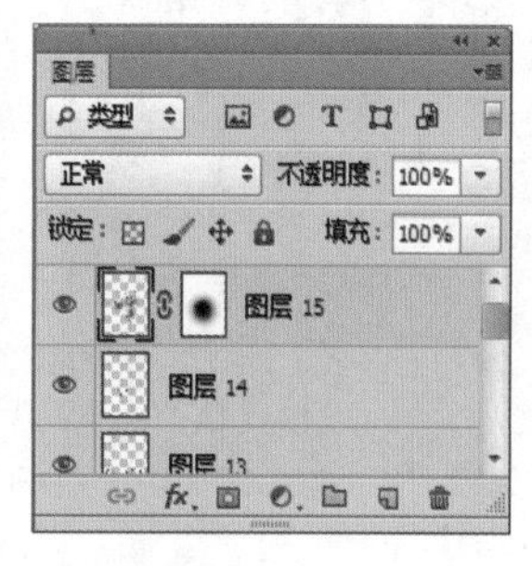

18 绘制图像

新建“图层 16”，单击钢笔工具，在画面相应位置绘制多个路径，按下快捷键Ctrl+Enter将路径转换为选区后，为选区填充白色。

19 绘制图形元素

新建“图层 17”，使用相同的方法，结合钢笔工具和填充工具绘制图像。

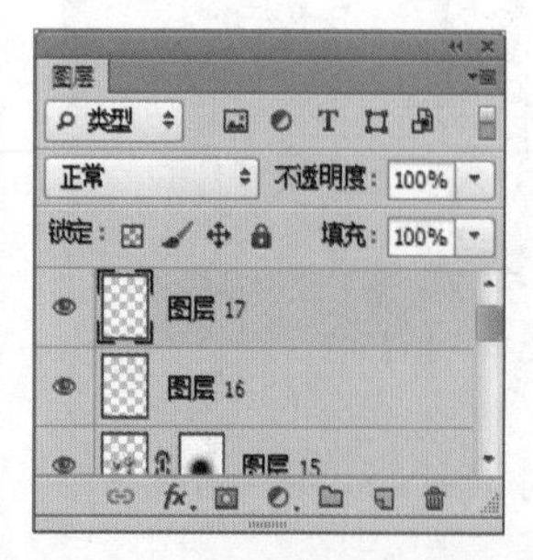

20 绘制图像

新建“图层 18”，设置前景色为R255、G254、B184，使用柔角画笔，在画面中绘制出一个朦胧的圆点图像。

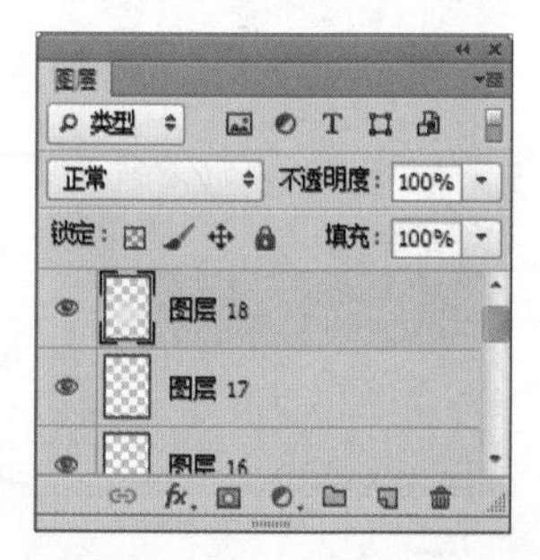

21 设置图层混合模式

设置该图层的图层混合模式为“叠加”、“不透明度”为60%。

22 添加人物图像

新建“组 1”，然后打开附书光盘中的“实例文件\Chapter 03\Media\人物.png”文件，并将其拖曳到当前图像文件中，生成“图层19”。

23 绘制多个图像

新建多个图层，结合钢笔工具、画笔工具和填充工具绘制多个图像，丰富人物图像的效果。并为“图层 22”添加“渐变叠加”图层样式，使其与人物的色调更加协调。

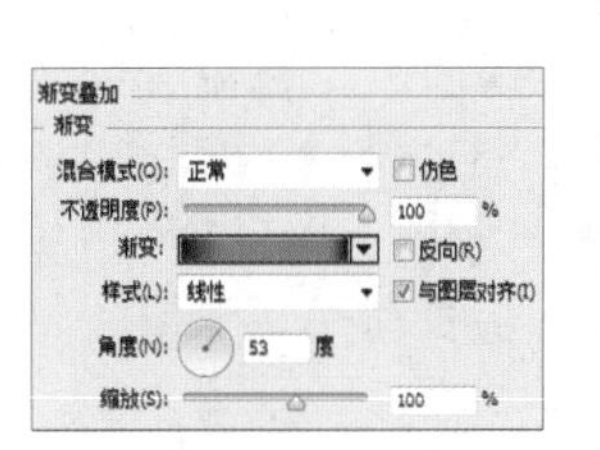

24 盖印图层并调整图像对比度

盖印“组 1”中的图层得到“图层 19（合并）”图层。创建“色阶”调整图层，并设置相应参数后，创建剪贴蒙版，调整人物图像的对比度。

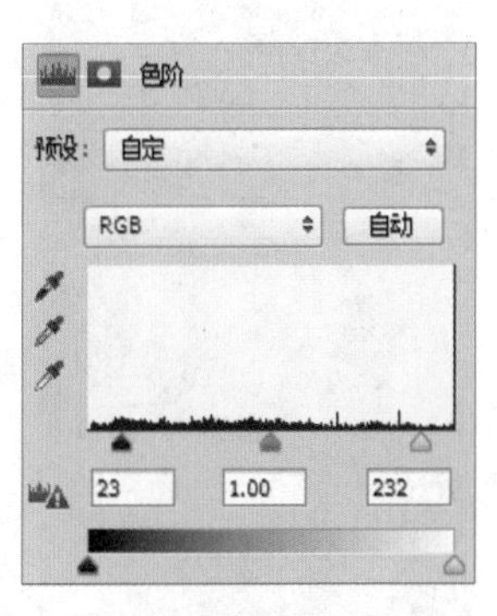

25 绘制路径并填充颜色

在“组 1”下方新建“图层 27”，使用钢笔工具绘制人物头像路径，将其转换为选区后，为其填充白色。

26 添加图层蒙版

单击“添加图层蒙版”按钮，为“图层 27”添加图层蒙版。使用画笔工具，在图像中涂抹以隐藏部分图像，呈现出人物的五官和头发图像。

27 盖印图层

按下快捷键Ctrl+Alt+E盖印“组 1”图层得到“组 1（合并）”图层，并隐藏“组 1”。

28 添加图层蒙版

结合图层蒙版和画笔工具，隐藏部分“组1（合并）”图层的图像。

29 绘制图像

新建“图层 28”，设置前景色为白色，结合画笔工具和橡皮擦工具在画面中绘制出白色线条，为画面增添动感。

30 添加图像并输入文字

打开附书光盘中的“实例文件\Chapter 03\Media\标识.png”文件，并将其拖曳到当前图像文件中，生成“图层 29”，并调整到合适的位置。单击横排文字工具，在“字符”面板中设置相应参数后，在画面中输入所需文字。至此，本实例制作完成。

图像的颜色和色调调整

我们常常评价一幅图画漂亮与否，其实美感的形成离不开对色彩的科学认知。本章将介绍色彩理论，以及如何使用恰当的Photoshop工具调出美丽和谐的色彩。

图像的颜色模式

图像的颜色模式通常有CMYK颜色模式、RGB颜色模式、Lab颜色模式和多通道模式等，不同的颜色模式有其不同的作用和优势。使用不同的颜色模式可以将颜色以一种特定的方式表现出来。在本小节中将对图像的颜色模式进行介绍。

01 查看图像的颜色模式

查看图像的颜色模式，了解图像的属性，可以方便用户对图像进行各种操作。执行“图像>模式”命令，在打开的子菜单中被勾选的选项，即为当前图像的颜色模式。另外，在图像的标题栏中可直接查看图像的颜色模式。

除了在“图像>模式”子菜单中能查看当前图像的颜色模式，还可以执行“窗口>通道”命令打开“通道”面板，在该面板中对图像的通道进行查看，将显示为相应图像颜色模式的通道。

RGB颜色模式

灰度模式

多通道模式

02 颜色模式之间的转换

不同的颜色模式有其不同的应用领域和应用优势，因此在进行操作前，首先要了解当前图像的颜色模式，若需要改变图像颜色模式，可以在“图像>模式”子菜单中选择需要转换的颜色模式。

在“位图”对话框中，可以以5种不同的方法设置图像的效果，分别是50%阈值、图案仿色、扩散仿色、半调网屏和自定图案。选择不同的选项会产生不同的图像效果，有些选项还要进行下一步设置，才可应用该效果。

打开图像文件

转换灰度模式

位图设置

"直方图"面板和颜色取样器工具

"直方图"面板用于查看图像不同通道的色阶，方便用户进行图像色调调整。颜色取样器工具主要用于对图像的颜色进行取样，并在"信息"面板中显示出相关参数，本小节将介绍"直方图"面板和颜色取样器工具的相关知识和操作。

01 了解"直方图"面板

在"直方图"面板中，可以清楚地观察到当前图像颜色的各种属性，方便用户对其进行图像颜色调整。执行"窗口>直方图"命令，即可打开"直方图"面板。

❶ **扩展按钮：**单击该扩展按钮，打开相应的扩展菜单，在此扩展菜单中，包含了当前"直方图"面板中的一些功能操作，选择相应选项，即可执行相应命令，例如变换"直方图"面板视图模式。

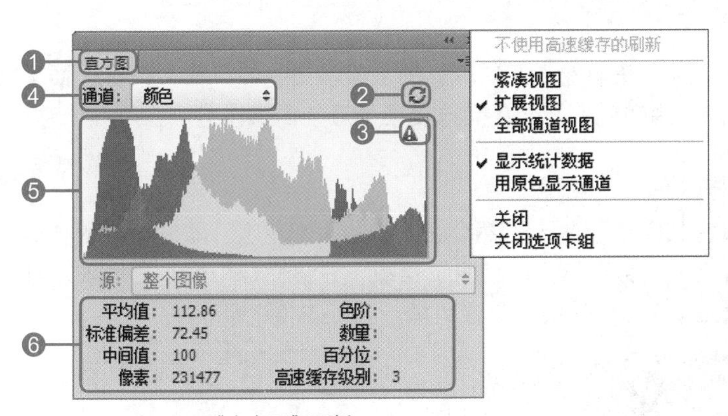

"直方图"面板

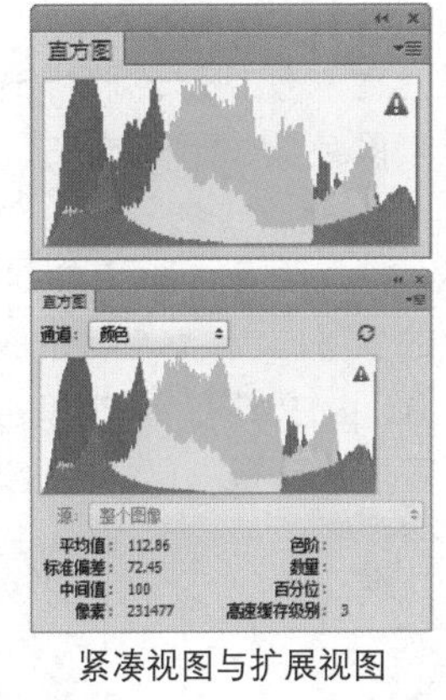
紧凑视图与扩展视图

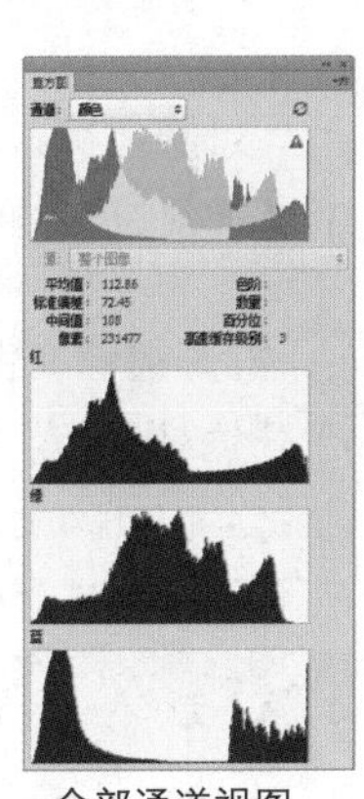
全部通道视图

❷ **"不使用高速缓存的刷新"按钮：**单击该按钮，可使图像在操作时不进行高速缓存刷新。

❸ **"高速缓存的数据警告"图标：**单击该图标，即可获得不带高速缓存数据的直方图。

❹ **"通道"下拉列表：**单击右侧的下拉按钮，在打开的下拉列表中有6种颜色通道，选择不同的选项，在下方的窗口中将显示为不同的直方图效果。

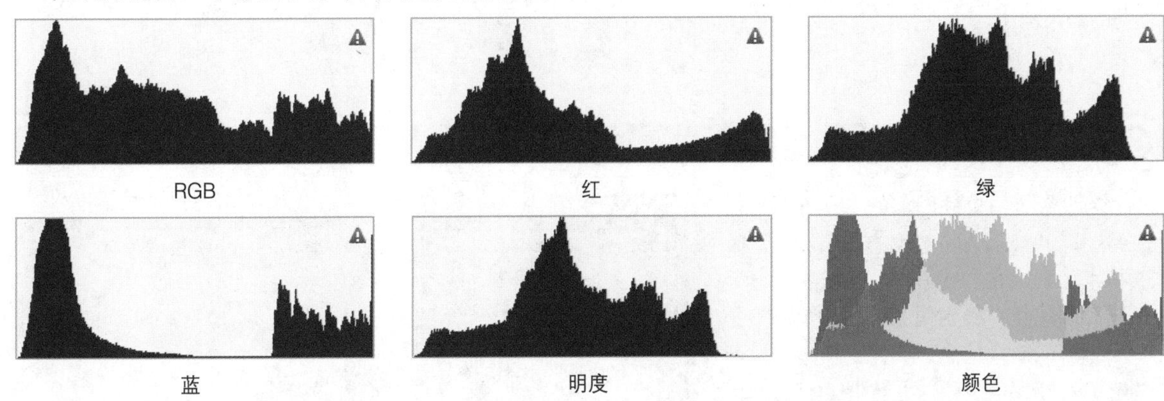

❺ **颜色查看窗口：**单击"通道"右侧的下拉按钮，在打开的下拉列表中选择需要显示的颜色选项，即可在该窗口区域查看到当前图像的颜色分布情况。

❻ **统计数据**：在该区域中，显示出当前图像的相关参数，包括平均值、标准偏差、中间值和像素等。

02 查看文件中不同图层的"直方图"信息

在"直方图"面板中，除了可以查看整个图像的颜色信息外，还可以通过设置查看不同图层的"直方图"信息，下面简单介绍下查看单个图层"直方图"信息的关键操作。

❶ 打开直方图面板

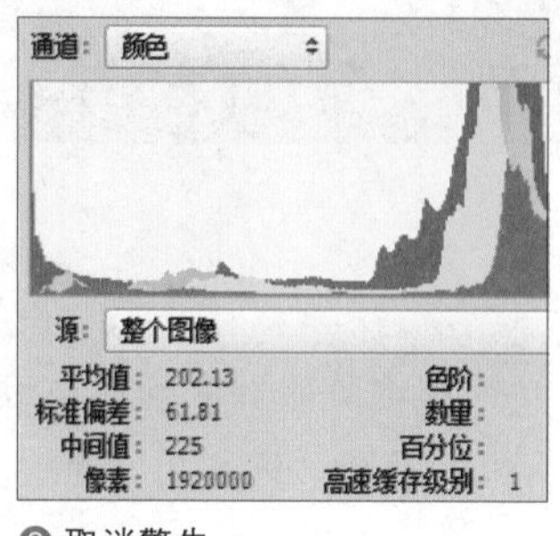

❷ 取消警告

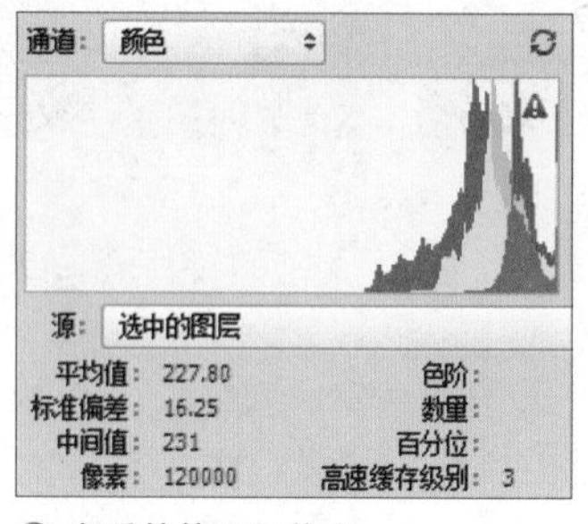

❸ 查看其他图层信息

03 使用颜色取样器工具改变图像颜色

对颜色进行校正时，使用颜色取样器工具在图像中需要取样的位置单击，即可在"信息"面板中查看到该点的像素颜色值，下面就来介绍使用颜色取样器工具改变图像颜色的操作方法。

01 打开图像文件

打开附书光盘中的实例文件\Chapter 04\Media\03.jpg文件，按下F7键，打开"图层"面板。

02 取样颜色

单击颜色取样器工具，然后在人物的头部单击，添加一个取样点在单击点上，自动打开"信息"面板，在该面板中显示出当前取样点的RGB值和CMYK值，将该取样点的RGB值记录下来。

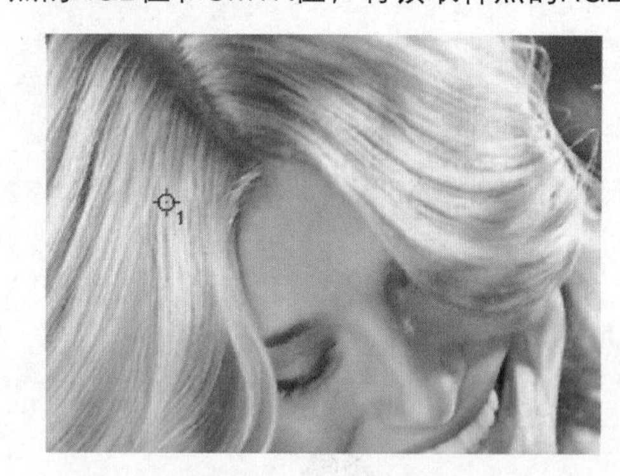

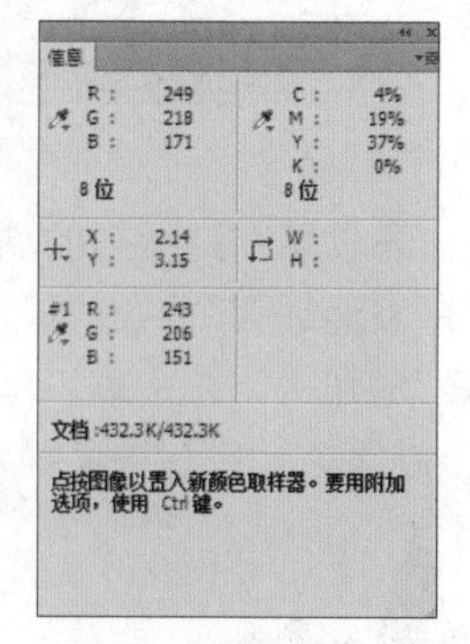

知识链接 关于查看图层组的"直方图"信息

当设置查看单独图层的"直方图"信息时，即"源"为"选中的图层"，这时选择组图层，在"直方图"面板中只显示像素和高速缓存级别信息，由于组并不是一个客观的图像信息，因此其像素值显示为0。只有选中组中任意一个图层后，才能查看其他信息。

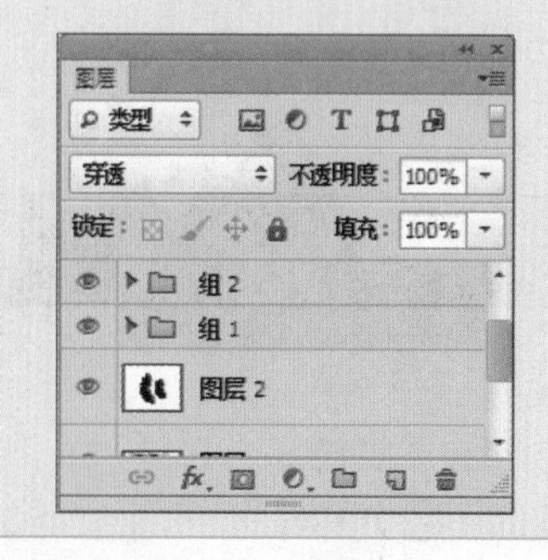

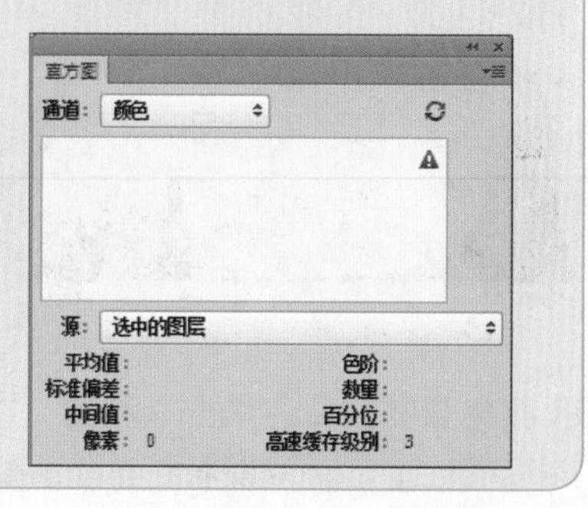

专家技巧

使用颜色取样器工具的技巧

在对图像中的区域颜色进行取样时，有时需要创建多个取样点，这时，分别单击需要取样的点即可自动添加多个取样点，但是取样点最多只能创建4个。

若要删除取样点，只需要按住Alt键不放，将光标放置到要删除的取样点上，当光标变成剪刀符号✂时，单击即可将该取样点删除。

若要移动取样点，只需要将光标放置到取样点上，按住鼠标左键不放，直接将取样点拖曳到图像区域外即可。

原图

创建取样点

信息

R : 59 G : 110 B : 167 8位 | C : 80% M : 56% Y : 18% K : 0% 8位

X : 7.37 Y : 5.58 | W : H :

#1 R : 58 G : 110 B : 168

文档:21.5M/21.5M

点按并拖移以移动颜色取样器。要删除颜色取样器，使用 Alt 键。

“信息”面板

03 打开图像文件

按下快捷键Ctrl+O，打开附书光盘中的实例文件\Chapter 04\Media\04.jpg文件。

04 新建图层

按下快捷键Shift+Ctrl+Alt+N，新建一个空白的图层，在“图层”面板中生成“图层 1”。

05 填充并应用取样颜色

单击工具箱中的设置前景色图标，弹出“拾色器（前景色）”对话框，设置“图层 1”的RGB值为刚才取样颜色的值R243、G206、B151，设置完成后单击“确定”按钮，然后在“图层”面板中设置“图层 1”的图层混合模式为“叠加”。单击工具箱中的画笔工具，在页面中人物的头部涂抹，应用取样颜色。在头发边缘部分进行涂抹时，注意画笔不要超出头发太多以免影响头发以外的图像效果。

06 新建图层

新建“图层 2”，设置图层的混合模式为“柔光”、“不透明度”为50%，设置前景色为白色，选择画笔工具在皮肤上涂抹。

07 涂抹人物皮肤

涂抹人物面部以及其他部分的皮肤，使人物皮肤更加白皙、柔和，完成图像颜色的调整。

调整图像色阶和亮度

在Photoshop中经常需要为图像调整颜色，执行“色阶”、“曲线”、“曝光度”和“亮度/对比度”等命令，可调整图像的亮度和饱和度。在本节中，将主要对调整图像色阶和亮度的对话框和操作方法进行介绍。

01 “色阶”、“曲线”和“曝光度”对话框

对图像的色阶和亮度进行调整时，通常会使用到“色阶”对话框、“曲线”对话框和“曝光度”对话框，了解这些对话框的参数设置，有利于用户更准确地调整图像颜色。

1. “色阶”对话框

使用“色阶”对话框，可以调整图像的阴影、中间调和高光的强度级别，从而校正图像的色调范围和色彩平衡。执行“图像>调整>色阶”命令，或按下快捷键Ctrl+L，即可打开该对话框。

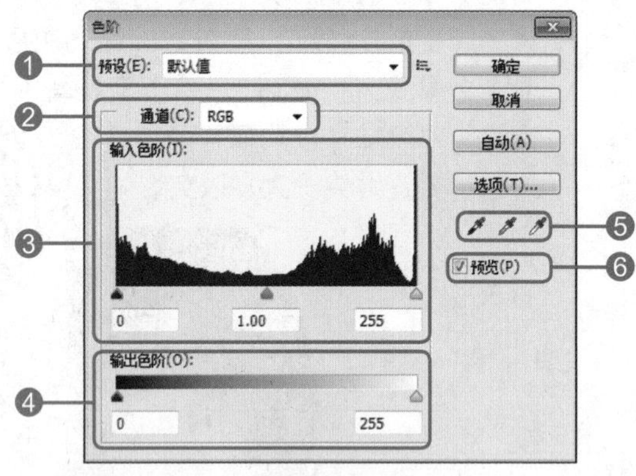

“色阶”对话框

❶ **“预设”下拉列表：** 单击下拉按钮，在打开的下拉列表中有8个预设，选择任意选项，即可将当前图像调整为预设效果。

❷ **“通道”下拉列表：** 单击下拉按钮，在打开的下拉列表中有4个选项，选择任意选项，表示当前调整的通道颜色。

❸ **输入色阶：** 通过拖动下方的滑块或在文本框中输入数值，可对当前通道的色阶进行调整。将右侧滑块向右侧拖动，图像阴影部分增加；将左侧滑块向左侧拖动，图像高光部分增加。

向右拖动滑块

向左拖动滑块

❹ **输出色阶：** 通过拖动下方的滑块或在文本框中输入数值，设置图像的明度。将左侧滑块向右侧拖动，其明度升高；将右侧滑块向左侧拖动，其明度降低。

⑤ **吸管工具组**：在此工具组中包含3个吸管工具，它们分别是“在图像中取样以设置黑场”工具、“在图像中取样以设置灰场”工具和“在图像中取样以设置白场”工具。在图像上单击，即可调整同单击位置颜色相似的颜色区域，并对其进行阴影、中间调和高光颜色的调整。

⑥ **“预览”复选框**：勾选该复选框，可以使图像随着参数调整而改变，从而方便用户随时进行查看。

2.“曲线”对话框

使用“曲线”对话框，可以调整图像的整个色调范围，或对图像中的个别颜色通道进行精确调整。执行“图像>调整>曲线”命令，或按下快捷键Ctrl+M，即可打开“曲线”对话框。

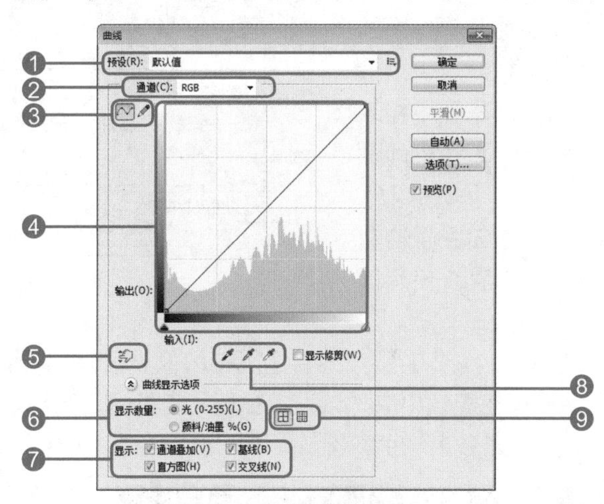

“曲线”对话框

❶ **“预设”下拉列表**：单击右侧的下拉按钮，在打开的下拉列表中选择一种预设选项，即可在图像上应用该效果。

原图

“反冲”预设选项

“增加对比度”预设选项

❷ **“通道”下拉列表**：单击右侧的下拉按钮，在下拉列表中选择任意通道选项，在调整曲线的过程中，将只针对该通道颜色进行调整。

❸ **绘制方式按钮**：左边的编辑点工具通过编辑点来修改曲线，右边的铅笔工具通过绘制来修改曲线。

❹ **曲线调整窗口**：在该窗口中，通过拖动、单击等操作编辑控制白场、灰场和黑场的曲线设置。

❺ **“调整点”按钮**：单击该按钮，在图像上单击并拖动可修改曲线。

❻ **“显示数量”选项组**：在该选项组中包括两个选项，分别是“光(0-255)”和“颜料/油墨%”它们分别表示“显示光亮（加色）”和“显示颜料量（减色）”，选择该选项组中的任意一个选项可切换当前曲线调整窗口按照何种方式显示。

❼ **“显示”选项组**：该选项组包括4个复选框，分别是“通道叠加”、“直方图”、“基线”和“交叉线”复选框，通过勾选该选项组中的复选框可控制曲线调整窗口的显示效果和显示项目。

⑧ **吸管工具组**：在图像中单击，用于设置黑场、灰场和白场。

⑨ **网格显示按钮**：单击田按钮，使曲线调整窗口以四分之一色调增量方式显示简单网格；单击田按钮，使曲线调整窗口以10%增量方式显示详细网格。

3. “曝光度”对话框

“曝光度”对话框主要用于调整HDR图像的色调，也可用于8位和16位图像。执行“图像>调整>曝光度”命令，即可打开“曝光度”对话框，对其参数进行调整。

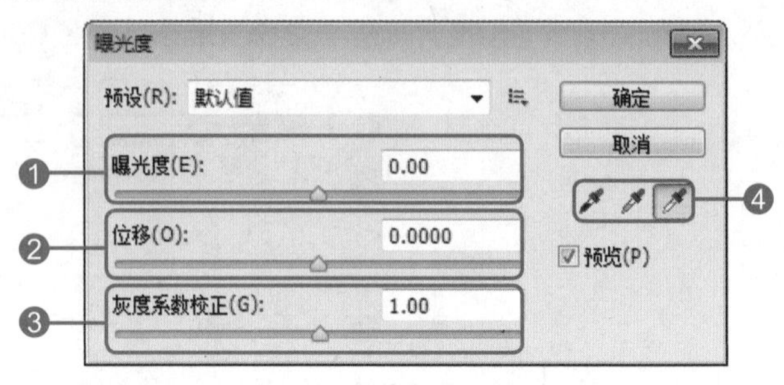

“曝光度”对话框

❶ **“曝光度”文本框**：通过在后面的文本框中输入数值，或拖动下方的滑块来调整色调范围的高光端，对极限阴影的影响很轻微。

❷ **“位移”文本框**：通过在后面的文本框中输入数值，或拖动下方的滑块来使阴影和中间调变暗，对高光的影响很轻微。

❸ **“灰度系数校正”文本框**：通过在后面的文本框中输入数值，或拖动下方的滑块使用简单的乘方函数调整图像灰度系数。

❹ **吸管工具组**：在此工具组中，包含3个工具，分别是“在图像中取样以设置黑场”工具、“在图像中取样以设置灰场”工具和“在图像中取样以设置白场”工具。选择任意一个吸管工具，在图像上单击，即可对图像的黑场、灰场和白场进行设置。

原图

“位移”为负值

“位移”为正值

02 使用多种命令调整图像的色调和对比度

结合使用多种调整命令对图像的色调或对比度进行调整，可以使图像颜色较亮、较暗、较深或较浅的情况得到有效改善，下面介绍下关键的几个步骤。

❶ 复制图层。

❷ 色阶调整。

❸ 曝光度调整。

特殊调整

对图像进行的特殊调整操作主要包括“反相”、“色调分离”、“阈值”、“渐变映射”和“可选颜色”等，使用这些命令可以对图像进行特殊颜色的调整，在本小节中，将对其中比较复杂的功能进行介绍。

“渐变映射”和“可选颜色”命令是对图像进行特殊调整时比较复杂的功能，使用这两个命令，均能调整出不同颜色效果的图像，下面先对这两个命令的对话框进行介绍。

1.“渐变映射”对话框

使用“渐变映射”对话框对图像进行调整是将相等的图像灰度范围映射到指定的渐变填充色。执行“图像>调整>渐变映射”命令，即可打开“渐变映射”对话框，单击“灰度映射所用的渐变”色块，打开“渐变编辑器”对话框，对渐变效果进行设置。

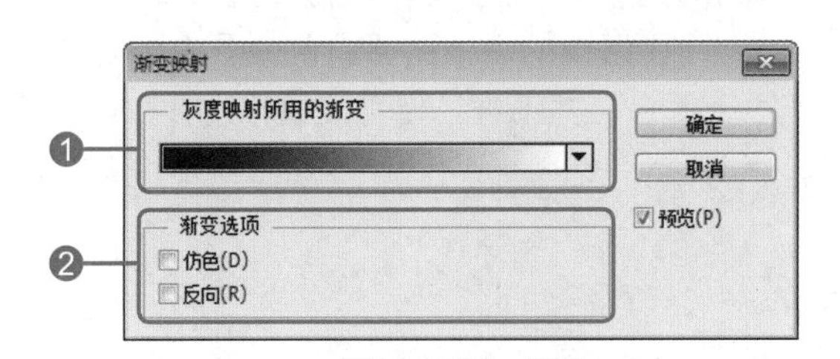

“渐变映射”对话框

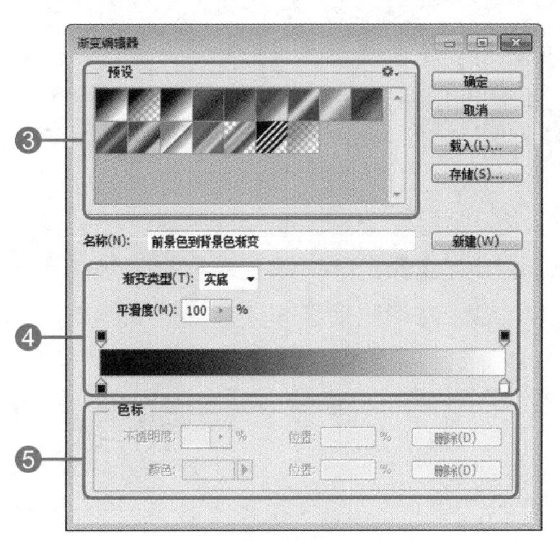

“渐变编辑器”对话框

❶ **灰度映射所用的渐变：** 单击渐变色块右侧的下拉按钮，打开下拉列表，在此下拉列表中，单击任意一个渐变效果，即可设置当前图像的渐变映射为该渐变效果。

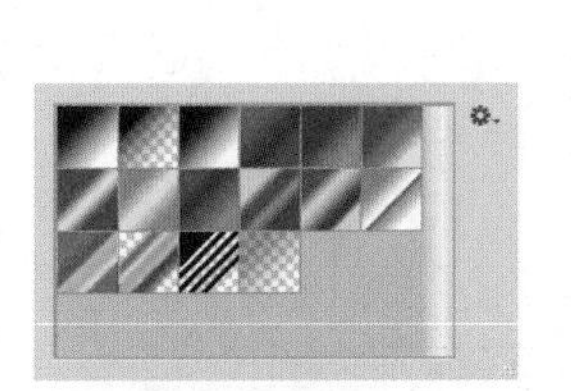

渐变列表

原图

应用黑、白渐变

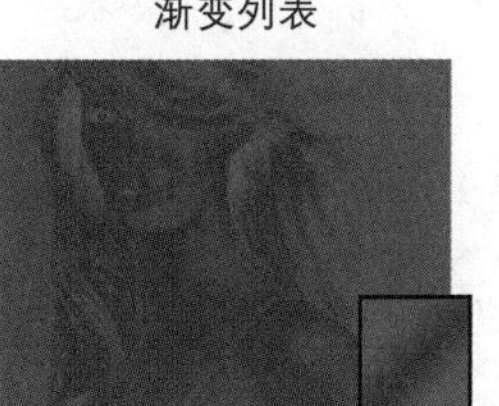

应用红、绿渐变

应用蓝、红、黄渐变

应用紫、绿、橙渐变

❷**“渐变选项”选项组**：在该选项组中有两个复选框，分别是“仿色”和“反向”复选框。勾选“仿色”复选框后，将为图像添加随机杂色并以平滑渐变填充的外观减少带宽效应；勾选“反向”复选框后，将切换对图像进行渐变填充的方向，从而反向渐变映射。

原图

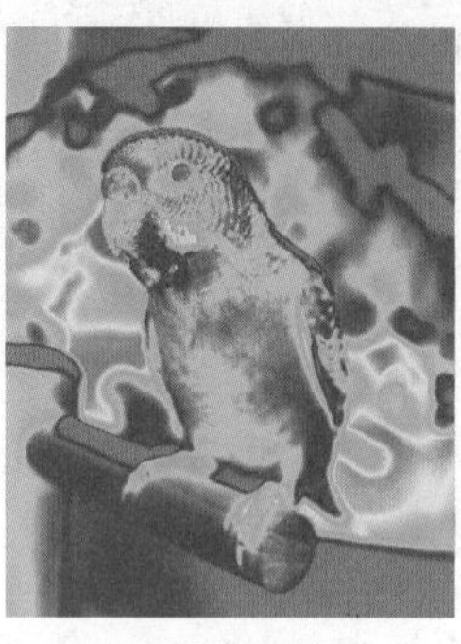
应用渐变映射后

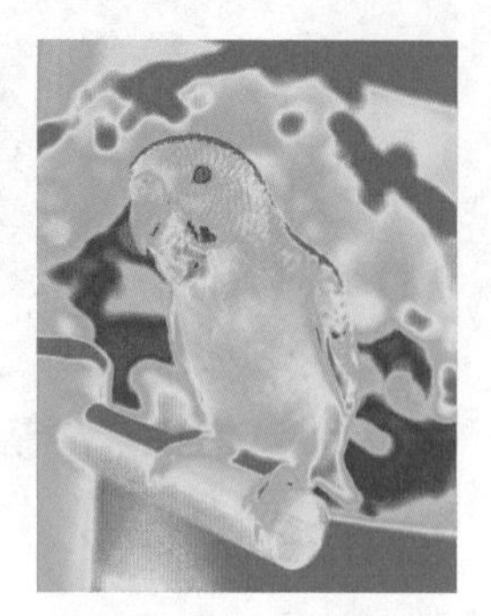
勾选“反向”复选框后

❸**预设列表**：单击“渐变映射”对话框中的渐变色块，打开“渐变编辑器”对话框，该对话框中的预设渐变是Photoshop中的默认渐变，单击即可在当前图像中应用该效果。
❹**“渐变类型”选项组**：在该选项组中，单击“渐变类型”右侧的下拉按钮，在打开的下拉列表中可选择渐变类型，然后通过拖动下方的滑块，可设置渐变位置。
❺**“色标”选项组**：在调整渐变色块时，即可激活该选项组，然后可适当设置调整渐变的不透明度、颜色以及位置。

2.“可选颜色”对话框

使用“可选颜色”命令，可以通过调整图像中单独颜色的饱和度来校正图像的颜色。另外，“可选颜色”也是高端扫描仪和分色程序使用的一种技术，等同于在图像的每个主要原色成分中更改印刷色的数量。执行“图像>调整>可选颜色”命令，打开“可选颜色”对话框，便可设置相应参数。

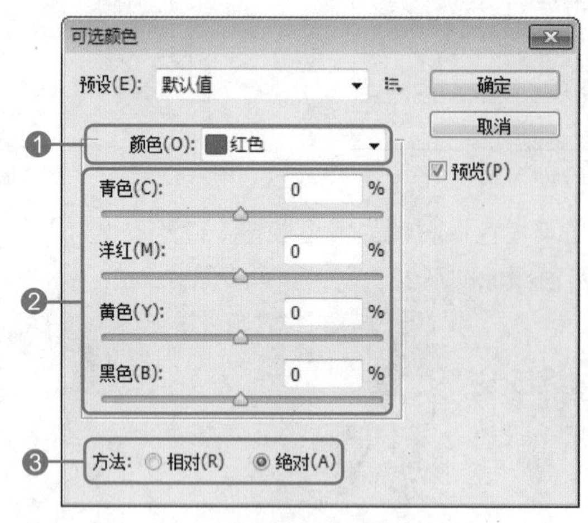

“可选颜色”对话框

❶**“颜色”下拉列表**：单击右侧的下拉按钮，在打开的下拉列表中共包括9种颜色，分别为红色、黄色、绿色、青色、蓝色、洋红、白色、中性色和黑色，可选择不同的颜色进行设置。
❷**颜色滑块**：在选择了颜色后，可通过拖动下方的滑块或直接在文本框中输入数值来调整当前图像中该颜色的饱和度。
❸**“方法”选项组**：该选项组中包括两个单选按钮，分别是“相对”和“绝对”。“相对”是按照总量的百分比更改现有的青色、洋红、黄色或黑色的量，而“绝对”是采用绝对值调整颜色。

设计师训练营 调整风景照的神秘色调

下面将介绍使用“渐变映射”命令和“可选颜色”命令，并结合其他功能调整风景照神秘色调的操作方法。

01 设置图层混合模式

按下快捷键Ctrl+O，打开附书光盘中的实例文件\Chapter 04\Media\11.jpg文件。按下快捷键Ctrl+J，复制背景图层到新图层中，生成“图层 1”，然后设置该图层的图层混合模式为“线性减淡（添加）”、“不透明度”为35%。

02 创建“可选颜色”调整图层

单击创建新的填充或调整图层按钮，在弹出的菜单中选择“可选颜色”命令，并在相应的面板中依次设置“红色”、“黄色”、“绿色”、“青色”、“蓝色”、“白色”、“中性色”和“黑色”几个选项的参数。

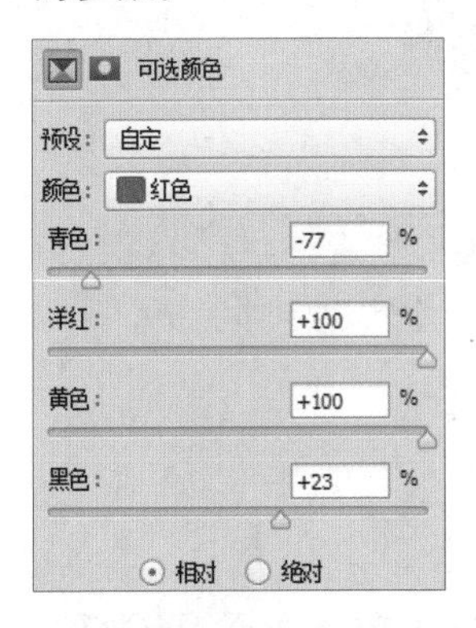

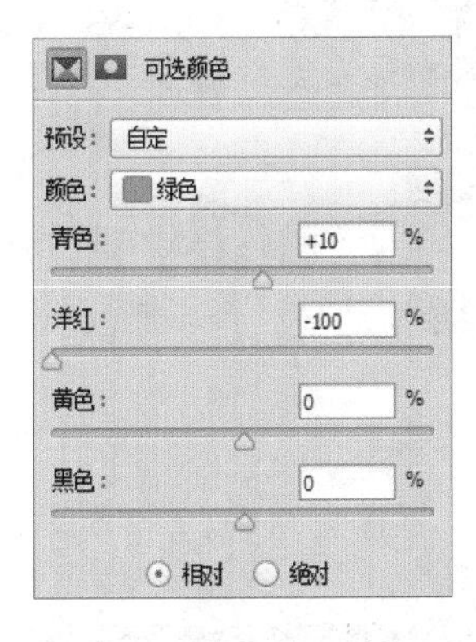

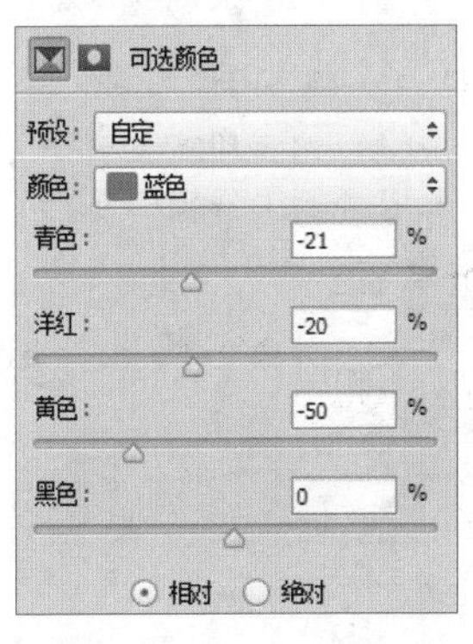

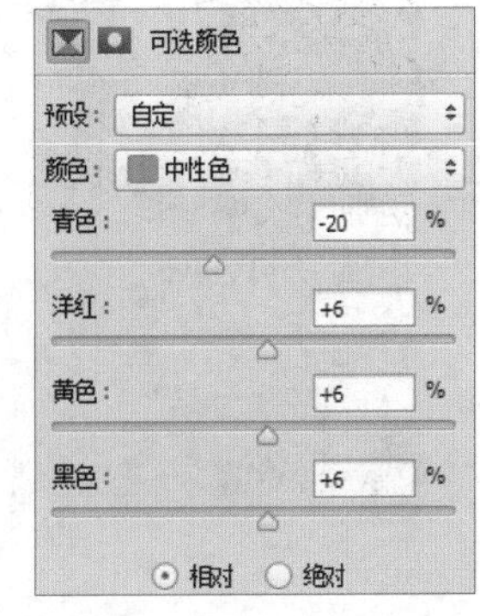

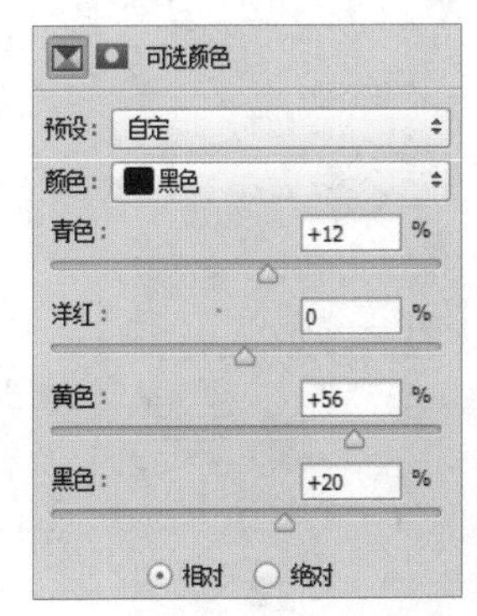

03 应用设置

完成设置后，图像色调得到调整，在“图层”面板中生成“选取颜色 1”调整图层。

04 合并可见图层

按下快捷键Ctrl+Shift+Alt+E，盖印可见图层，生成“图层 2”。

05 设置图层混合模式

设置“图层 2”的图层混合模式为“强光”，“不透明度”为20%，使其与下层图像融合。

06 创建“色彩平衡”调整图层

创建“色彩平衡”调整图层，并设置“中间调”选项的参数。

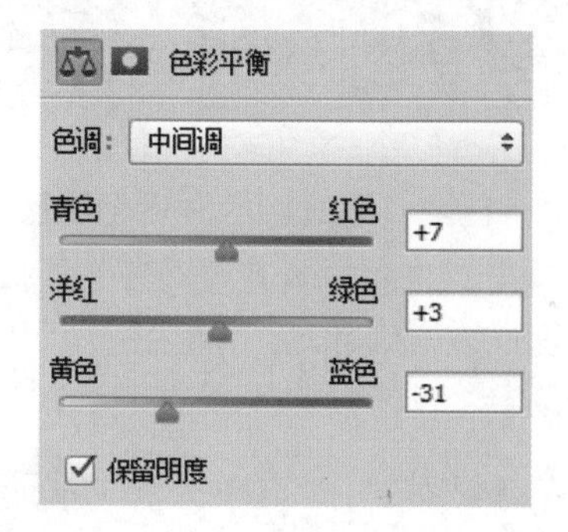

07 设置参数并合并可见图层

继续设置“阴影”和“高光”选项的参数，将色彩平衡效果应用到当前图像中。然后合并可见图层得到“图层 3”，并设置其图层混合模式为“柔光”，“不透明度”为50%。至此，本实例制作完成。

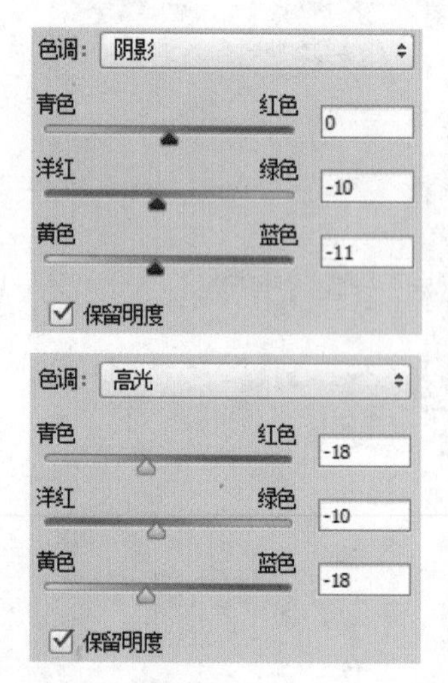

“阴影/高光”和“变化”命令

“阴影/高光”和“变化”命令主要用于对图像的色彩平衡、对比度和饱和度等进行调整，在本节中将对“阴影/高光”和“变化”命令的相关知识和操作方法进行介绍。

01 “阴影/高光”和“变化”对话框

在使用“阴影/高光”和“变化”命令之前，要先对其对话框的参数设置进行了解，有利于熟练掌握其使用方法，从而快速得到需要的图像效果。

1.“阴影/高光”对话框

使用“阴影/高光”对话框，可以对图像的阴影和高光部分进行调整，从而得到不同的图像效果。执行“图像>调整>阴影/高光”命令，即可打开“阴影/高光”对话框，进行参数设置。

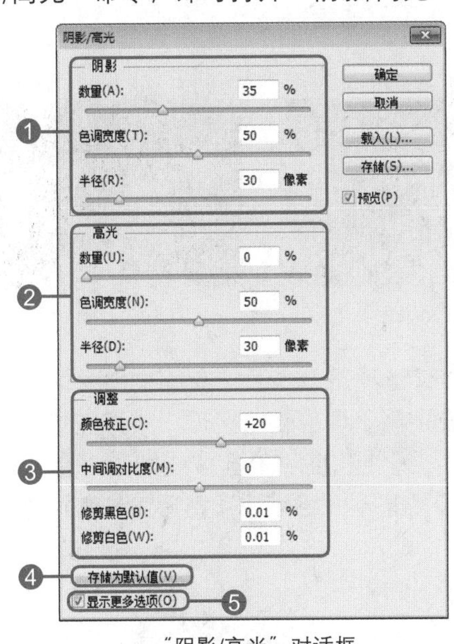

“阴影/高光”对话框

❶**“阴影”选项组：**该选项组中，可对图像中阴影颜色“数量”、“色调宽度”和“半径”进行设置。

❷**“高光”选项组：**该选项组中，可对图像高光部分的“数量”、“色调宽度”和“半径”进行设置。

❸**“调整”选项组：**在该选项组中，可对图像的“颜色校正”、“中间调对比度”、“修剪黑色”和“修剪白色”等参数进行设置。

原图

颜色校正为-100

修剪黑色为50%

修剪白色为50%

❹ **“存储为默认值”按钮**：单击该按钮，即可将当前的设置存储为默认值，当打开其他图像时，在该对话框中，将显示出同存储时设置的相同的参数。

❺ **“显示更多选项”复选框**：勾选该复选框，可显示该对话框中的多个选项；取消勾选，将以简单方式显示该对话框。

2.“变化”对话框

使用“变化”对话框可以对不需要进行精确颜色调整的平均色调图像进行调整，执行“图像>调整>变化”命令，即可打开“变化”对话框，下面就来介绍使用“变化”对话框的参数设置。

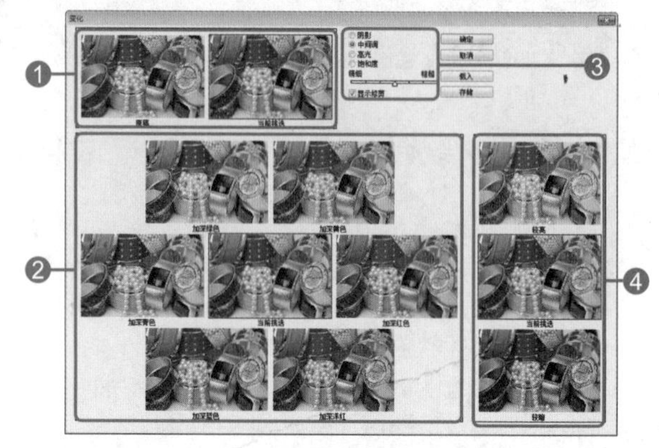

“变化”对话框

❶ **预览图**：该区域中共有两个图像，一个是原图，一个是当前挑选图像，方便用户在变化图像颜色时，随时观察到当前挑选图像的颜色变化。

❷ **颜色缩览图**：在该区域中共有7个缩览图，分别是“加深绿色”、“加深黄色”、“加深青色”、“当前挑选”、“加深红色”、“加深蓝色”和“加深洋红”，通过单击不同的缩览图，在图像中可添加不同的颜色。

原图

加深绿色

加深黄色

加深青色

❸ **“选择图像调整区域”选项组**：在该选项组中，可选择图像需要调整的颜色区域。其中，“阴影”、“中间调”和“高光”单选按钮分别用于调整较暗区域、中间区域和较亮区域；“高光”单选按钮还可用于更改图像中的色相强度；“饱和度”单选按钮则是调整图像的饱和度效果；通过拖动滑块，可以设置每次调整的量，将滑块移动一格可使调整量双倍增加。

原图

阴影加深蓝色

中间调加深蓝色

❹ **亮度调整预览图**：该区域中共有3个缩览图，它们分别是“较亮”、“当前挑选”和“较暗”。单击“较亮”或“较暗”预览图，即可增大图像的亮度或减小图像的亮度。

02 使用“变化”命令调整图像

使用“变化”命令，不仅可以调整整个图像画面的不同效果，还可以根据需要，调整局部图像的颜色，下面就来介绍使用“变化”命令调整图像颜色的操作方法。

01 复制选区中的对象

按下快捷键Ctrl+O，打开光盘中的实例文件\Chapter 04\Media\12.jpg文件。单击快速选择工具，选中中间的包装对象，按下快捷键Ctrl+J，将选区中的对象直接复制到新图层中，生成“图层 1”。

02 执行“变化”命令

单击选中“图层 1”，使其成为当前图层，执行“图像>调整>变化”命令，弹出“变化”对话框，选中“中间调”单选按钮，然后单击“加深青色”缩览图多次，即可使当前图像颜色变青。

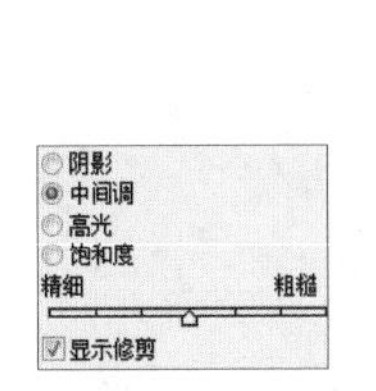

03 应用设置

参数设置完成后单击“确定”按钮，即可将刚才所设置的“变化”参数应用到当前图层中。

04 执行“去色”命令

单击“背景”图层，将其直接拖动到“创建新图层”按钮上，生成“背景 副本”图层，按下快捷键Ctrl+Shift+U，将图像去色。

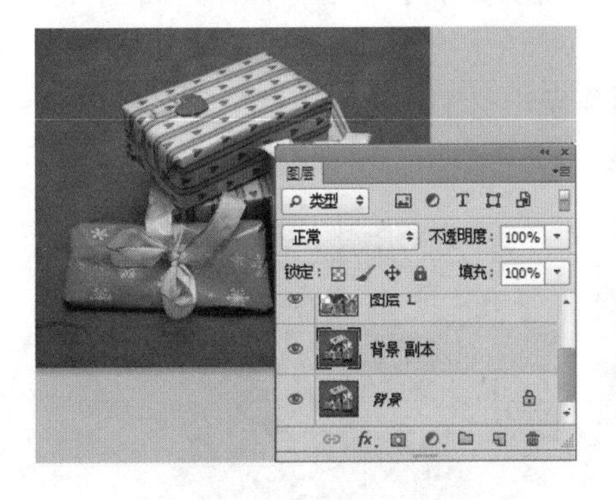

05 添加文字

使用横排文字工具添加文字效果。

“匹配颜色”和“替换颜色”命令

在Photoshop中可以使用“匹配颜色”和“替换颜色”命令快速地为图像自然变换颜色，因此在改变图像颜色时会经常使用到这些功能，本节就来介绍这两个命令的相关知识和操作方法。

在学习使用“匹配颜色”和“替换颜色”命令之前，需要先对这两个命令的对话框进行了解，以便在制作图像效果时，能够快速并准确地应用这些参数设置。

01 “匹配颜色”对话框

使用“匹配颜色”命令可以对图像的亮度、色彩饱和度和色彩平衡进行调整，另外还可使用高级算法使用户能够更好地控制图像的亮度和颜色成分。执行“图像>调整>匹配颜色”命令，即可打开“匹配颜色”对话框进行参数设置。

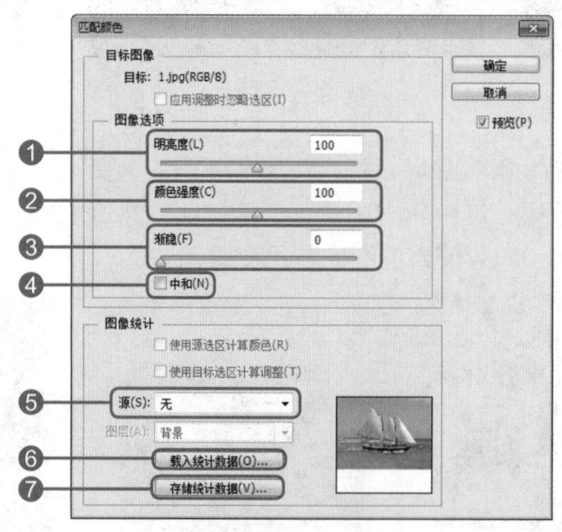

“匹配颜色”对话框

❶ **“明亮度”文本框：** 通过拖动下方的滑块或直接在文本框中输入数值，可设置当前图像的明亮度。

❷ **“颜色强度”文本框：** 通过拖动下方的滑块或直接在文本框中输入数值，可设置当前图像的颜色强度。该设置效果类似饱和度的设置，数值越大，颜色强度越大；数值越小，颜色强度越小。

❸ **“渐隐”文本框：** 拖动下方滑块或在文本框中输入数值，可调整当前图像应用明亮度和颜色强度。

❹ **“中和”复选框：** 勾选该复选框，可将图像中的色痕移去。

❺ **“源”下拉列表：** 单击右侧的下拉按钮，在打开的下拉列表中显示出当前打开的所有图像名称，选择任意一个图像，即可使当前图像应用该图像后产生匹配颜色。

原图

源图像

匹配颜色后

❻**“载入统计数据”按钮**：单击该按钮，将弹出“载入”对话框，可将之前存储的“匹配颜色”参数应用到当前设置中。

❼**“存储统计数据”按钮**：单击该按钮，将弹出“存储”对话框，可将当前设置的“匹配颜色”参数存储到相应的位置。

“载入”对话框　　　　“存储”对话框

02 “替换颜色”对话框

在Photoshop中使用“替换颜色”命令可创建蒙版，用以选择图像中的特定颜色，然后替换那些颜色，并且可以设置选定区域的色相、饱和度和亮度，或者使用拾色器来选择替换颜色，但是“替换颜色”命令创建的蒙版是临时性的。

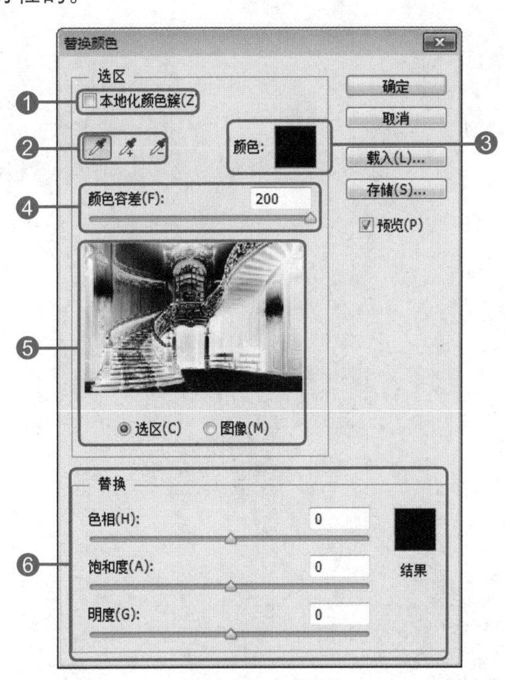

“替换颜色”对话框

❶**“本地化颜色簇”复选框**：勾选该复选框，能够使选取的颜色范围更加精确。

❷**吸管工具组**：使用该工具组中的工具，通过在图像中单击，选择图像中的不同颜色。

❸**“颜色”色块**：在该色块中显示出当前吸管工具吸取的图像中的颜色，以及当前要调整的颜色。

❹**“颜色容差”文本框**：通过拖曳下方的滑块或直接在文本框中输入数值，可设置颜色的选择范围。

❺**预览窗口**：当选择了图像中的部分区域颜色后，在此窗口中，将会以“选区”或“图像”两种方式显示预览效果。

❻**“替换”选项组**：通过使用该选项组中的各种选项，可以精确调整当前图像的色相、饱和度和明度，并且将当前替换的颜色显示在其右侧的色块中。

Chapter 05

图像的修复与修饰

要想制作出完美的创意作品，掌握基本的修图技法是非常必要的，对不太满意的图像可以使用修图工具进行修复和修饰，这些工具包括修复工具、颜色替换工具和修饰工具。

“仿制源”面板

“仿制源”面板主要用于放置图章工具或修复画笔工具，使这些工具使用起来更加方便、快捷。在本小节中，将对“仿制源”面板的相关知识，以及操作方法进行介绍。

01 了解“仿制源”面板

在对图像进行修饰时，如果需要确定多个仿制源，使用该面板进行设置，即可在多个仿制源中进行切换，执行“窗口>仿制源”命令，即可弹出“仿制源”面板。

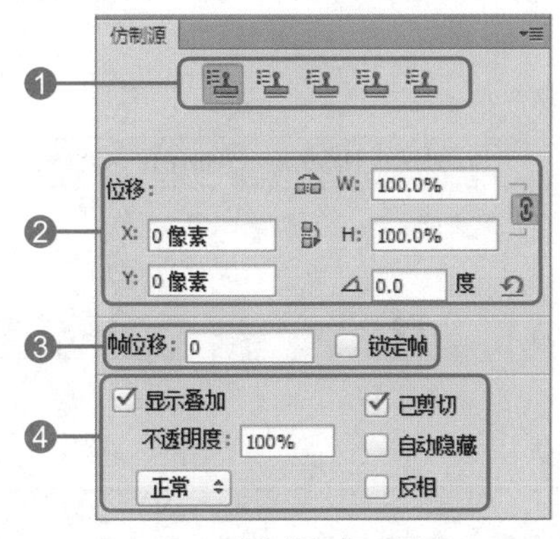

“仿制源”面板

❶ **仿制源按钮组：** 该按钮组分别代表不同的仿制源，单击任意一个仿制源按钮后，即可切换到相应的选项面板，在下面的选项组中可以设置相关参数。

❷ **“位移”选项组：** 在该选项组中，可以对取样后添加到其他位置的源的X轴、Y轴、长、宽和角度等参数进行设置。

❸ **“帧位移”选项组：** 主要用于在Photoshop中制作视频帧或动画帧仿制内容。

❹ **“仿制源效果”选项组：** 在该选项组中，可对仿制源对象的显示效果进行设置，包括“显示叠加”效果、“不透明度”、“反相”和“自动隐藏”等。

02 使用仿制图章工具修饰图像

使用仿制图章工具可以将图像中任意区域的图像通过拖曳或涂抹添加到任何一个图像文件的其他区域位置，也可以将一个图层的一部分绘制到另一个图层，配合“仿制源”面板的使用，能让操作更得心应手，下面来介绍使用仿制图章工具修饰图像的具体操作方法。

打开“仿制源”面板

取样“源”

应用取样源

修复工具组

修复工具组主要包括污点修复画笔工具、修复画笔工具、修补工具、内容感知移动工具和红眼工具，使用这些工具能够修复图像中的各种瑕疵，在处理图像时经常会使用到。在本小节中，将对修复工具组的使用方法进行详细介绍。

01 修复工具组的属性栏

在使用修复工具组修复图像之前，需要先对其属性栏中的参数设置进行了解，这样有利于后面使用这些工具进行操作。

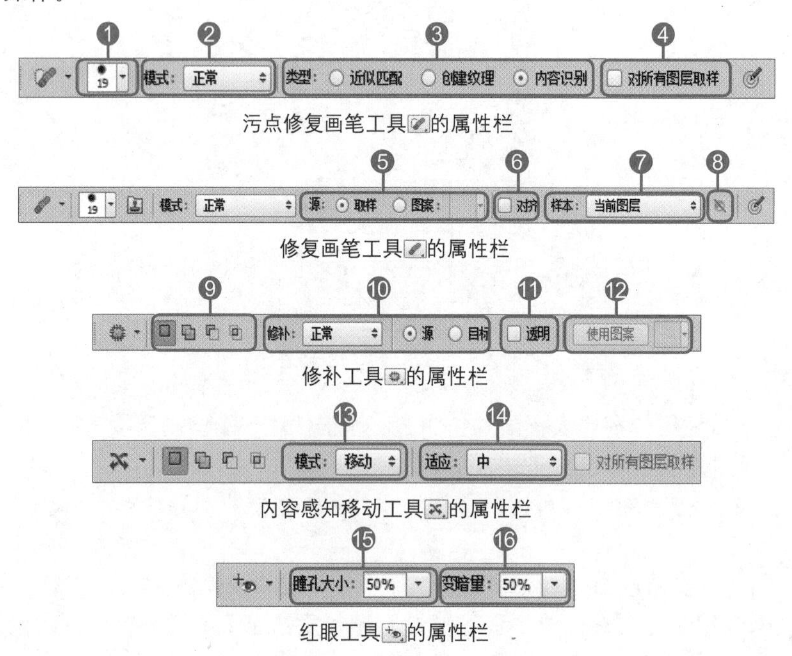

❶“画笔”面板：单击右侧的下拉按钮，即可打开“画笔”面板，在该面板中可设置画笔的直径、硬度、角度等参数。

❷“模式”下拉列表：单击右侧的下拉按钮，选择任意一种模式效果，即可在使用污点修复画笔工具时，显示为该模式效果。

❸“类型”选项组：在此选项组中，共包含三个选项，分别是近似匹配、创建纹理和内容识别，可设置当前替换颜色的类型。

原图

要去掉的区域

选中“近似匹配”单选按钮

选中“创建纹理”单选按钮

❹**"对所有图层取样"复选框**：当对多层文件进行修复操作时，未勾选"对所有图层取样"复选框时，当前的操作只对当前图层有效；勾选"对所有图层取样"复选框时，当前的操作对所有图层均有效。

❺**"源"选项组**：在使用修复画笔工具时，其相应属性栏中的"源"选项组包含了两个选项，分别是"取样"选项和"图案"选项。选中"取样"单选按钮，在对图像进行操作时，以取样四周的颜色来修复图像。选中"图案"单选按钮，在对图像进行操作时，以图案纹理来修复图像。

❻**"对齐"复选框**：勾选该复选框后，即可对连续对象进行取样，即使释放鼠标，也不会丢失当前的取样点。如果取消"对齐"复选框的勾选，则会在每次停止并重新开始绘制时使用初始取样点中的样本像素。

❼**"样本"下拉列表**：单击右侧的下拉按钮，在打开的下拉列表中选择任意选项，从指定图层中进行数据取样，若从当前图层及其下方的可见图层中取样，选择"当前和下方图层"选项；若仅从现用图层中取样，选择"当前图层"选项；若从所有可见图层中取样，选择"所有图层"选项。

❽**"忽略调整图层"按钮**：在图像中创建了调整图层后，单击该按钮，可在对图像进行修复时，忽略调整图层。

❾**选区创建按钮组**：在此按钮组中对当前所创建的选区区域进行新建、添加、减去或交叉设置。

❿**"修补"选项组**：在该选项组中包含两个选项，分别是"源"和"目标"。选中"源"单选按钮后，将选区边框拖动到需要从中进行取样的区域，释放鼠标，将使用样本像素修补原来选中的区域；选中"目标"单选按钮后，将选区边界拖动到要修补的区域，释放鼠标，将使用样本像素修补新选定的区域。

原图

创建选区

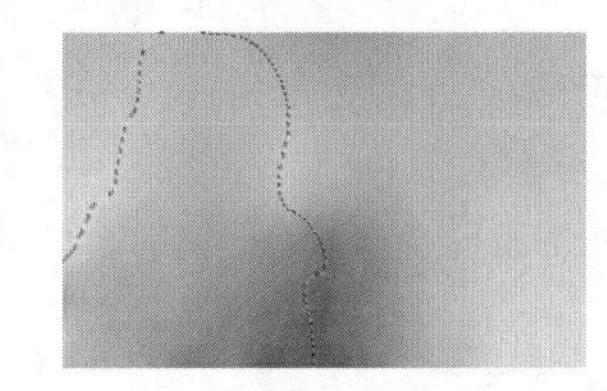

选中"源"单选按钮

选中"目标"单选按钮

⓫**"透明"复选框**：勾选该复选框，可设置相应的修补行为。

⓬**"使用图案"按钮**：单击右侧的下拉按钮，打开图案面板，选择一种图案样式，然后单击左侧的"使用图案"按钮，即可将该图案样式应用到选区中。

⓭**"模式"下拉列表**：单击右侧下拉按钮，在打开的下拉列表中选择任意选项，以选择图像移动后的的重新混合模式。

⓮**"适应"下拉列表**：单击右侧下拉按钮，在打开的下拉列表中选择任意选项，以控制新区域反映现有图像模式的紧密程度。

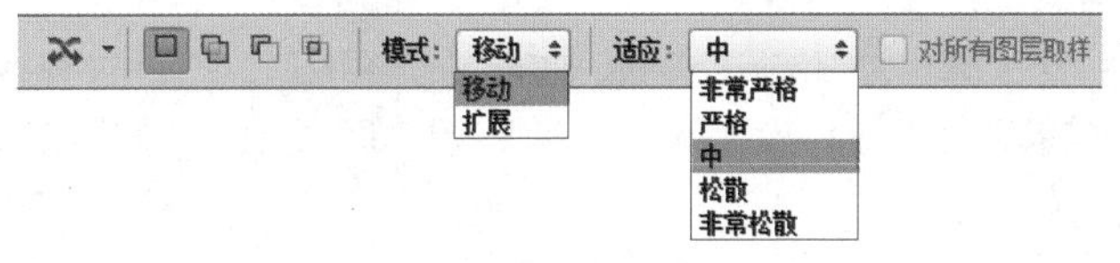

模式和适应选项

⓯**"瞳孔大小"文本框**：直接在文本框中输入数值或拖动下方的滑块，可增大或减小受红眼工具影响的区域。

⓰**"变暗量"文本框**：直接在文本框中输入数值或拖动下方的滑块，可调整校正的暗度。

02 使用修复工具修饰图像

在对图像进行修饰时，经常会使用到污点修复画笔工具、修复画笔工具和修补工具，下面来介绍使用修复工具修饰图像的具体操作方法。

01 打开图像文件

按下快捷键Ctrl+O，打开附书光盘中的实例文件\Chapter 05\Media\02.jpg文件。

02 修补图像

单击修补工具，在页面左侧的海面上单击并拖动创建一个选区，将其中一条船选中，在属性栏中选中"源"单选按钮，然后单击选区并向右拖曳，即可以右侧的图像效果替代当前图像，船将消失。

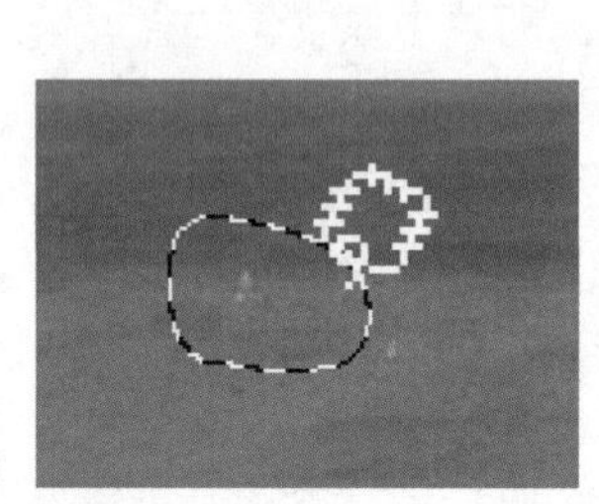

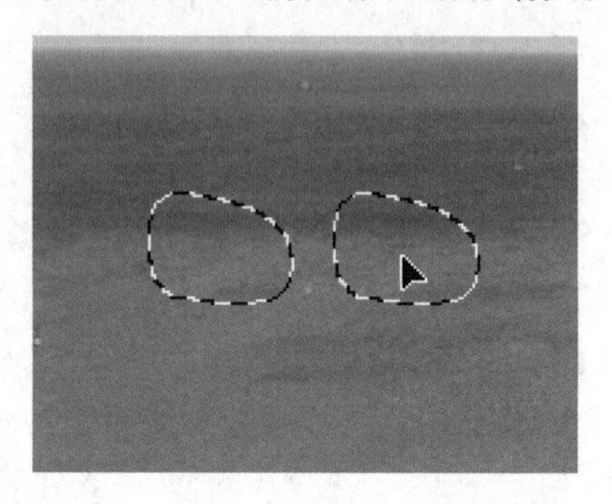

03 去除其他杂点

按照同上面相似的方法，将海面上的其他船只，以及沙滩上的人物全部去除。

04 污点修复

单击修复画笔工具，在属性栏中设置适当的笔触大小，然后在图像左下角位置按住Alt键的同时单击，以选择用来修复图像的源点，然后在杂点位置单击即可将其去除。按照同样的方法，将其他杂点去除，使整个画面更简单。

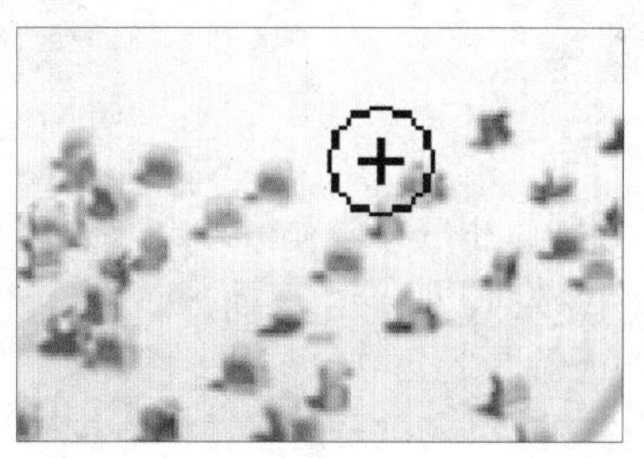

05 创建选区

单击工具箱下方的"以快速蒙版模式编辑"按钮，然后单击魔术橡皮擦工具，在相应的属性栏中，可对其笔触大小和笔触类型等参数进行设置，在人物部分涂抹，添加快速蒙版。单击工具箱下方的"以标准模式编辑"按钮，即可将没有添加快速蒙版的区域创建为选区。

06 模糊图像

执行"滤镜>模糊>镜头模糊"命令，在弹出的对话框中设置适当的参数并应用到当前选区中，最后取消选区，将图像的背景虚化。至此，本实例制作完成。

设计师训练营 制作人物水粉画

结合多种修复工具，可以对人物照片进行细致地修饰，使其更为美观。下面就来介绍使用修复工具，去除人物脸部的斑点并将其制作成水粉画效果的具体操作方法。

01 去除额头斑点

按下快捷键Ctrl+O，打开附书光盘中的实例文件\Chapter 05\Media\03.jpg文件，按下快捷键Ctrl+J，复制一个图层得到“图层 1”，将图像放大发现人物的脸部有很多雀斑，单击污点修复画笔工具，设置画笔大小为19px，然后在人物额头斑点处通过单击，即可将人物斑点去除。

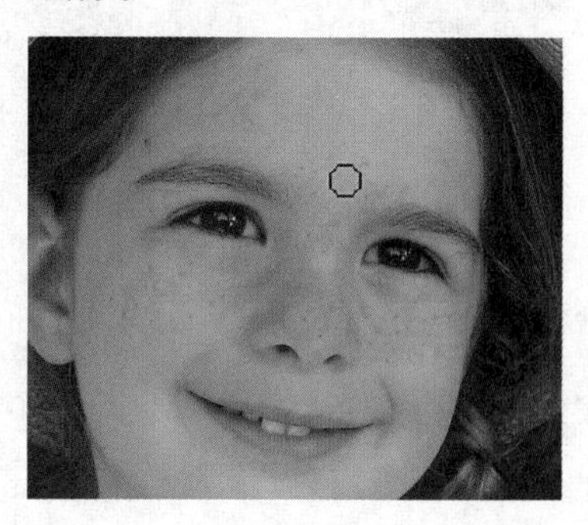

02 去除脸颊雀斑1

继续使用污点修复画笔工具，将人物额头上的斑点去除干净。单击修补工具，在人物的脸颊部分单击并拖动创建一个选区，在其属性栏中选中“源”单选按钮，然后将该选区拖曳到人物皮肤干净的位置，即可消除部分雀斑，完成后取消选区。

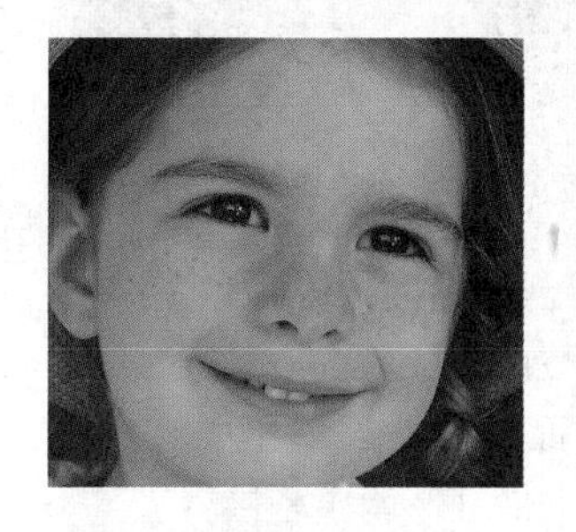
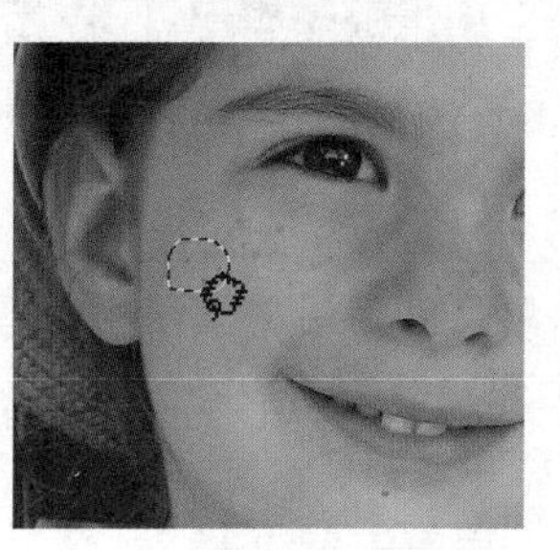
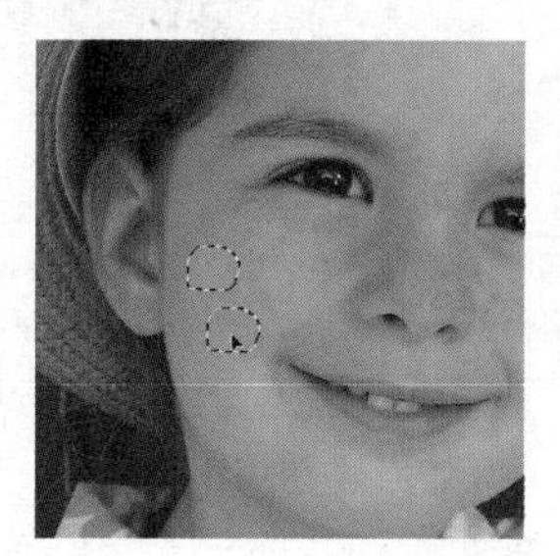

03 去除脸颊雀斑2

采用相同的方法将人物另外一边脸颊上的雀斑去除干净。

04 应用高斯模糊滤镜

按下快捷键Ctrl+J，复制“图层 1”为“图层 1副本”，执行“滤镜>模糊>高斯模糊”命令，弹出“高斯模糊”对话框，设置“半径”为5像素，设置完成后单击“确定”按钮，将设置应用到图像中。

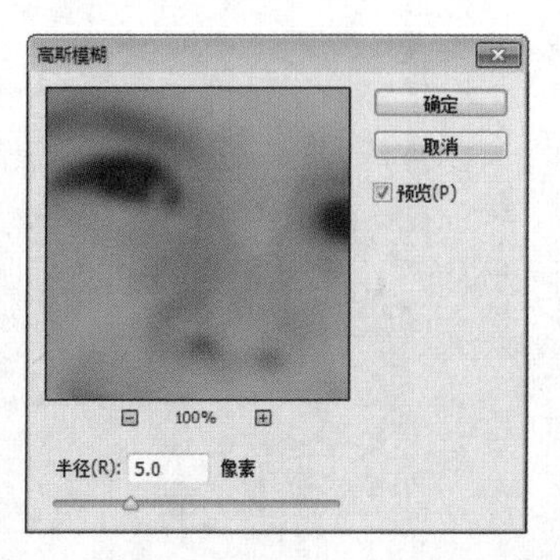

05 设置图层混合模式

在“图层”面板中，设置“图层 1 副本”的混合模式为“滤色”、“不透明度”为66%，制作照片柔美效果。

06 应用照亮边缘滤镜

复制“图层 1”，执行“滤镜>风格化>照亮边缘”命令，打开“照亮边缘”对话框，设置“边缘宽度”为1，“边缘亮度”为12，“平滑度”为15。按下快捷键Ctrl+I，将颜色反相。

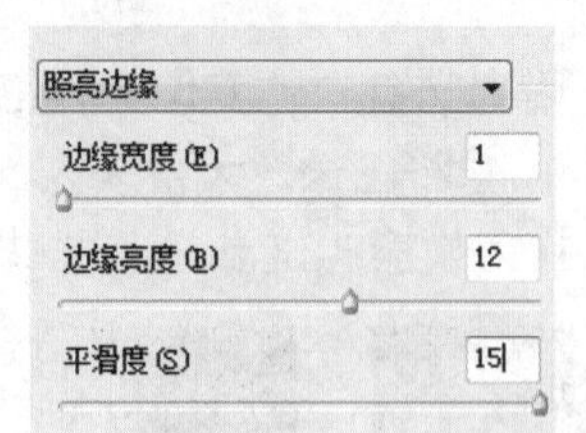

07 应用“去色”命令

执行“图像>调整>去色”命令，或者按下快捷键Shift+Ctrl+U，即可将该图像去色，然后在“图层”面板中设置其图层混合模式为“正片叠底”、“不透明度”为80%。

08 盖印图层

按下快捷键Ctrl+Shift+Alt+E盖印图层，并设置混合模式为“叠加”，“不透明度”为75%。

09 调整局部效果1

单击套索工具，在属性栏中设置“羽化”为2像素，然后沿着人物的嘴唇创建选区，在属性栏中单击“从选区减去”按钮，减去人物牙齿部分的选区。单击“图层”面板下方的“创建新的填充或调整图层”按钮，在弹出的菜单中选择“曲线”命令，打开“曲线”调整面板，适当调整曲线的位置，增强选区内图像的明暗对比，完成后在“图层”面板中自动生成一个“曲线 1”调整图层。

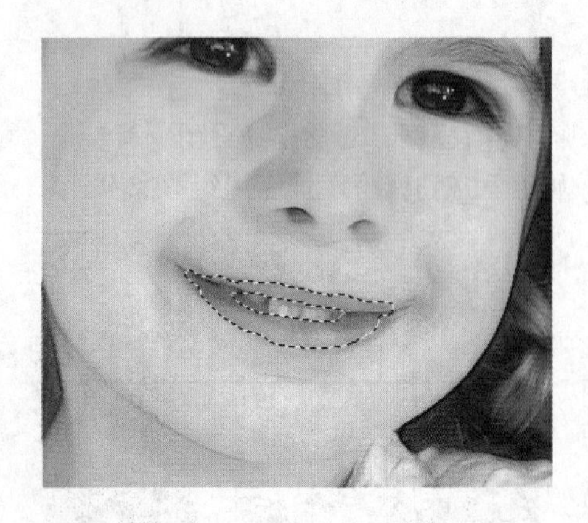

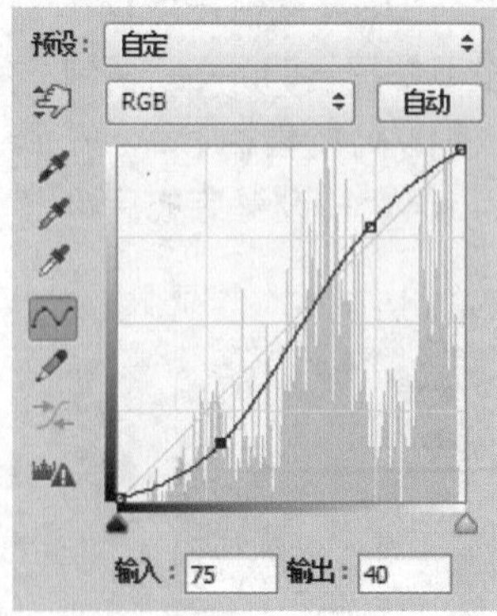

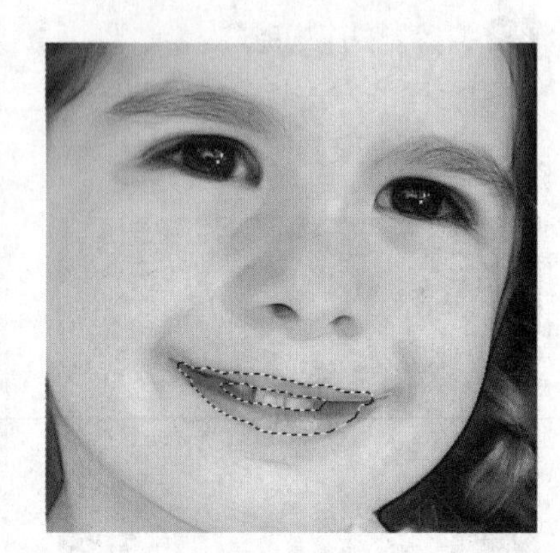

10 调整局部效果2

参照步骤09的操作，结合套索工具与“曲线”命令，调整人物眼睛的明暗对比效果。

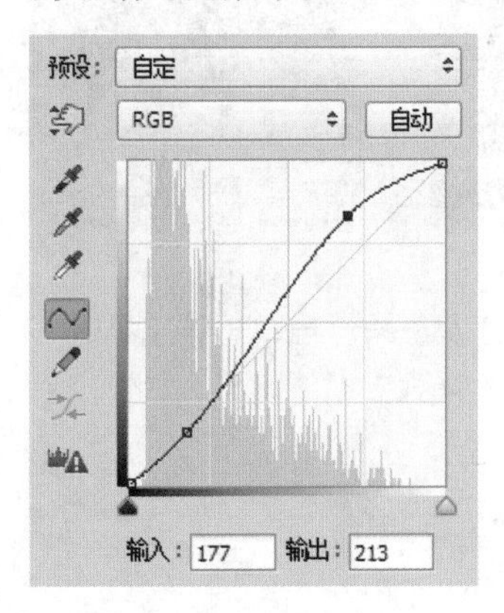

11 盖印图层

选择“曲线 2”调整图层，然后按下快捷键Ctrl+Shift+Alt+E盖印图层，得到“图层 3”。

12 应用水彩滤镜

执行“滤镜>艺术效果>水彩”命令，弹出“水彩”对话框，设置“画笔细节”为12，“阴影强度”为0，“纹理”为3，设置完成后单击“确定”按钮，即可将该滤镜应用到当前图像中。在“图层”面板中，设置该图层的图层混合模式为“柔光”，“不透明度”为33%。至此，水彩画效果制作完成。

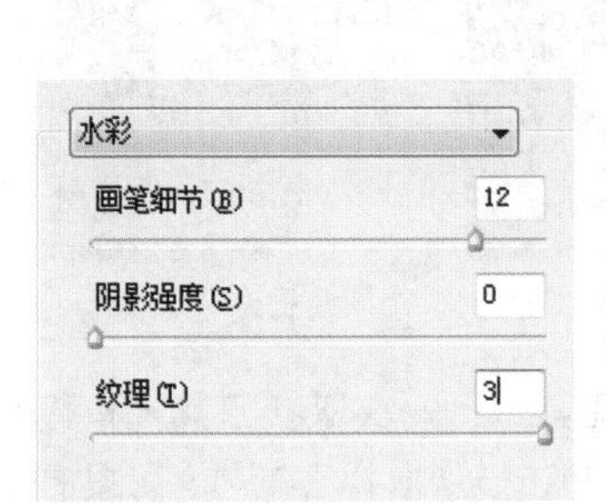

13 添加色彩平衡调整图层

单击“图层”面板下方的“创建新的填充或调整图层”按钮，在弹出的菜单中选择“色彩平衡”命令，打开“色彩平衡”调整面板，分别调整“阴影”与“中间调”面板参数，以调整图像颜色，调整完成后在“图层”面板中自动生成一个“色彩平衡 1”调整图层。至此，本实例制作完成。

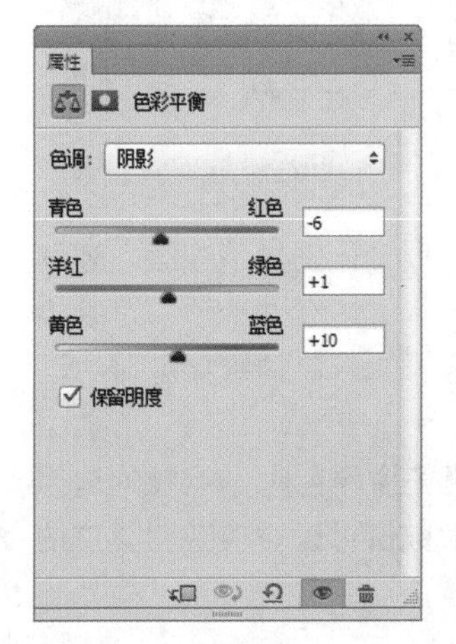

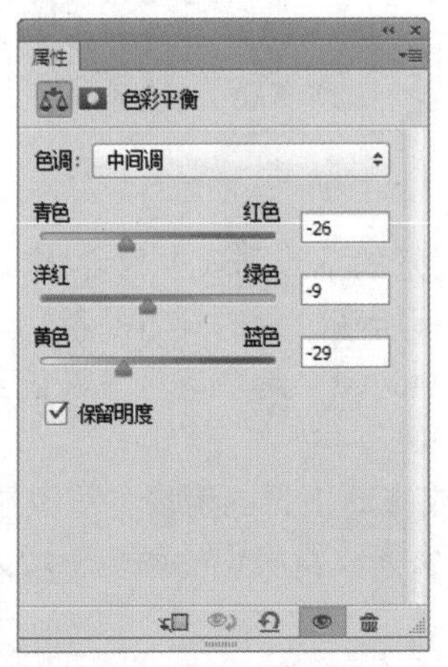

颜色替换工具

使用颜色替换工具能够简化图像中特定颜色的替换，可以用不同的颜色（如红色）在目标颜色上绘画，从而校正颜色。在本小节中，将对颜色替换工具的操作方法和相关知识进行简单的介绍。

在使用颜色替换工具时，首先需要了解颜色替换工具的属性栏，同其他工具一样，当单击该工具时，会显示出与之对应的属性栏，通过在该属性栏中进行设置，可以控制工具的操作。

颜色替换工具的属性栏

❶**“画笔”面板：**单击右侧的下拉按钮，打开“画笔”面板，在该面板中，可对画笔的直径、硬度、间距、角度、圆度、大小和容差等参数进行设置。

❷**“模式”下拉列表：**单击右侧的下拉按钮，在下拉列表中包含4个选项，分别是色相、饱和度、颜色和明度。用于设置在使用颜色替换工具时设置替换的颜色同当前图层颜色以何种方式层叠。

原图

模式为“色相”

模式为“颜色”

模式为“饱和度”

模式为“明度”

❸**取样工具组：**在该工具组中，共包含三个工具，它们分别是连续取样工具、一次取样工具和背景色板取样工具。单击连续取样工具，可对所有颜色进行替换操作；单击一次取样工具，在图像中单击后，该点成为取样点，在图像上涂抹时，只对这一种颜色进行颜色替换；单击背景色板取样工具，以前景色替换同背景色相同的颜色。

原图

单击连续取样工具

单击一次取样工具

单击背景色板取样工具

❹**“限制”下拉列表：**单击右侧的下拉按钮，在打开的下拉列表中包含3个选项，分别是不连续、连续和查找边缘。选择“不连续”选项，可替换光标所在位置的样本颜色；选择“连续”选项，可替换与光标所在位置的颜色邻近的颜色；选择“查找边缘”选项，可替换包含样本颜色的链接区域，同时更好地保留形状边缘的锐化程度。

❺**“容差”文本框：**在该文本框中直接输入数值或拖动下方的滑块，可设置替换颜色时，笔触的边缘效果。当设置较低的数值时可以替换与所单击像素非常相似的颜色，增大数值可以替换范围更广的颜色。

❻**“消除锯齿”复选框：**勾选该复选框，可为所校正的区域定义平滑的边缘。

修饰工具组

修饰工具组中的工具包括模糊工具、涂抹工具和锐化工具，它们的主要作用是在处理图像时对图像进行修饰。在本小节中，将对修饰工具的操作方法和相关知识进行介绍。

01 认识修饰工具

1. 模糊工具

使用模糊工具可以对图像中的硬边缘进行模糊处理，从而使整个画面中的对象轮廓显得更柔和。单击该工具后，直接在需要修饰的部分涂抹即可。

2. 涂抹工具

使用涂抹工具可涂抹图像中的数据，制作出水彩画效果的图像。单击该工具后，设置适当的笔触大小，直接在图像中涂抹，即可在涂抹的区域制作出水彩画效果。

3. 锐化工具

使用锐化工具可以锐化图像中的柔边缘，使图像中模糊的区域锐化效果加强，图像边缘更清晰。单击该工具后，设置适当的笔触大小，直接在图像中涂抹，即可使涂抹的区域锐化。

02 使用修饰工具修饰图像

01 复制图层

打开附书光盘中的实例文件\Chapter 05\Media\06.jpg文件，然后按下快捷键Ctrl+J，复制背景图层到“图层 1”中。

02 模糊图像

单击模糊工具，在其属性栏中设置“画笔大小”为200像素，勾选“对所有图层取样”复选框，然后在图像远景处涂抹，并随时调整笔触大小，制作出模糊的图像效果。

03 锐化图像

按下快捷键Ctrl+Shift+Alt+E，盖印可见图层，得到“图层 2”。单击锐化工具，在属性栏中设置模式为“正常”，“强度”为100%，在郁金香图像上涂抹，使其边缘更加清晰，从而与远景图像区分开。至此，本实例制作完成。

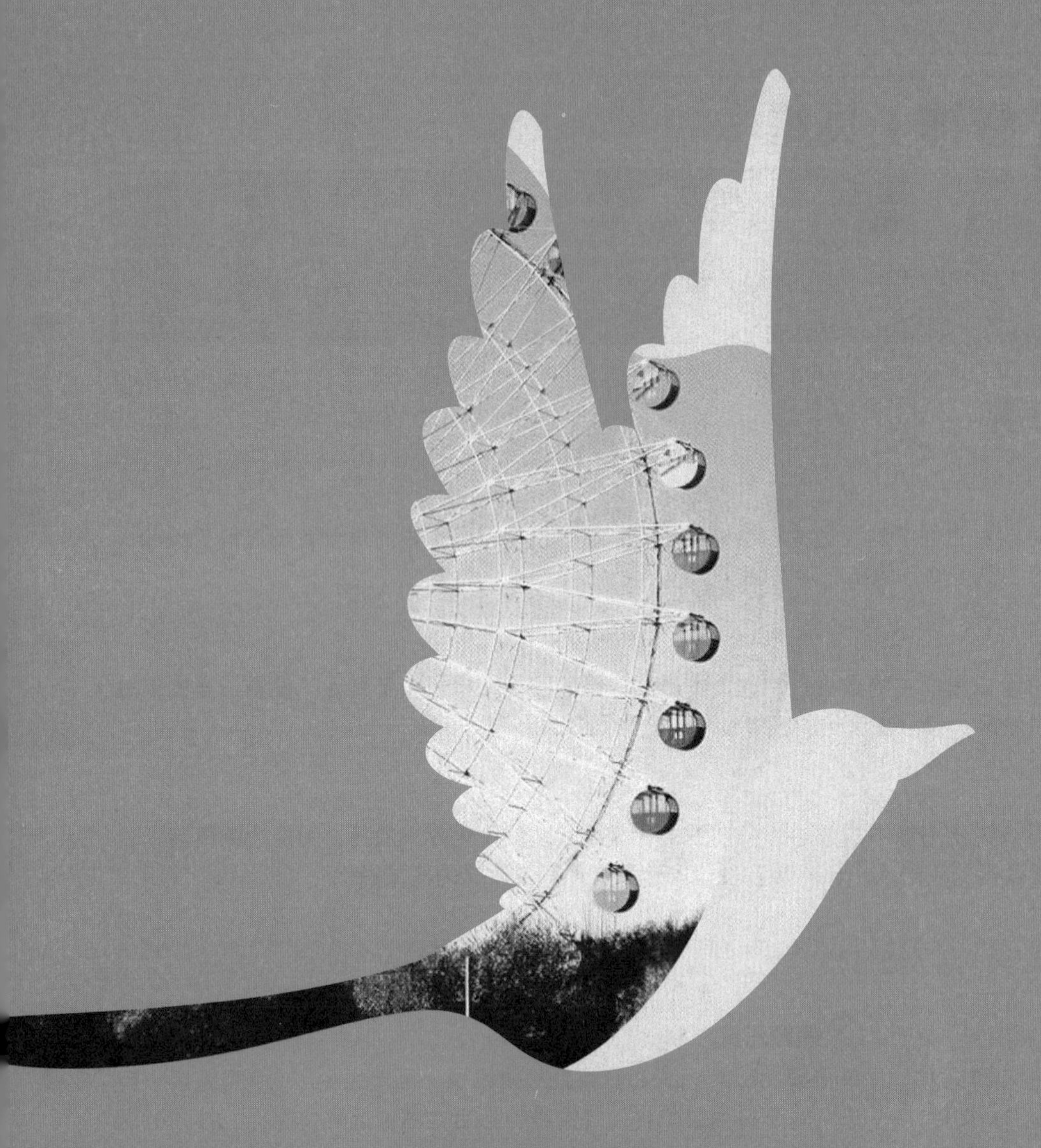

Part 02 提高篇

Chapter 06 图像的绘制
Chapter 07 文本和路径的创建与应用
Chapter 08 深入解析选区与图层
Chapter 09 图像调整与修正高级应用

Chapter 06

图像的绘制

本章主要介绍了绘制图像时要用到的工具和一些操作命令，帮助您理解绘制工具的使用方法，懂得在实际操作中如何更好地对其进行应用。

绘图工具

绘图工具是Photoshop中十分重要的工具，它主要包括两种工具，画笔工具和铅笔工具，通过设置可以模拟出各种各样的笔触效果，从而绘制出各种图像效果。本节我们就来学习如何应用绘图工具来绘制图像。

Photoshop中的绘图工具包括画笔工具和铅笔工具两种，在属性栏中可以根据需要设置不同的参数，以绘制出不同的画笔效果。下面就来分别介绍这两个工具的属性栏。

"画笔预设"面板的作用

单击"画笔"选项右侧的下拉按钮，将会弹出"画笔预设"面板，在此面板中可以进行各项设置，以选择合适的笔刷。

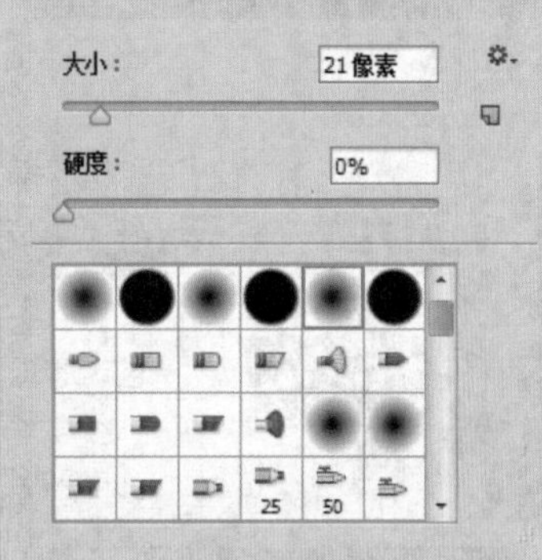

"画笔预设"面板

"大小"主要用来调整所选画笔的大小，可以通过在右侧的文本框中输入数值，也可以拖动滑块来调整笔触的大小。

"硬度"主要是用来设置画笔的软硬程度，其取值范围是0%~100%，通过在右侧的文本框中输入数值或拖动下方的滑块可调整笔触的软硬程度。数值越大，画笔的硬度越高，边缘也越清晰；数值越小，画笔的硬度越低，边缘也越柔和。

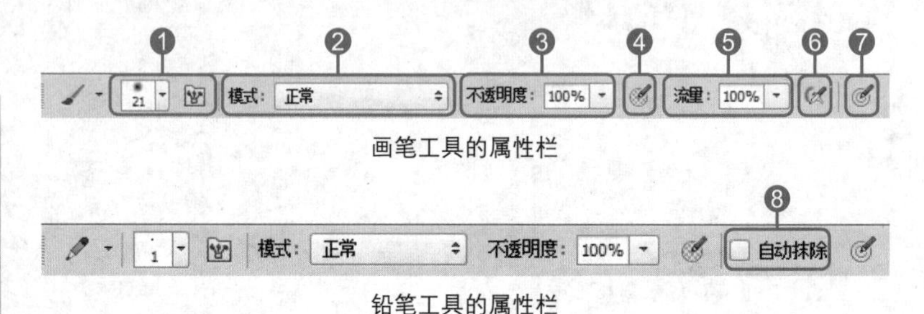

画笔工具的属性栏

铅笔工具的属性栏

❶"画笔"面板：单击右侧的"切换画笔面板"按钮，将会弹出"画笔"面板，在此面板中可以进行各项设置。

❷"模式"下拉列表：单击右侧的下拉按钮，在打开的下拉列表中可以选择在绘图时笔触与画面的混合模式，包括正片叠底、线性加深、柔光、点光和明度等模式。

❸"不透明度"文本框：拖动下方的滑块，可以对画笔的不透明度进行设置，其取值范围是1%~100%，设置的数值越低，画笔的透明度越高。也可以通过在文本框中直接输入数值来进行精确设置。

❹使用绘图板时，激活该按钮可以通过绘图板压力控制不透明度。

❺"流量"文本框：拖动下方的滑块，可以设置画笔在进行绘制时的压力大小，其取值范围是1%~100%。设置的流量值越小，画出的颜色越浅；设置的流量值越大，画出的颜色越深。也可以通过在文本框中直接输入数值来进行精确设置。

❻"启用喷枪样式的建立效果"按钮：单击此按钮可以启用喷枪功能，在启用此功能的情况下进行绘制，线条会因光标在画面上停留的时间而变化，时间越长则线条越粗。

❼使用绘图板时，激活该按钮可以通过绘图板压力控制流量大小。

❽"自动抹除"复选框：在设置好需要的前景色和背景色的情况下，勾选此复选框，然后在图案上拖动鼠标。如果涂抹的部分与前景色相同，则该区域会被涂抹为背景色；如果涂抹的部分与前景色不同，则以前景色进行绘制。

历史记录艺术画笔

历史记录艺术画笔工具通常可以用来对图像进行艺术化效果的处理，应用此工具可以将普通的图像处理为特殊笔触效果的图像，通过不同笔触的选择，可以模拟出水彩画、油画等效果，本节我们就来对此工具进行详细介绍。

01 历史记录艺术画笔工具的属性栏

通过在历史记录艺术画笔工具的属性栏中设置不同的参数，可绘制不同效果的图像，下面对此工具的属性栏进行详细介绍。

历史记录艺术画笔工具的属性栏

❶**“画笔”面板**：单击右侧的“切换画笔面板”按钮，将会弹出“画笔”面板，在此面板中可以对“主直径”、“硬度”的参数进行设置，并可以选择和载入各种需要的笔触。

❷**“模式”下拉列表**：单击右侧的下拉按钮，在打开的下拉列表中可以选择在绘制图像时笔触与画面的混合模式，共包括“正常”、“变暗”、“变亮”、“色相”、“饱和度”、“颜色”和“明度”7个选项。

❸**“不透明度”文本框**：通过拖动下方的滑块，可以对画笔的不透明度进行调整，设置的数值越低，画笔的透明度就越高。也可以通过在文本框中直接输入数值来进行精确设置，其取值范围是1%~100%。

❹**“样式”下拉列表**：根据图像绘制效果的需要，在此下拉列表中选择不同的选项，可以产生不同的笔触效果，从而制作出不同风格的图像效果。

❺**“区域”文本框**：用于设置画笔的笔触区域，其取值范围是0像素~500像素。设置的数值越小，其笔触的应用范围越窄；设置的数值越大，则笔触的应用范围越广。

❻**“容差”文本框**：通过拖动下方的滑块或在文本框中直接输入数值调整笔触应用的间隔范围，其取值范围是0%~100%。设置的数值越小，笔触就表现得越细腻。

02 使用历史记录艺术画笔制作水彩画

在前面的学习中，介绍了历史记录艺术画笔工具的属性栏，使大家对此工具的作用有了简单的了解，下面简单介绍下使用此工具为普通图像制作出水彩画的效果的关键操作。

❶ 打开素材图像。

❷ 绘制主体、天空、草地。

❸ 盖印图层及混合模式设置。

加深和减淡工具

加深工具和减淡工具都是用来修饰图像的工具，主要通过调节图像的曝光度使图像变亮或是变暗，也可以为平面图形制作出立体化效果，本节我们就来对这两个工具进行详细介绍。

01 加深和减淡工具的属性栏

在加深工具和减淡工具的属性栏中，可以分别设置需要改变图像的暗部区域、中间范围或是亮部区域，也可以通过设置不同的曝光度对图像进行修饰。在使用这两种工具时，涂抹的次数越多，加深或减淡的效果越明显。这两种工具属性栏中的选项都是相同的，下面具体介绍各个选项的作用。

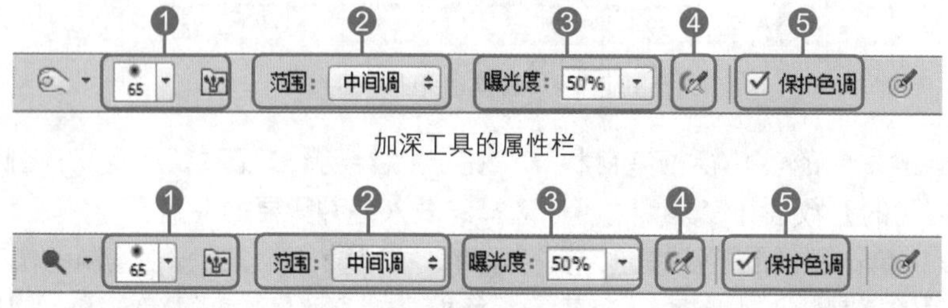

加深工具的属性栏

减淡工具的属性栏

❶ **"画笔"面板**：此面板和前面介绍的画笔工具中的"画笔"面板相同，单击右侧的按钮，将会弹出"画笔"面板，在该面板中可以对"大小"、"硬度"等进行设置，并可以选择和载入各种需要的笔触。

❷ **"范围"下拉列表**：在此下拉列表中选择相应的选项，可以精确选择加深或减淡图像的具体范围，以便对图像进行比较细致的修饰。在此下拉列表中包括"阴影"、"中间调"和"高光"3个选项。选择"阴影"选项时，会对画面中暗部区域像素进行更改；选择"中间调"选项，会对画面中中间色调像素进行更改；选择"高光"选项时，则会对画面中亮部区域像素进行更改。

❸ **"曝光度"文本框**：在使用加深工具或减淡工具时调整曝光度的大小，其取值范围是1%~100%。设置的曝光度数值越大，其加深或减淡的效果越明显。

❹ **"启用喷枪样式的建立效果"按钮**：单击此按钮可以启用喷枪功能，同前面介绍的画笔工具的"喷枪"功能相似，在启用此功能的情况下光标在画面上停留的时间越长，则加深或减淡的效果越明显。

❺ **"保护色调"复选框**：勾选此复选框，可以在保护图像原有色调和饱和度的同时加深或减淡图像。

02 对图像进行加深和减淡操作

下面简单介绍下如何对图像进行加深和减淡的操作。

❶ 打开素材图像。

❷ 减淡人物皮肤。

❸ 加深头发、衣服及背景。

画笔预设

在“画笔”面板中可以设置画笔、载入画笔和存储画笔，使同一种画笔表现出不同的状态，以满足更多的需要。另外，在“画笔”面板中还可以载入自定义画笔，使绘制的图像更加个性化。

01 了解“画笔”面板

选择画笔工具后，在其属性栏中单击“切换画笔面板”按钮，或者按下F5键，将会弹出“画笔”面板。在“画笔”面板中，可以根据需要调整出千变万化的笔触效果，下面就对“画笔”面板中的各项参数进行详细介绍。

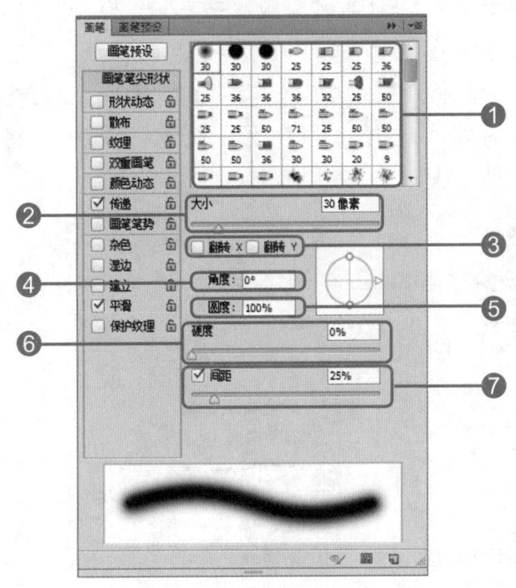

“画笔”面板

❶“画笔笔触样式”列表：在此列表中有各种“画笔笔触样式”可供选择，用户可以选择默认的笔触样式，也可以自己载入需要的画笔进行绘制。默认的笔触样式一般有尖角画笔、柔角画笔、喷枪硬边圆形画笔、喷枪柔边圆形画笔和滴溅画笔等。

❷“大小”文本框：此选项用于设置笔触的大小，可以设置1像素~2500像素之间的笔触大小，可以通过拖动下方的滑块进行设置，也可以在右侧的文本框中直接输入数值来设置。

❸“翻转X”和“翻转Y”复选框：勾选“翻转X”复选框可以改变画笔在X轴即水平方向上的方向，勾选“翻转Y”复选框则可以修改画笔在Y轴即垂直方向上的方向，同时勾选这两个复选框则可以同时更改画笔在X轴和Y轴的方向。

❹“角度”文本框：通过在此文本框中输入数值调整画笔在水平方向上的旋转角度，取值范围为-180°~180°。也可以通过在右侧的预览框中拖动水平轴进行设置。

❺“圆度”文本框：在此文本框中直接输入数值，或者是在右侧的预览框中拖动节点，可以设置画笔短轴与长轴之间的比率，取值范围是0%~100%。设置的数值越大，笔触越接近圆形；设置的数值越小，笔触越接近线性。

❻**“硬度”文本框**：用于调整笔触边缘的虚化程度，通过在右侧文本框中直接输入数值，或拖动下方的滑块，在0%~100%之间的范围内调整笔触的硬度。设置的数值越高，笔触边缘越清晰；设置的数值越低，笔触边缘越模糊。

❼**“间距”文本框**：通过在右侧的文本框中直接输入数值或拖动下方的滑块调整画笔每两笔之间的距离。当输入的数值为0%时，绘制出的是一条笔笔相连的直线；当设置的数值大于100%时，绘制出的则是有间隔的点。

02 载入、存储和管理预设画笔

在“画笔预设”面板中可以对画笔进行管理，通过在扩展菜单中选择相应的选项，可以十分方便地进行载入画笔、存储画笔、重命名画笔和替换画笔等操作，下面将对其进行详细介绍。

01 载入画笔

单击画笔工具，在属性栏中单击“切换画笔面板”按钮，打开“画笔”面板组，切换到“画笔预设”面板，单击扩展按钮，在弹出的扩展菜单中选择“载入画笔”命令，载入附书光盘中的“实例文件\Chapter 06\ Media\云朵画笔.abr”文件，将“云朵画笔”添加到面板中。

02 修改画笔

选择刚才载入的“云朵画笔”，然后在“画笔预设”面板中适当向左拖动“大小”下方的滑块，将其设置为151 像素。

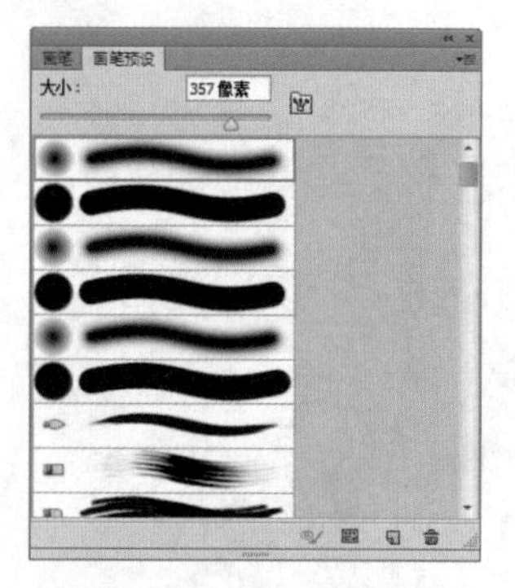

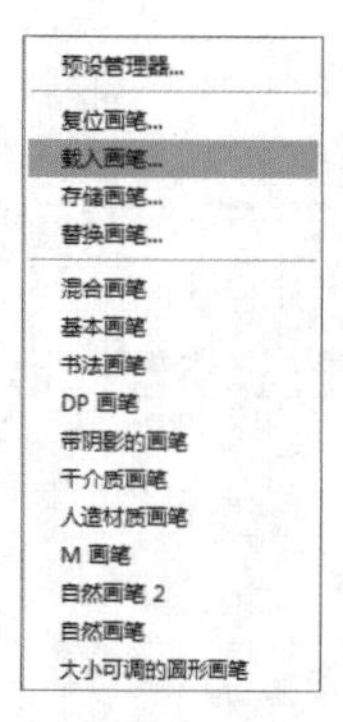

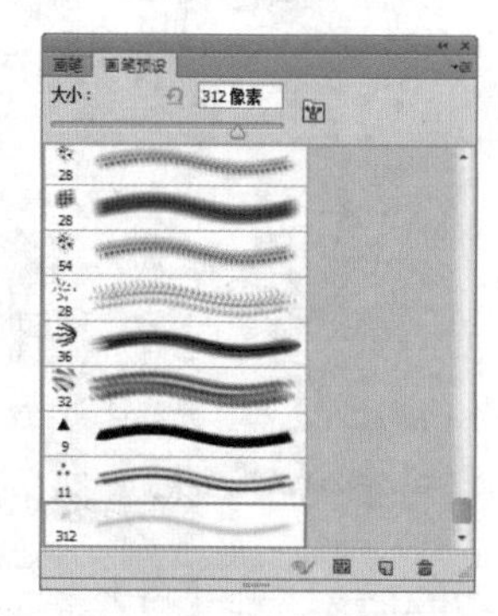

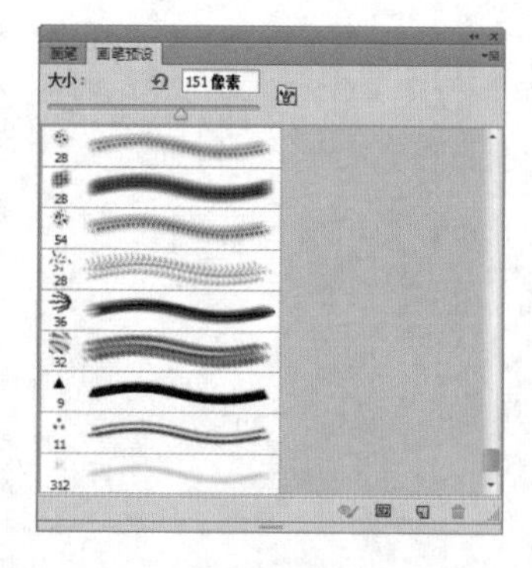

03 存储并复位画笔

单击“画笔预设”面板右上角的扩展按钮，在弹出的扩展菜单中选择“存储画笔”命令，在弹出的“存储”对话框中设置画笔名称为“云朵画笔2”，将其保存。再次单击扩展按钮，在弹出的扩展菜单中选择“复位画笔”命令，在弹出的提示框中单击“确定”按钮，即可使画笔恢复默认状态。

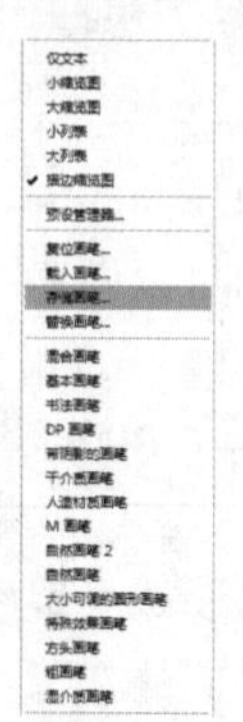

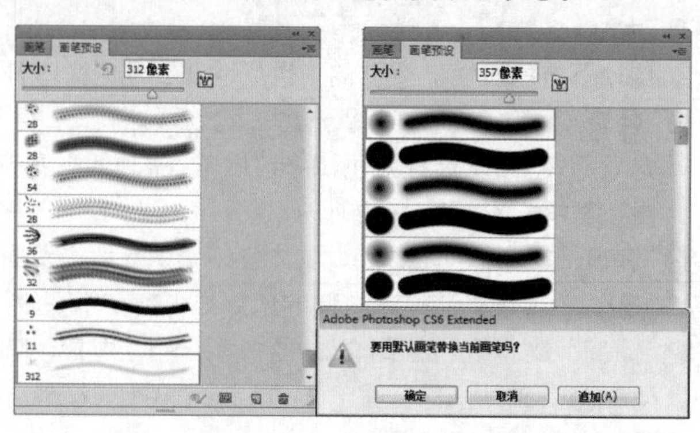

设计师训练营 绘制写实人物插画

前面学习了画笔工具的相关知识，了解了如何应用画笔工具进行各种设置来绘制不同的图像，下面我们就来学习如何使用画笔工具绘制写实人物插画。

01 新建文件并添加人物图像

按下快捷键Ctrl+N，在弹出的“新建”对话框中设置各项参数，完成后单击“确定”按钮。新建“组1”，打开附书光盘中的“实例文件\Chapter 06\Media\人物.psd”文件，拖曳到当前图像文件中，生成“图层 1”，并适当调整其位置。

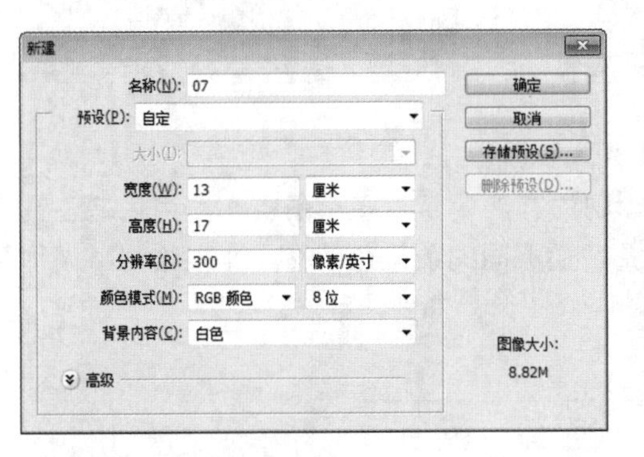

02 抠取人物图像

单击钢笔工具，在画面中为人物绘制路径，按下快捷键Ctrl+Enter将路径转换为选区，然后按下快捷键Ctrl+J拷贝选区，得到“图层 2”并隐藏“图层 1”。然后结合图层蒙版和画笔工具隐藏部分图像效果。

03 对图像进行模糊处理

执行“滤镜>模糊>表面模糊”命令，在弹出的对话框中设置“半径”为10像素，“阈值”为15色阶，完成后单击“确定”按钮，对人物图像进行表面模糊处理。

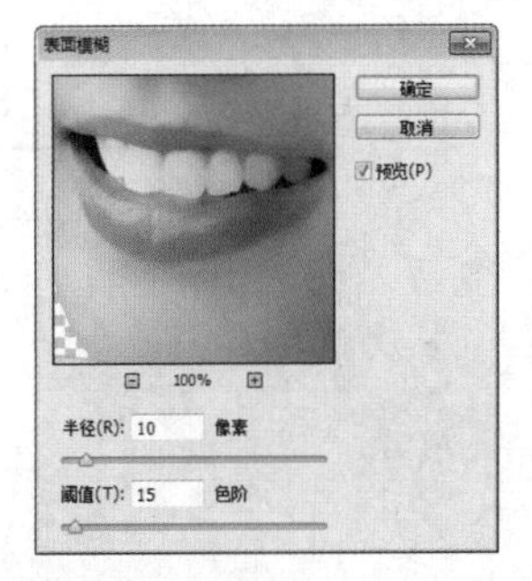

04 创建“可选颜色”调整图层

单击“创建新的填充或调整图层”按钮，在弹出的菜单中选择“可选颜色”命令，然后在弹出的对话框中分别设置“红色”和“黄色”选项的参数，调整图像色调。按下快捷键Ctrl+Alt+G创建剪贴蒙版。

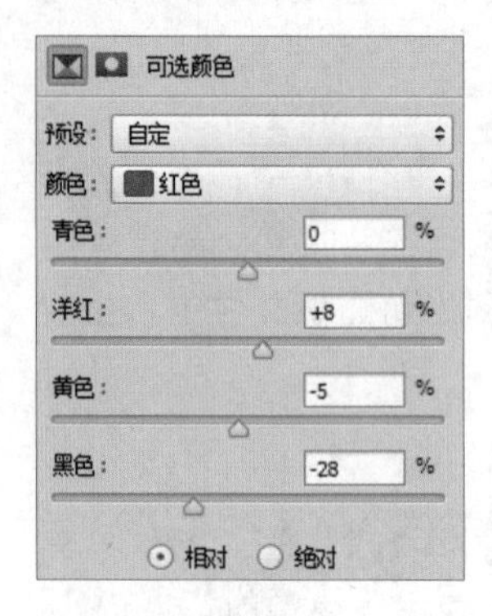

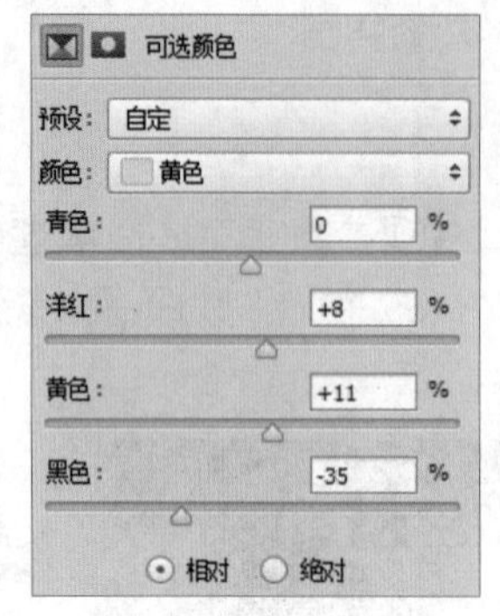

05 绘制眼部图像

新建多个图层，设置前景色为黑色，使用画笔工具，绘制出人物的眼睫毛和眉毛图像。替换不同的前景色，绘制出人物的眼睛图像。并分别创建剪贴蒙版。

06 提亮人物肤色

使用相同的方法，新建多个图层，使用画笔工具，并替换不同的前景色，在画面中绘制出人物皮肤的亮部图像，并创建剪贴蒙版。

07 调整图像对比度

单击“创建新的填充或调整图层”按钮，在弹出的菜单中选择“亮度/对比度”命令，然后在弹出的对话框中设置相应参数。使用相同的方法，创建“曲线”调整图层，并设置相应参数，以调整图像对比度。按下快捷键Ctrl+Alt+G分别为各图层创建剪贴蒙版。

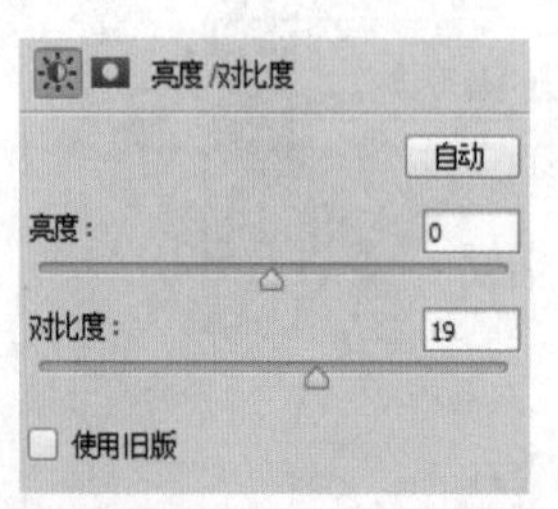

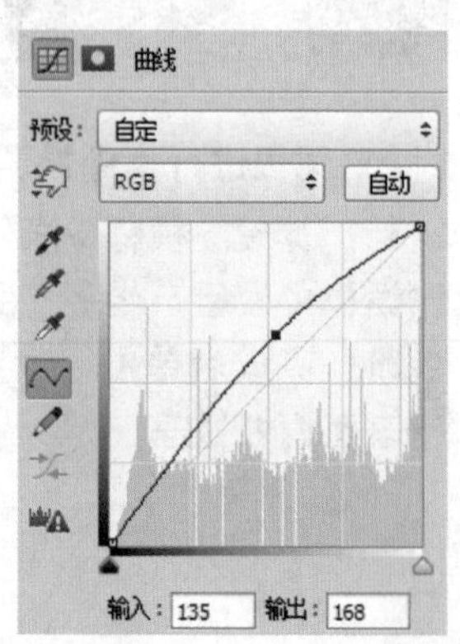

08 绘制人物细节部分

新建多个图层，使用相同的方法，运用画笔工具，在画面中绘制出人物的细节部分图像。适当结合加深工具和减淡工具调整部分图像效果，使其更加自然。

09 绘制人物头发

新建多个图层，单击画笔工具，并在属性栏中设置相应的画笔大小，然后替换不同的前景色，在画面中绘制出人物的头发图像。

10 继续绘制人物头发

使用同样的方法继续新建图层，使用画笔工具，在属性栏中设置相应的画笔大小，并替换不同的前景色，绘制人物头发的细节部分，并相应调整部分图层的图层混合模式和“不透明度”。

11 新建组并绘制背景图像

在“组 1”下方新建“组 3”，再新建“图层 43”，使用油漆桶工具为该图层填充颜色R205、G227、B255。

12 打开向日葵文件

打开附书光盘中的“实例文件\Chapter 06\Media\向日葵.psd”文件，并将其拖曳到当前图像文件中，复制该组中的部分图像，并调整到相应的位置。

13 添加向日葵图像

新建“图层 44”并将其填充为白色。然后执行“滤镜>滤镜库”命令，在弹出的对话框中单击“纹理化”图层缩览图设置相关参数后，设置其图层混合模式为“柔光”，“不透明度”为50%。

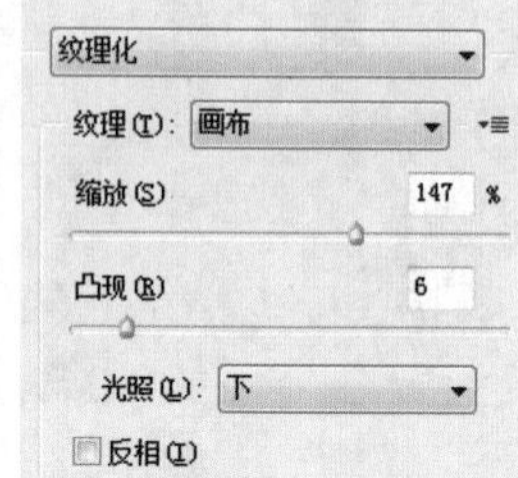

14 添加文字图像

打开附书光盘中的“实例文件\Chapter 06\Media\文字.png”文件，并将其拖曳到当前图像文件中，生成“图层 44”，然后适当调整其位置。

15 调整图像对比度

创建“亮度/对比度”调整图层，并在相应的面板中设置“亮度”为-4，“对比度”为14，以调整图像的对比度。

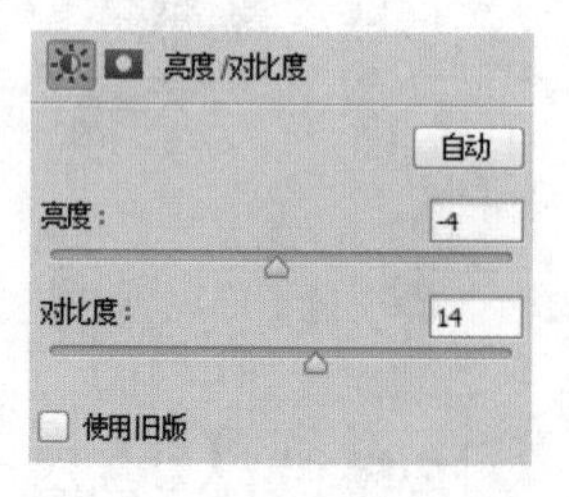

16 绘制马蹄的高光

按下快捷键Ctrl+Shift+Alt+E盖印可见图层，得到“图层 45”。然后结合图层蒙版和画笔工具，隐藏部分图像色调。

17 绘制缰绳套的高光

再次盖印可见图层，得到“图层 46”，执行“滤镜>液化”命令，在弹出的对话框中使用左推工具，调整人物的部分效果，完成后单击“确定”按钮。至此，本实例制作完成。

Section 05 创建和管理图案

在Photoshop CS6中，任何图像都能作为图案被定义为画笔，使用户可以通过自己的创意灵活地制作出各种画笔效果来满足不同的设计需要，本节将具体介绍将图案定义为画笔的操作方法。

知识链接

设置定义的图案制作各种效果

在Photoshop中，可以将任何图像定义为画笔，当然也包括文字，我们可以将输入的文字作为画笔进行定义，再结合“画笔”面板进行设置或添加相应的图层样式，制作出各种效果。

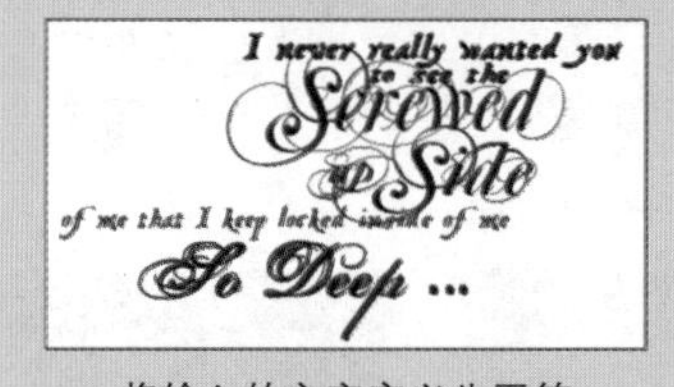

将输入的文字定义为画笔

将定义的画笔应用于图像

结合“画笔”面板进行设置

结合图层样式进行设置

执行“编辑>定义画笔预设”命令，即可将图案定义为画笔。可以将整幅图像或是选取图像的一部分定义为画笔，也可以将自己绘制的图案定义为画笔，下面就来介绍如何将图案定义为画笔。

将整幅图像定义为画笔：

原图

绘制定义的图案1

选取部分图像定义为画笔：

选取部分图像

绘制定义的图案2

将自己绘制的图像定义为画笔：

自己绘制的图像

绘制定义的图案3

填充渐变

使用渐变工具▣可以在图像中创建两种或两种以上颜色间逐渐过渡的效果，用户可以根据需要在“渐变编辑器”中设置渐变颜色，也可以选择系统自带的预设渐变应用于图像中。按下G键，即可选择工具箱中的渐变工具▣，本节我们就来学习如何对图像进行渐变填充。

选择渐变工具▣后，可以在其属性栏中进行各项设置，包括渐变颜色、渐变类型、渐变模式、不透明度等，通过设置不同的参数，可以调整出各种不同的渐变效果以满足图像绘制的需要，下面我们就来对渐变工具▣属性栏中的各个选项进行详细介绍。

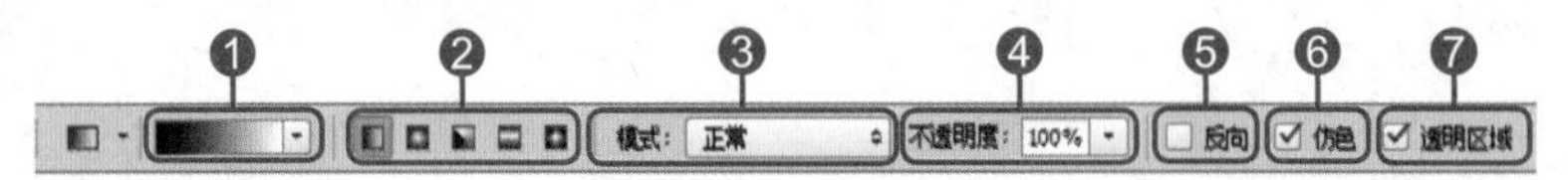

渐变工具的属性栏

❶ **渐变颜色条**：单击渐变颜色条，即可打开“渐变编辑器”对话框，在此对话框中可以选择或自行设置渐变颜色。单击渐变颜色条右侧的下拉按钮，会弹出渐变样式列表，可以方便地选择需要的渐变颜色。

❷ **渐变类型**：在属性栏中提供了5种渐变类型，分别是“线性渐变”、“径向渐变”、“角度渐变”、“对称渐变”和“菱形渐变”，选择不同的渐变类型，会产生不同的渐变效果。

线性渐变

径向渐变

角度渐变

对称渐变

菱形渐变

❸ **“模式”下拉列表**：在此下拉列表中选择相应的模式，会使渐变填充颜色以选中的模式与背景颜色混合，产生不同的填充效果。

❹ **“不透明度”文本框**：设置渐变填充的透明度，数值越大，填充的透明度越高；数值越小，填充的透明度越低。

❺ **“反向”复选框**：勾选此复选框可将渐变颜色的顺序反转。

❻ **“仿色”复选框**：勾选此复选框可以使设置的渐变填充颜色更加柔和，过渡更为自然，不会出现色带效果。

❼ **“透明区域”复选框**：勾选此复选框可以使用透明进行渐变填充，取消勾选此复选框则会使用前景色填充透明区域。

不透明度为80%

不透明度为40%

文本和路径的创建与应用

在图像中加入文字，可以很好地起到烘托主题的作用，画面因为添加了恰当的文字显得格外富有情调，韵味悠长。本章将为您介绍如何在图像中加入文字。

文本的创建

文字作为传递信息的重要工具之一，在图像设计中有着不可替代的作用。在Photoshop中可以通过文字工具组中的工具来创建文字，其中共有4种工具，分别是横排文字工具T、直排文字工具IT、横排文字蒙版工具T和直排文字蒙版工具IT，使用这些工具所创建的文字都各不相同，具有专用性。在本节中，将对创建文字的工具以及一些相关基础操作进行介绍。

文字在广告中的应用

文字在网页中的应用

01 关于文字和文字图层

使用文字工具可以创建文字图层，在文字图层中使用文字工具时，可以通过在属性栏中设置不同的参数来调整文字的各种不同效果，下面就来介绍文字工具的属性栏。

不支持文字图层的颜色模式

文字图层不存在于多通道、位图或索引颜色模式的图像中，因为这些颜色模式不支持图层，在这些模式中输入的文字将以栅格化文本形式出现在背景上。

"多通道"模式

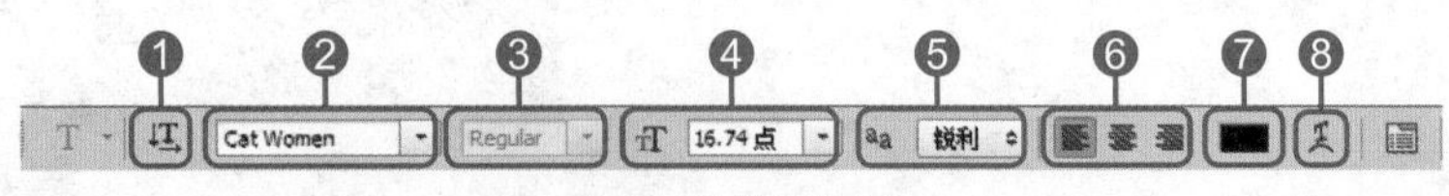

文字工具的属性栏

❶ **"切换文本取向"按钮：** 可以选择纵向或者横向的文本输入方向，每次单击都会切换文本的输入方向。

原图

切换文本取向后

❷ **“设置字体系列”下拉列表**：该下拉列表中包括Windows系统默认提供的字体和用户自己安装的字体，用户可按需进行选择。

❸ **“设置字体样式”下拉列表**：用于设置字体的样式。有些字体不提供粗体和斜体效果，将选择的字体设置为Comic Sans MS，在下拉列表中可选择字体样式。

❹ **“设置字体大小”下拉列表**：设置输入文字的大小。单击右侧的下拉按钮，在弹出的下拉列表中选择需要的字体大小。

❺ **“设置消除锯齿的方法”下拉列表**：将文字的轮廓线和周围的颜色混合后，利用该选项可以使图像效果更自然，在下拉列表中可以选择需要的效果。

❻ **文字对齐图标按钮组**：当输入的文本为横向文本时，设置文本左对齐，居中对齐或者右对齐；当输入的文本为纵向文本时，设置文本顶对齐、居中对齐或者底对齐。

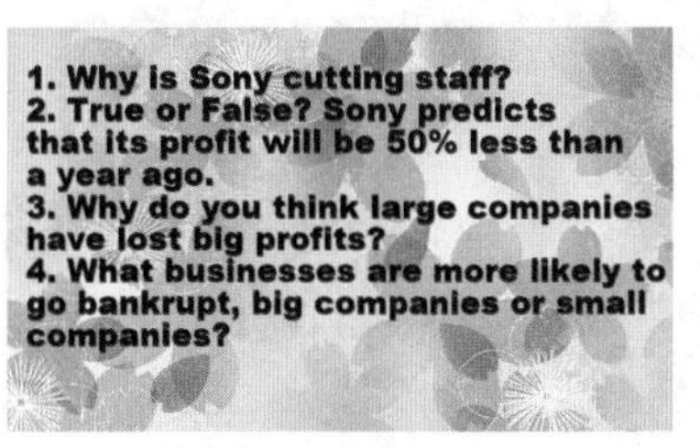

左对齐文本

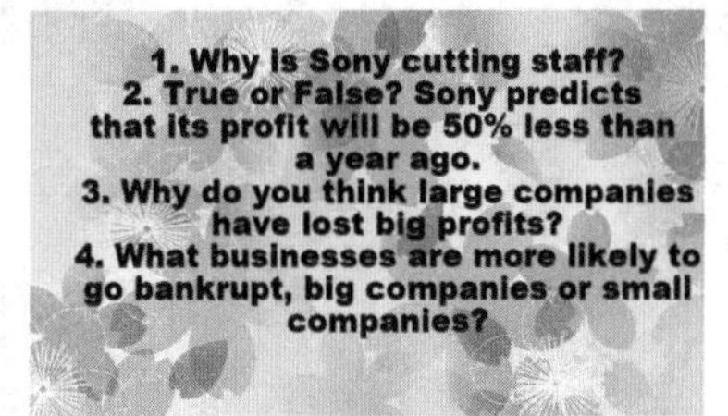

居中对齐文本

右对齐文本

❼ **“设置文本颜色”色块**：单击该色块，将会弹出“拾色器（文本颜色）”对话框，在该对话框中可以直接设置需要的颜色。在选择用于网格的文字颜色时，勾选“只有Web颜色”复选框，将颜色面板更改为“Web颜色”面板。

❽ **“创建文字变形”按钮**：应用该功能，可使文字的样式更多样化。单击该按钮后，将弹出“变形文字”对话框，在“样式”下拉列表中可以选择需要的样式。

原图

扇形

下弧

上弧

拱形

02 创建文本

创建文本的方法通常有3种，即在点上创建、在段落中创建和沿路径创建，不同的创建方法会产生不同的文字排列效果。在这里简单介绍下在页面中创建点文字的关键操作。

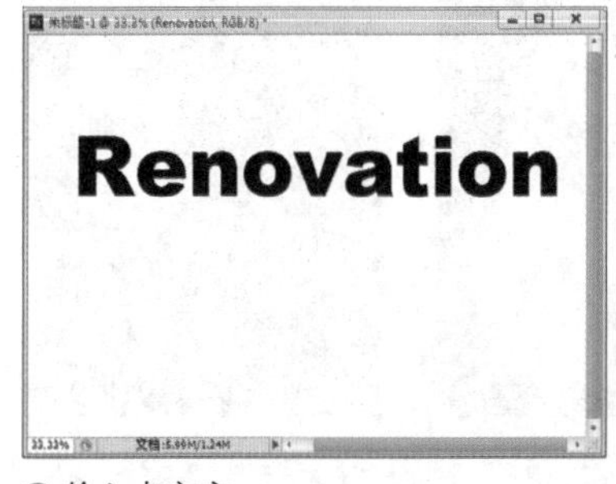

❶ 输入点文字。

❷ 换行输入文字。

❸ 添加文字到图片中并更改文字颜色。

编辑文本

了解了文本的创建方法之后，要灵活应用文字工具设置文本的各种属性，并将其调整到需要的效果，还必须了解编辑文本的方法。在本小节中，将对编辑文本的相关知识和操作方法进行详细介绍。

01 了解“查找和替换文本”对话框

在Photoshop中，如果需要对输入文字中的部分内容进行查找，可以使用“查找和替换文本”对话框来执行该操作。下面就来介绍该对话框中的参数设置，以便更好地使用该对话框，执行“编辑>查找和替换文本”命令，即可弹出“查找和替换文本”对话框。

“查找和替换文本”对话框

❶**“查找内容”文本框**：在该文本框中，输入需要更改的文字。

❷**“更改为”文本框**：在该文本框输入更改后的文字。

❸**“搜索所有图层”复选框**：勾选该复选框后，搜索文档中的所有图层。在“图层”面板中选中非文字图层后，此复选框才可用。

❹**“向前”复选框**：勾选该复选框后，从文本中的插入点位置向前搜索，取消此复选框的勾选可搜索图层中的所有文本，不管插入点在何处。

❺**“区分大小写”复选框**：勾选该复选框后，搜索与“查找内容”文本框中的文本大小写完全匹配的一个或多个字符。

❻**“全字匹配”复选框**：勾选该复选框后，忽略嵌入在更长文本中的搜索文本。

❼**“忽略重音”复选框**：勾选该复选框后，忽略文字的重音以搜索文本。

❽**“查找下一个”按钮**：通过单击该按钮，可以对查找内容一个一个地进行查找。

❾**“更改”按钮**：当查找到一个匹配项后，单击该按钮，将当前查找到的内容替换为设置的更改为内容。

❿**“更改全部”按钮**：单击该按钮后，将段落文本中所有的查找内容替换为设置的更改为内容。

⓫**“更改/查找”按钮**：单击该按钮后，用修改后的文本替换找到的文本，然后搜索下一个匹配项。

02 更改文字图层的方向

在图像文件中输入文字后，为了使文字在图像上的排列方式更加多样化，经常会将文字以不同的方向进行排列。在Photoshop中通过更改文字图层的方向能够轻易更改文字的排列方向，使图像画面更具艺术感，下面简单介绍下更改文字图层方向的关键操作。

❶ 输入文字。

❷ 设置文字属性。

❸ 更改文字方向并设置文字颜色。

形状工具

在Photoshop中共包括6个形状工具，分别是矩形工具、圆角矩形工具、椭圆工具、多边形工具、直线工具和自定形状工具，使用这些工具可以绘制出具有矢量属性的图形。在本节中，将对这些工具的相关知识和基本操作进行简单介绍。

01 常用的形状工具

在Photoshop中，经常使用形状工具来绘制具有矢量属性的图形，当将这些图形放大时，不会随图像的放大而出现像素化效果。

1. 矩形工具

用于绘制矩形，单击该工具后，在页面中直接单击并拖动鼠标，即可绘制出矩形图形，在其属性栏中可对相应参数进行设置。

2. 圆角矩形工具

使用该工具可以绘制出圆角矩形，另外，还可以在属性栏中对所绘制的圆角矩形的圆角半径进行设置。

半径为10像素　　半径为30像素　　半径为200像素

3. 椭圆工具

使用该工具可以绘制出椭圆图形，在页面中单击并直接拖动鼠标，即可绘制出椭圆形状。按住Shift键不放，在页面中拖动，即可绘制出正圆。

4. 多边形工具

使用该工具可以绘制出多边形效果，并且在绘制多边形之前，可以在相应的属性栏中设置需要的多边形边数，然后在页面中单击并拖动鼠标即可绘制出需要的多边形。

5. 直线工具

使用该工具，通过单击和拖动，可以绘制出任意角度的直线，在相应的属性栏中，还可以设置线的粗细。

6. 自定形状工具

使用自定形状工具可以通过在属性栏中的“形状”面板中选择相应的形状，然后在页面中单击并拖动鼠标，绘制出不同的形状。

02 将形状或路径存储为自定形状

在使用Photoshop中的形状工具绘制形状时，可以将当前绘制的形状或路径存储为自定形状，以便在后面的操作中，直接选择自定形状在图像中进行绘制，下面就来介绍将形状或路径存储为自定形状的具体操作方法。

01 绘制矢量图像

按下快捷键Ctrl+N，任意新建一个空白文档，然后单击钢笔工具，在页面中绘制一个布满花纹的图像效果。

02 定义形状

单击路径选择工具，通过框选，将图像上所有的图像路径同时选中，然后执行“编辑>定义自定形状”命令，弹出“形状名称”对话框，设置“名称”为“花纹”，设置完成后单击“确定”按钮，即可将当前选中的路径定义为形状。

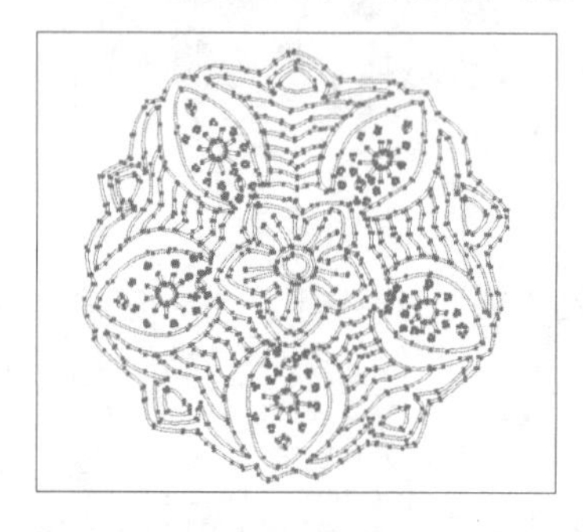

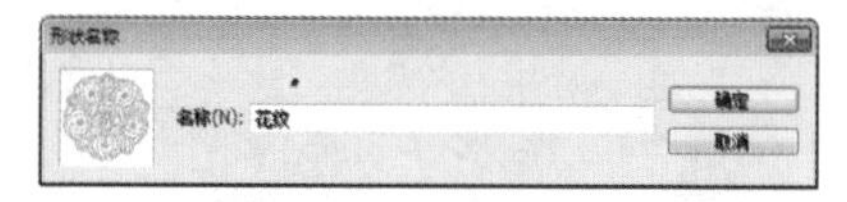

03 打开图像文件

按下快捷键Ctrl+O，打开附书光盘中的实例文件\Chapter 07\Media\05.jpg文件。

04 应用定义的形状

单击自定形状工具，在其属性栏中单击“形状”右侧的下拉按钮，在打开的面板中选中刚才定义的形状选项，然后按住Shift键在画面中单击并拖动鼠标，绘制出选中的形状。

05 设置图层混合模式

单击“图层”面板中生成的“形状1”图层，使其成为当前图层，然后设置其图层混合模式为“叠加”，然后多次复制该图层并适当调整其大小和位置，制作出自然色调的背景图像效果。至此，本实例制作完成。

钢笔工具

在Photoshop中，使用钢笔工具能够绘制出具有最高精度的图像。该工具组中共包括5个工具，分别是钢笔工具、自由钢笔工具、添加锚点工具、删除锚点工具和转换点工具。在本小节中，将对钢笔工具组中各种工具的使用方法进行介绍。

专家技巧

切换钢笔工具的快捷键

使用快捷键快速切换各种工具可以提高工作效率，下面就来介绍经常用到的钢笔工具组中的快捷键。

(1) 当前选中工具为钢笔工具时，按下快捷键Shift+P即可切换到自由钢笔工具。

(2) 在绘制路径时，按住Alt键不放，即可暂时切换到转换点工具，释放鼠标后，即可恢复为当前所选择的工具。

(3) 当前工具为添加锚点工具/删除锚点工具时，按住Alt键不放，即可暂时切换到删除锚点工具/添加锚点工具上。

01 钢笔工具的属性栏

在使用钢笔工具勾勒图像之前，首先需要了解钢笔工具属性栏中的参数设置，单击任意钢笔工具即可切换到相应属性栏中。

钢笔工具的属性栏

自由钢笔工具的属性栏

❶ **“自动添加/删除”复选框：** 勾选该复选框绘制形状或路径时，当光标移动到锚点上单击，将自动删除该锚点；当光标移动到没有锚点的路径上单击，将自动添加锚点。

❷ **“磁性的”复选框：** 勾选该复选框后，使用自由钢笔工具绘制图形或形状时，所绘制的路径会随着相似颜色的边缘创建。

02 使用钢笔工具绘制形状

绘制图形时，使用钢笔工具能够绘制出具有精确复杂图像效果的形状，下面将简单介绍下使用钢笔工具绘制形状的关键操作。

❶ 绘制封闭路径。

❷ 转化选区、填充渐变颜色。

❸ 绘制其他路径。

❹ 完成最终绘制效果。

设计师训练营 绘制剪影图像

在Photoshop中经常使用钢笔工具绘制矢量化的图像效果，结合风景或人物照片可以制作出虚实结合的图像效果，下面来介绍绘制剪影图像的具体操作方法。

01 新建图像文件

按下快捷键Ctrl+N，打开“新建”对话框，设置各项参数值后单击“确定”按钮，新建一个空白图像文件。

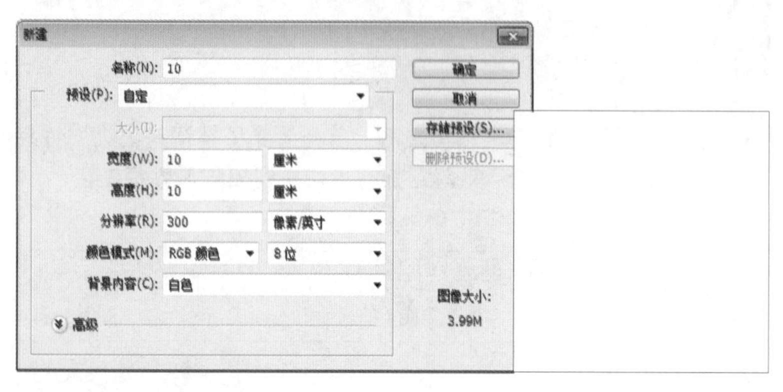

02 填充图像颜色

设置前景色为R117、G169、B180，按下快捷键Alt+Delete为“背景”图层填充前景色。

03 填充渐变色

在“图层”面板中新建“图层 1”，单击渐变工具，在其属性栏中单击渐变颜色条，打开“渐变编辑器”对话框，设置渐变颜色从左到右为R237、G232、B189到透明色，设置完成后单击确定按钮。从下到上为图像填充线性渐变效果。

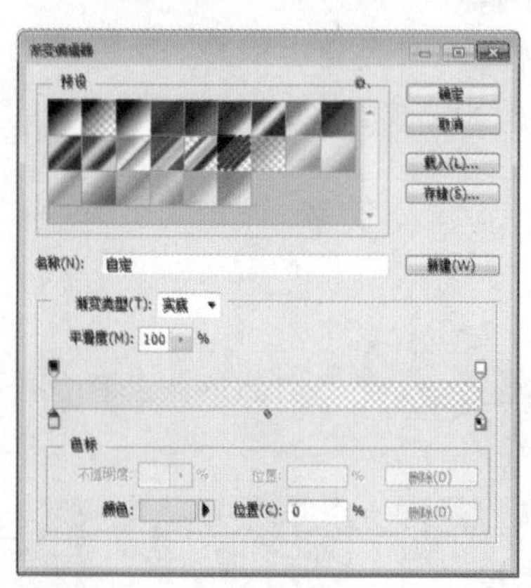

04 新建图层组

在“图层”面板中，单击“创建新组”按钮，新建一个图层组“组 1”。

05 添加素材图像

按下快捷键Ctrl+O，打开附书光盘中的实例文件\Chapter 07\Media\10.png文件，单击移动工具，将素材图像拖曳到当前图像文件中，在“组 1”中生成“图层 2”，并调整图像在画面中的位置。

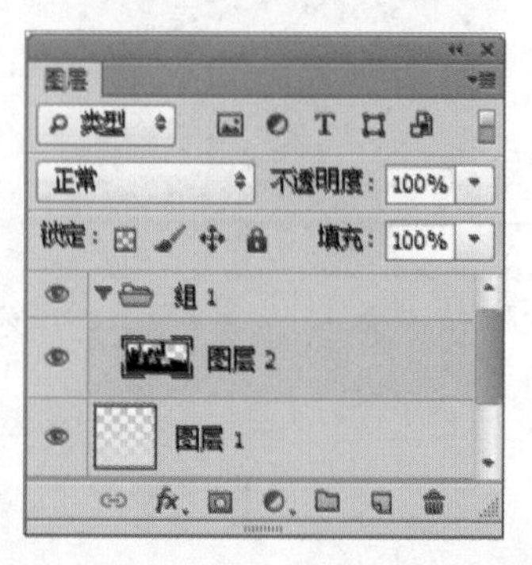

06 填充选区颜色

在“图层”面板中新建“图层 3”，然后单击矩形选框工具，在画面的下侧创建矩形选区，设置前景色为R78、G78、B78，按下快捷键Alt+Deltet，为选区填充前景色，然后按下快捷键Crel+D，取消选区，绘制画面灰色效果。

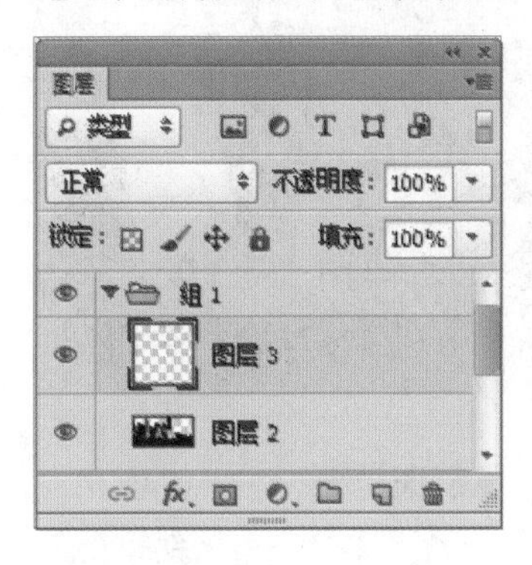

07 添加素材图像

按下快捷键Ctrl+O，打开附书光盘中的“实例文件\Chapter 07\Media\人物.png”文件，单击移动工具，将素材图像拖曳到当前图像文件中，在“组1”中生成“图层 4”，并适当调整图像在画面中的位置。

08 执行“阈值”命令

选择“图层 4”，执行“图像>调整>阈值”命令，在弹出的“阈值”对话框中，设置“阈值色阶”为170，完成后单击“确定”按钮，调整人物图像的黑白对比效果。

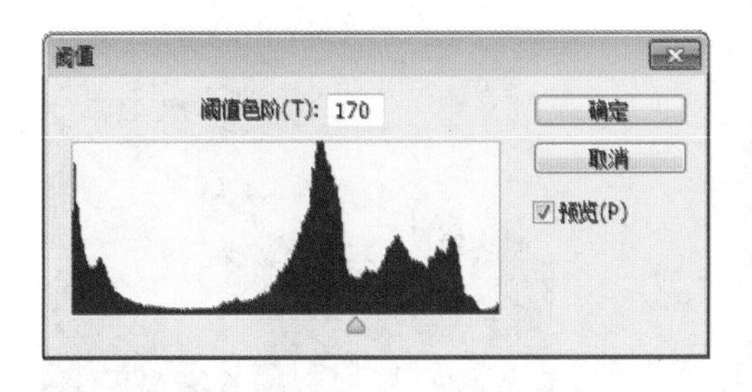

09 绘制阴影

在“图层 4”的下方新建一个图层并重命名为“阴影”，单击画笔工具，设置画笔为“柔角60像素”，设置前景色为黑色，在人物的下方绘制阴影效果。

10 设置图层混合模式

绘制完成后设置该图层的图层混合模式为“柔光”、“不透明度”为80%，使阴影效果更自然。

11 复制图层组

复制一个“组 1”图层组，得到“组1副本”，然后按下快捷键Ctrl+E合并该图层组，隐藏“组 1”。

12 添加调整图层

按住Ctrl键的同时在“图层”面板中单击“组1副本”图层缩览图，载入图层选区。单击“图层”面板下方的“创建新的填充或调整图层”按钮，在弹出的菜单中选择“纯色”选项，打开“拾取器（纯色）”对话框，设置颜色为R72、G37、B2，设置完成后单击“确定”按钮，在“图层”面板中生成“颜色填充1”调整图层，设置图层“不透明度”为52%，然后按下快捷键Ctrl+D，取消选区。

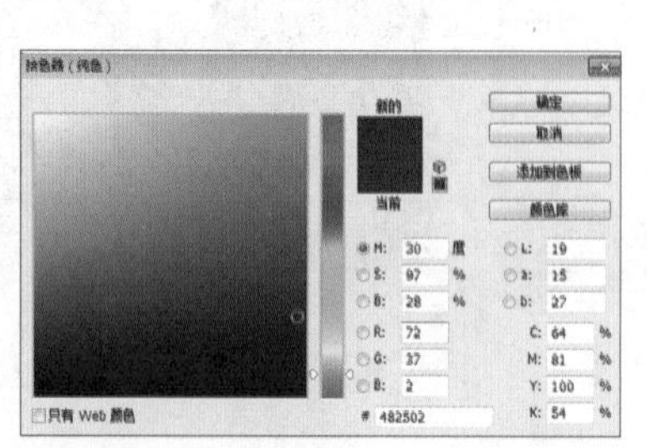

13 编辑蒙版

在“图层”面板中选择调整图层“颜色填充 1”的图层蒙版，结合快捷键Ctrl++适当放大图像。单击画笔工具，设置画笔大小为45px，设置前景色为黑色，然后对人物图像的白色部分进行涂抹，隐藏棕色效果。

14 绘制线条

新建“图层 5”，单击画笔工具，设置画笔为“尖角5像素”，设置前景色为白色，然后单击钢笔工具，在画面上绘制曲线路径。完成后单击鼠标右键，在弹出的快捷菜单中选择“描边路径”命令，打开“描边路径”对话框，选择“画笔”选项，勾选“模拟压力”复选框后单击“确定”按钮，隐藏路径，绘制白色线条。采用相同的方法在画面中绘制更多的白色线条。

15 添加素材图像

双击“图层 5”，打开“图层样式”对话框，在“外发光”选项面板中设置适当的参数，单击“确定”按钮。打开附书光盘中的“实例文件\Chapter 07\Media\素材.psd”文件，单击移动工具，分别将素材图像拖曳到当前图像文件中，根据画面效果适当地对素材图像进行调整与编辑，丰富画面效果，最后为图像添加“曲线”调整图层，调整画面的明暗对比效果。至此，本实例制作完成。

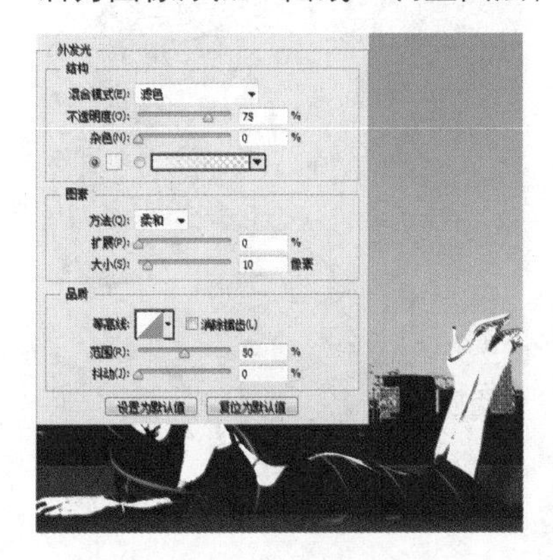

编辑路径

通过前面的学习，我们已经对路径的创建有了初步的认识，并能够使用简单的方法绘制出需要的图像效果。在本小节中，将对路径的编辑方法进行详细介绍，通过学习使用户能够熟练地将路径编辑为需要的效果。

01 路径选择工具的属性栏

编辑路径时主要使用的工具是路径选择工具和直接选择工具，使用这两种工具可以对路径的位置和形状进行变形操作，从而得到需要的路径效果，在这里将首先对路径选择工具属性栏中的参数设置进行介绍。

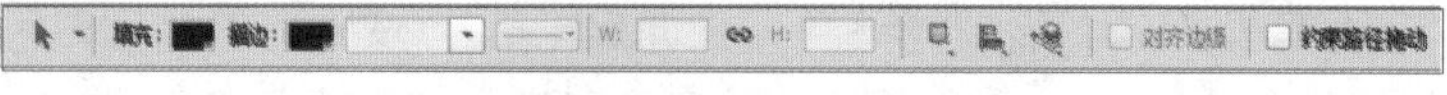

路径选择工具的属性栏

“约束路径拖动”复选框：勾选该复选框后，将以旧路径段拖移。

02 使用路径选择工具编辑路径

当创建了路径后，经常需要对路径进行调整路径位置、添加锚点或删除锚点的操作，熟练掌握这些操作方法，可以将路径编辑为需要的效果，下面来介绍编辑路径的详细操作方法。

01 绘制路径

按下快捷键Ctrl+O，打开附书光盘中的实例文件\Chapter 07\Media\11.jpg文件，单击钢笔工具，在墙面位置绘制一个心形封闭路径。

02 调整路径

使用直接选择工具单击路径左上角的锚点，将其选中，然后通过拖动适当调整路径形状。

03 将路径转换为选区

按下快捷键Ctrl+Enter，将路径转换为选区。

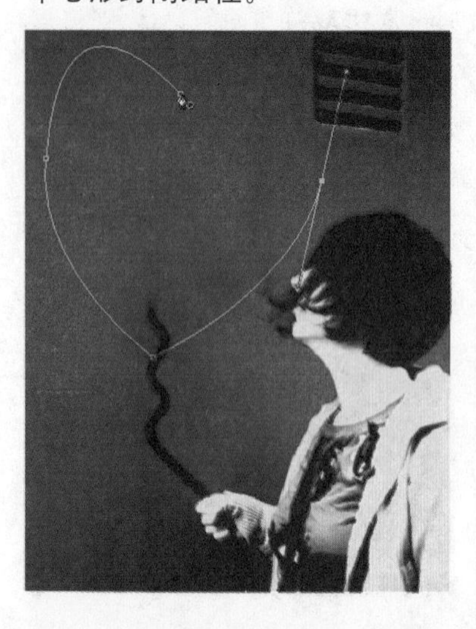

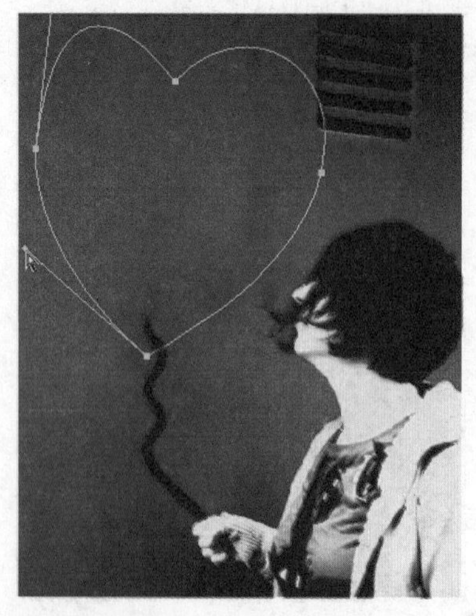

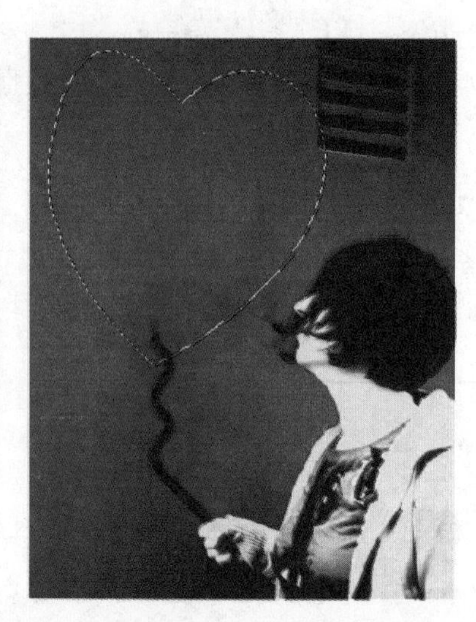

04 填充颜色

在“图层”面板中新建“图层 1”空白图层，并为选区填充颜色 R255、G237、B148。

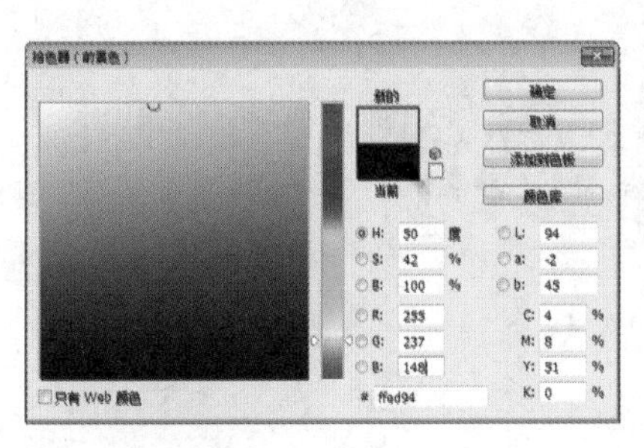

05 绘制路径

单击钢笔工具，在心形下方绘制一个封闭路径。

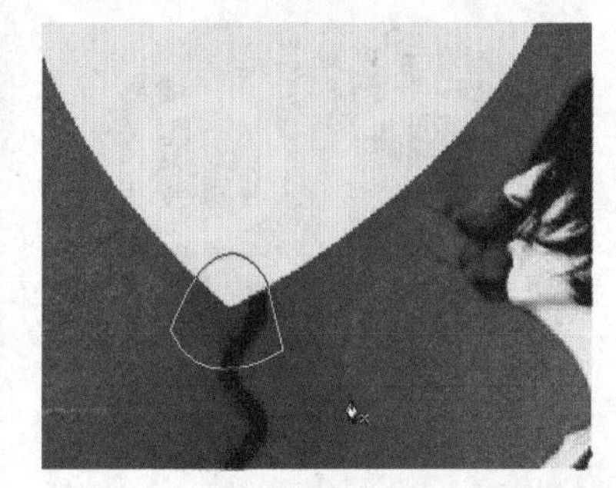

06 编辑路径

单击添加锚点工具，在底边的路径上单击即可添加一个锚点，按此方法在底边添加几个锚点，然后单击直接选择工具，将底边锚点向上拖动，单击转换点工具，通过单击并拖动的方式，调整其他锚点的位置，使其成为如图形状。

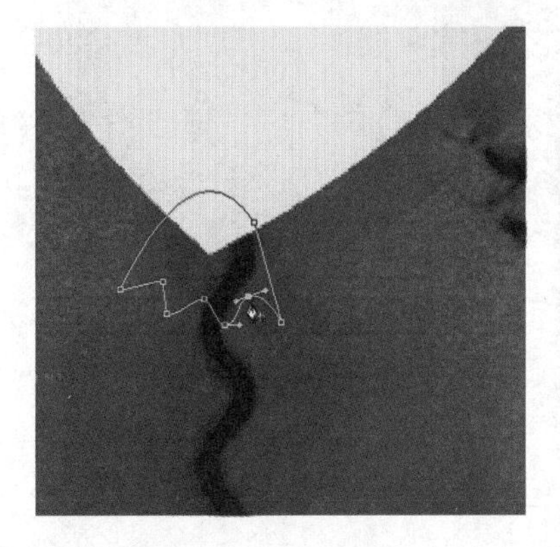

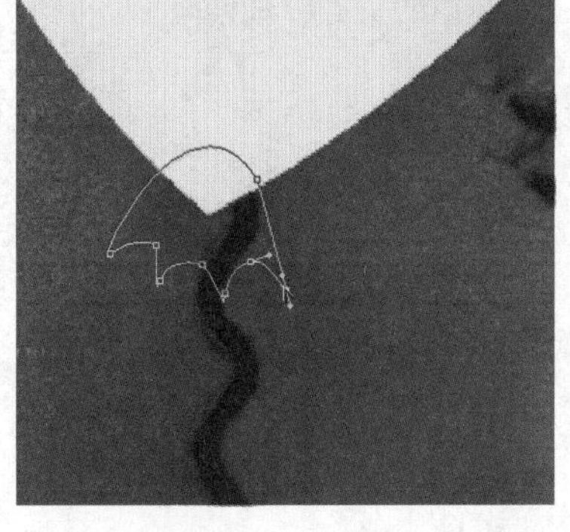

07 描边图像

按下快捷键Ctrl+Enter，将路径转换为选区。新建“图层 2”，按下快捷键Alt+Delete对其填充黄色，然后按下快捷键Ctrl+D取消选区。双击“图层 2”，在弹出的“图层样式”对话框中选择“描边”选项，在该选项面板中设置适当的参数，为图像添加描边效果。

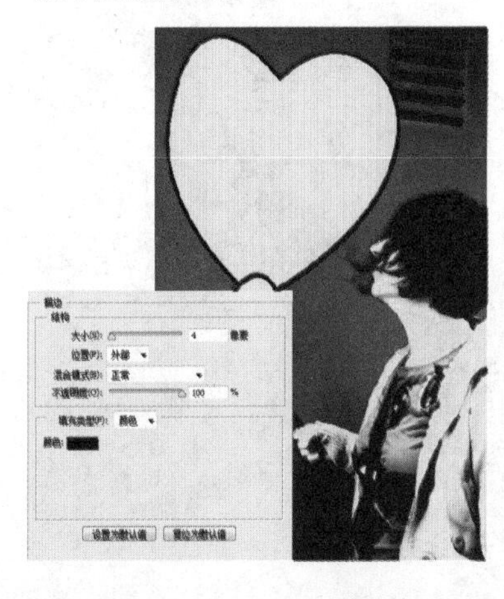

08 调整图层混合模式

设置“图层 1”和“图层 2”的图层混合模式为“亮光”。使其与背景图像融合，呈现斑驳的图像效果。

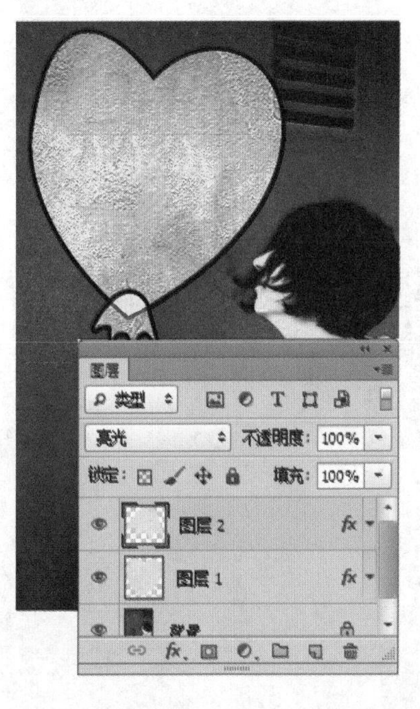

09 绘制图画

新建“图层 3”，使用画笔工具，绘制气球上的五官，丰富画面效果，可以看到画面比之前活泼了很多。至此，本实例制作完成。

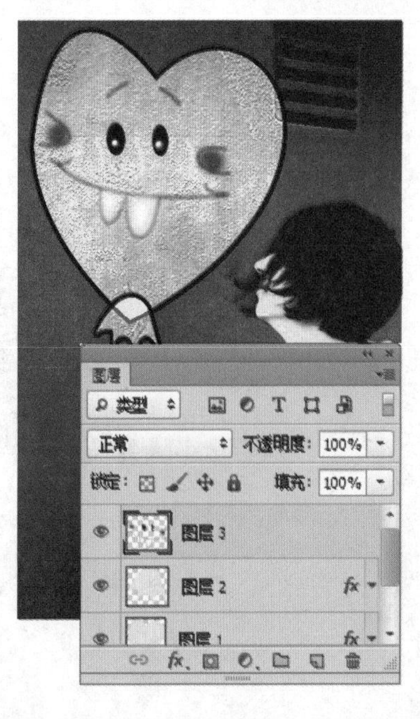

Chapter

08

深入解析选区与图层

除了常见创建选区的方法外，Photoshop中还有更绝妙的方法可以精确地创建选区，从而达到完美的分离效果。本章将介绍选区的细节操作和高级技法以及图层的高级应用。

特殊的选区创建方法

前面已经介绍了使用选区工具创建选区的方法和效果，在实际工作中，特别是在抠图时，经常需要使用蒙版和通道创建选区。在本小节中，将为大家介绍特殊的选区创建方法。

使用蒙版可以存储选区，并且可以通过载入选区来更改已经创建的蒙版选区。使用通道可以将图像中不同的颜色创建为选区，并对选中的区域进行单独编辑。

01 蒙版

蒙版包括图层蒙版和快速蒙版，使用图层蒙版可以使图像与图像自然地融合在一起，也可以使用蒙版在复杂的图像中抠取图像细节，另外还可以结合调整图层对图像局部进行细节调整，以及制作特殊效果。

蒙版只对当前图层有用，当创建了图层蒙版后，使用画笔工具或橡皮擦工具，即可使擦除部分的图像不可见，但是事实上图像本身并没有被破坏。隐藏或删除蒙版，即可显示出所有的图像效果。

使用快速蒙版，可将不需要编辑的部分创建为快速蒙版，这样在操作时将只对没有创建为快速蒙版的区域应用操作，而应用快速蒙版的区域将被保护起来。

原图

添加图层蒙版显出下层图像

添加图层蒙版

使用快速蒙版

滤镜只应用到未使用快速蒙版的区域

02 通道

通道是用来保护图层选区信息的一项特殊技术，主要用于存放图像中的不同颜色信息，在通道中可以进行绘图、编辑和使用滤镜等处理，既可以保存图像色彩的信息，也可以为保存选区和制作蒙版提供载体。

一幅图像的默认通道数取决于该图像的颜色模式，如CMYK颜色模式的图像有5个通道，分别用来存储图像中的C、M、Y、K颜色信息。不同的图像颜色模式有不同的通道，通常使用的颜色模式有CMYK、RGB和Lab等。执行“窗口>通道”命令，即可打开“通道”面板，在该面板中，可以查看当前图像的各个通道的图像效果。

设计师训练营 制作具有动感背景的个性写真

在制作个性写真时，经常会将人物从照片的背景图像中抠取出来，添加到其他更加富有意境或时尚效果的背景图像中，从而使照片更有艺术感，下面将介绍替换平淡照片背景的操作方法。

01 打开背景图像

执行“文件>打开”命令，或按下快捷键Ctrl+O，打开附书光盘中的实例文件\Chapter 08\Media\02.jpg文件。按下F7键，打开“图层”面板，按下快捷键Ctrl+J，复制背景图层，生成“图层 1”。

02 打开纹理图像

按照前面相同的方法，执行“文件>打开”命令，或按下快捷键Ctrl+O，打开附书光盘中的实例文件\Chapter 08\Media\03.jpg文件。执行“窗口>通道”命令，打开“通道”面板。

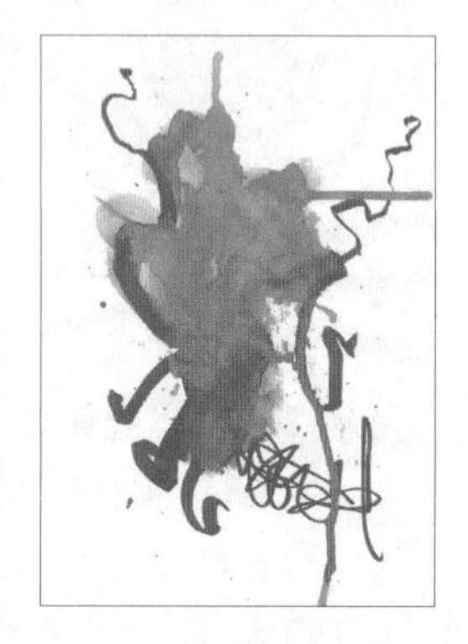

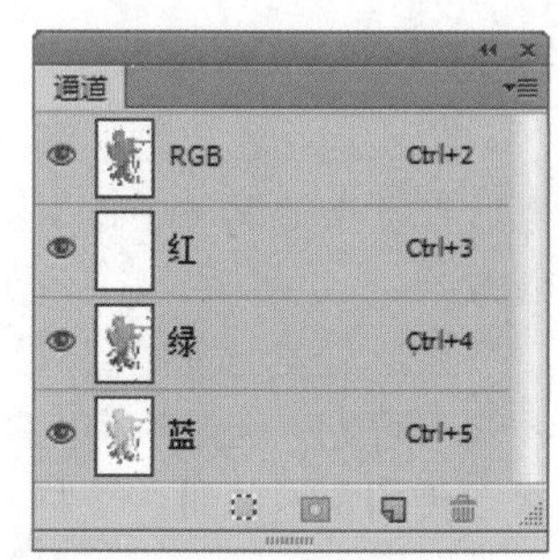

03 调整色阶

单击选中“绿”通道，使其成为当前通道，然后将其直接拖动到面板下方的“创建新通道”按钮上，复制该通道，生成“绿 副本”通道。执行“图像>调整>色阶”命令，或者直接按下快捷键Ctrl+L，弹出“色阶”对话框，设置其“输入色阶”为0、0.01、227，完成后单击“确定”按钮，即可将设置应用到当前通道中，图像中的对象调整为以黑色和白色表现。

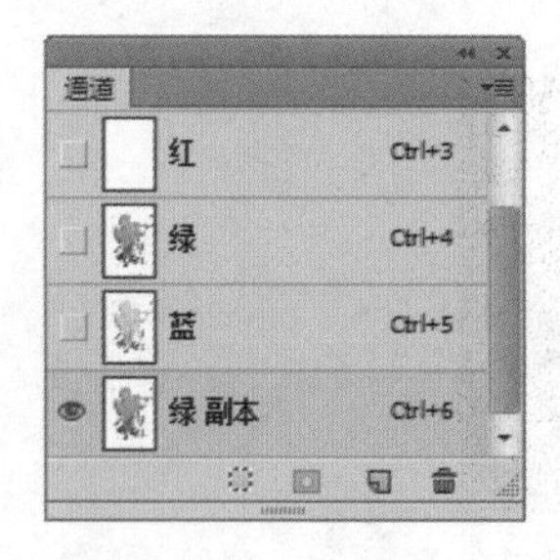

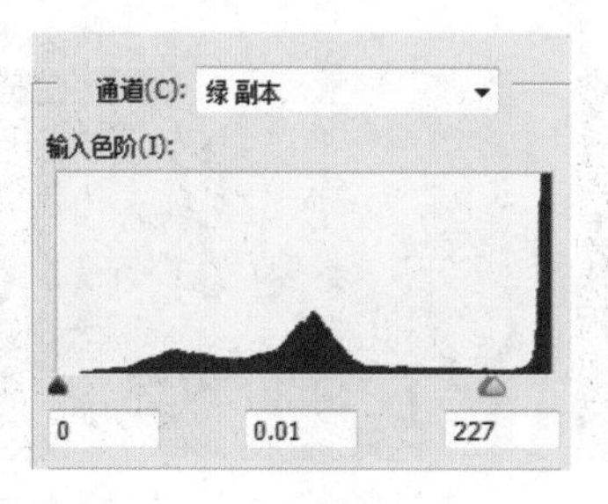

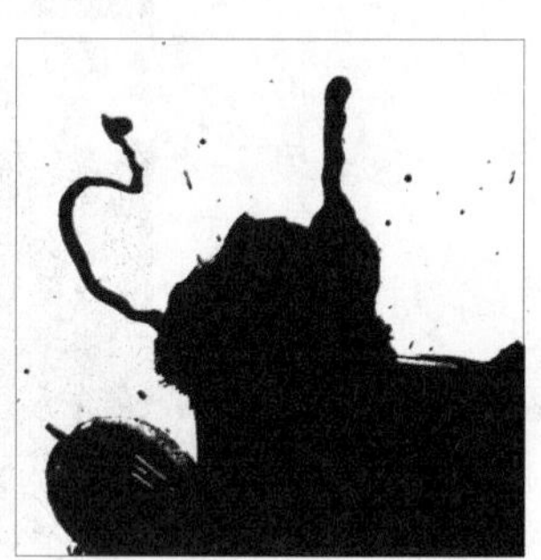

04 抠取纹理图像1

按住Ctrl键不放，单击复制的通道缩览图，载入选区到图像中，然后按下快捷键Shift+Ctrl+I，将选区反选，单击选中RGB通道后，按下快捷键Ctrl+J，将选区中的对象复制到新图层中，生成“图层 1”。

05 添加抠取的图像1

单击“图层 1”，使其成为当前图层，单击移动工具▶+，将“图层 1”中的对象直接拖曳到原图像中，生成“图层 2”。适当调整图像的位置和大小，并将其放置到页面的右上角位置，然后在“图层”面板中设置该图层的图层混合模式为“颜色加深”。

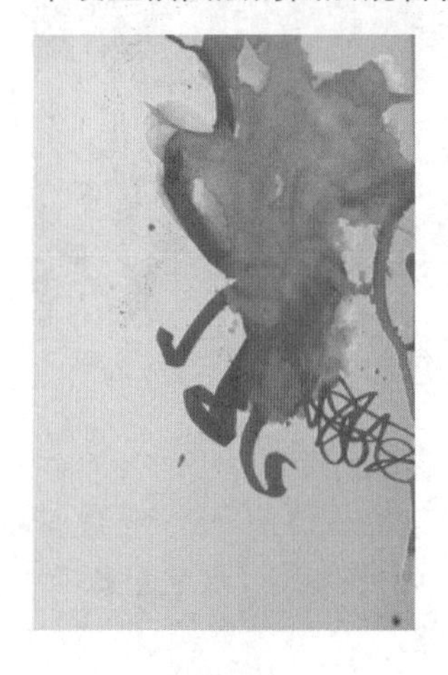
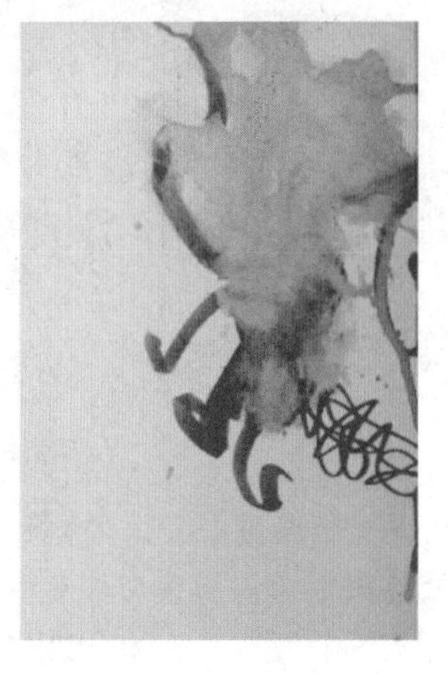
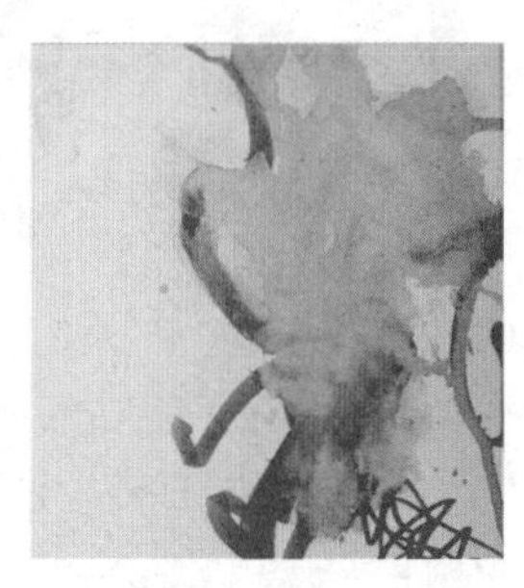

06 抠取纹理图像2

按下快捷键Ctrl+O，打开附书光盘中的实例文件\Chapter 08\Media\04.jpg文件。在“通道”面板中复制“红”通道，生成“红 副本”通道，然后执行“色阶”命令，使该通道中的图像对比度增大，尽量以黑、白两色表现。载入选区，将选区反选，并将选区中的对象复制到新图层中，生成“图层 1”。

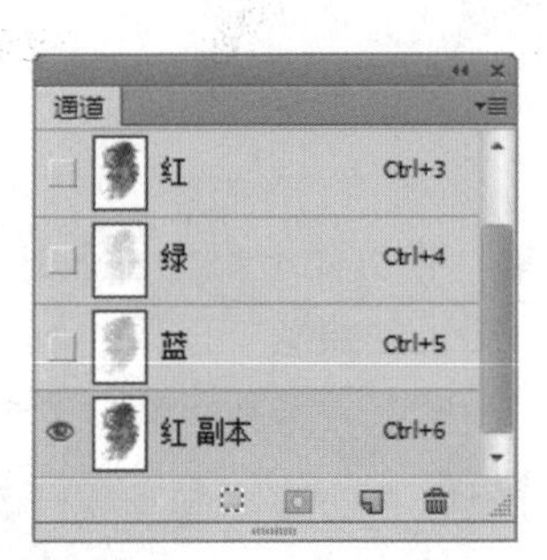

07 添加抠取的图像2

单击“图层 1”使其成为当前图层，单击移动工具▶+，将“图层 1”中的对象直接拖曳到原图像中，生成“图层 3”，并适当调整图像的位置和大小，将其放置到页面中上位置。

08 设置图层混合模式1

在“图层”面板中，设置该图层的图层混合模式为“线性加深”、“不透明度”为50%。

09 将路径转换为选区

在“图层”面板中单击“创建新图层”按钮，新建“图层4”，单击钢笔工具，在图像左上角位置通过单击和拖动，绘制一个封闭形状路径，按下快捷键Ctrl+Enter将路径转换为选区。

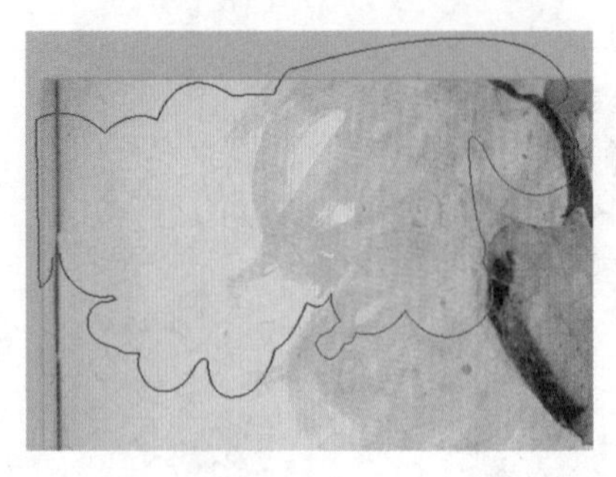

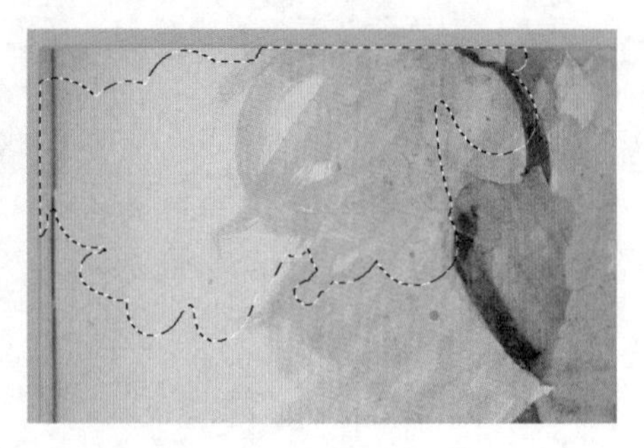

10 描边路径1

执行“编辑>描边”命令，将会弹出“描边”对话框，设置“宽度”为6像素，“颜色”为R122、G105、B80，设置完成后单击“确定”按钮，即可在选区中应用描边效果。

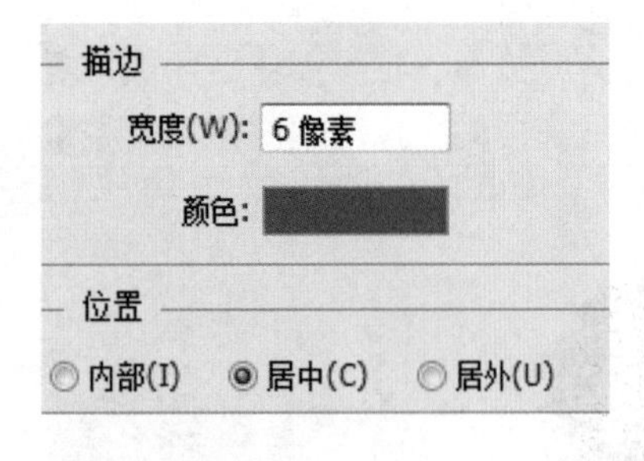

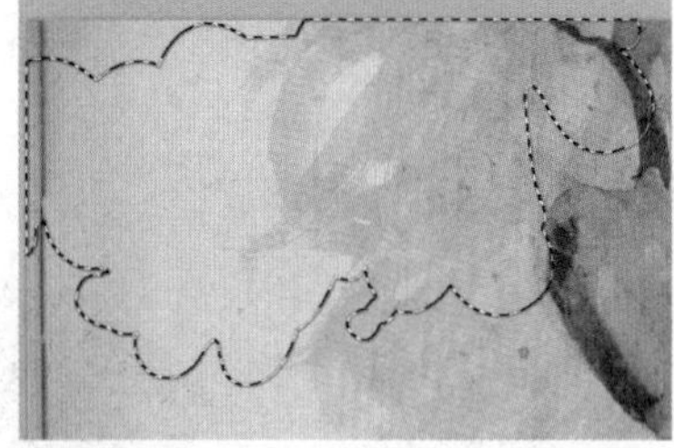

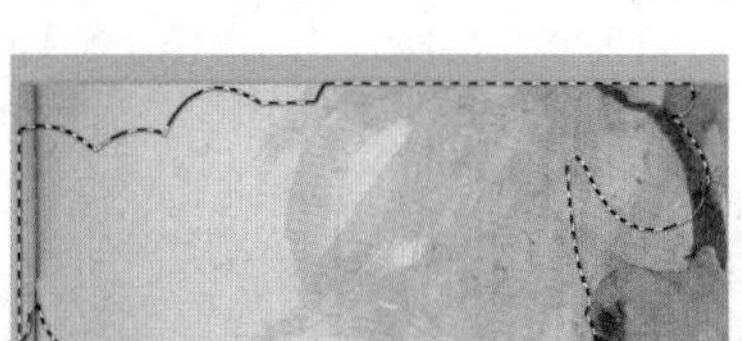

11 设置填充选项

执行“编辑>填充”命令，设置“使用”为“图案”，“自定图案”为“拼贴-平滑”。

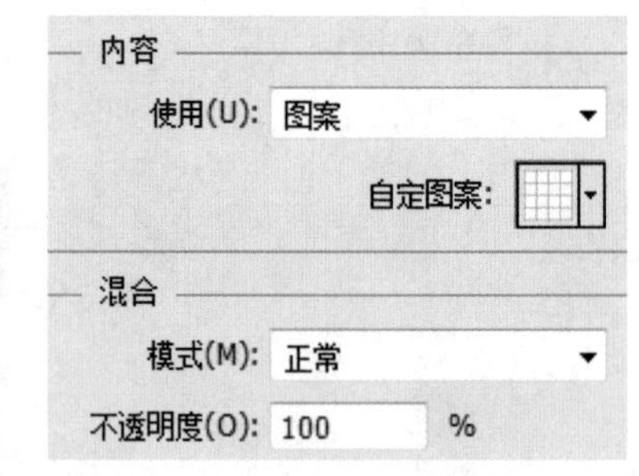

12 应用填充效果

设置完成后单击“确定”按钮，将设置的图案应用到选区中，按下快捷键Ctrl+D，取消选区。

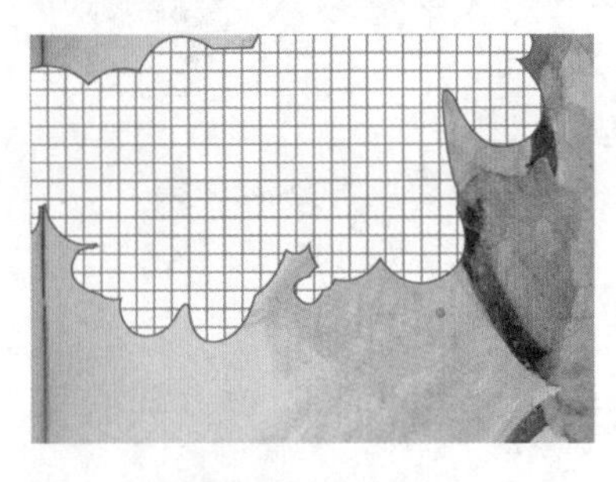

13 绘制路径

单击钢笔工具，在页面上部分别通过单击和拖动，绘制多条路径，要结束一条路径的绘制，按下Esc键即可。单击直接选择工具，通过拖动，将刚才所绘制的路径全部选中。

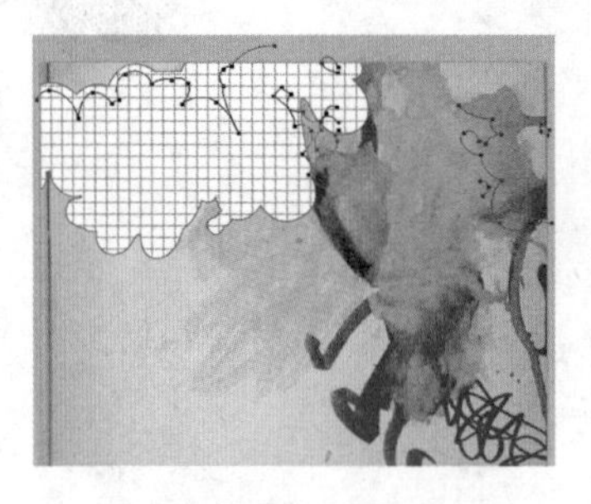

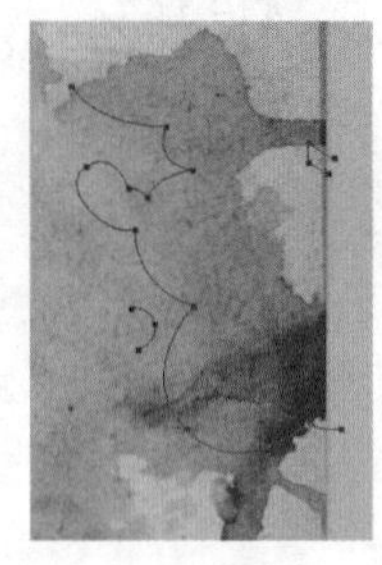

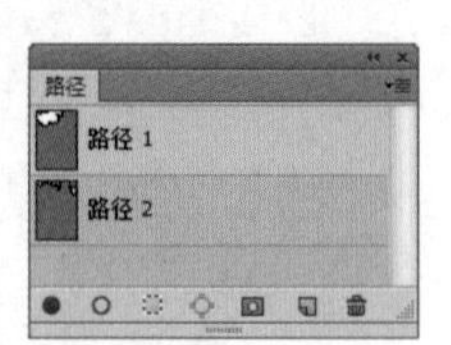

14 描边路径2

单击铅笔工具，然后设置笔触大小为6像素，前景色为R122、G105、B80。单击“路径”面板下方的“用画笔描边路径”按钮，即可描边路径。

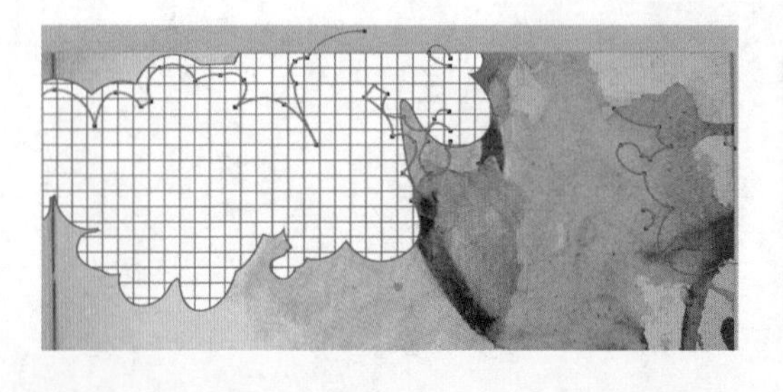

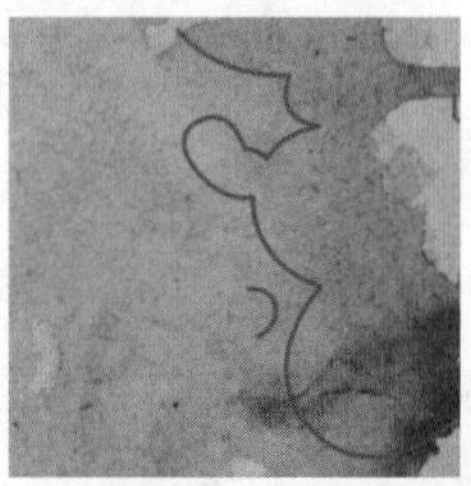

15 添加纹理对象3

按下快捷键Ctrl+O，打开附书光盘中的实例文件\Chapter 08\Media\05.jpg文件，然后将图像抠取出来，添加到原图像中，生成“图层 6”，并适当调整图像的位置和大小。

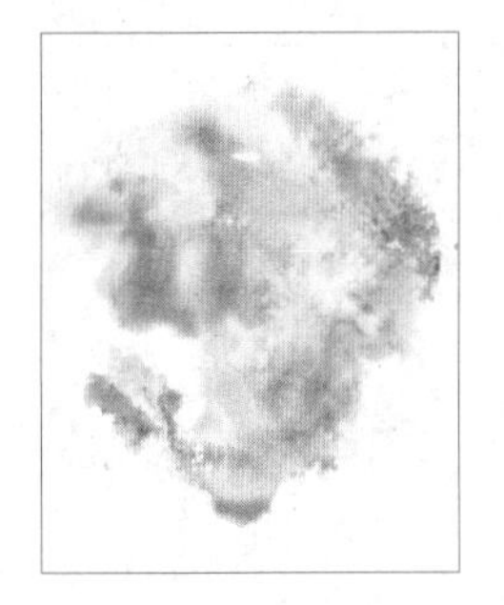

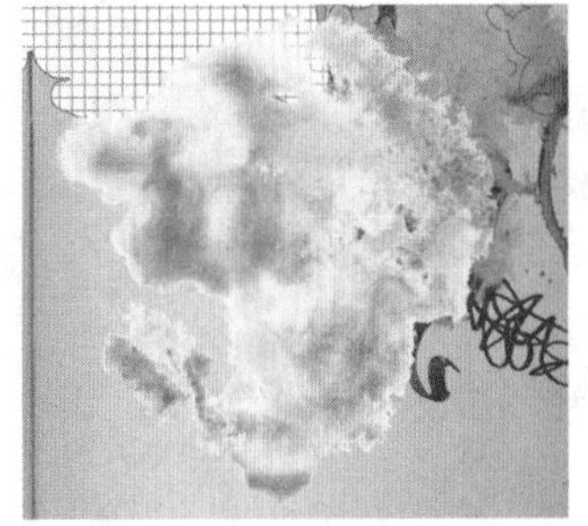

16 设置图层混合模式2

单击“图层 6”，使其成为当前图层，在“图层”面板中设置其图层混合模式为“正片叠底”，“不透明度”为80%，单击画笔工具，设置前景色为黑色，并设置适当的笔触效果，在画面中涂抹。

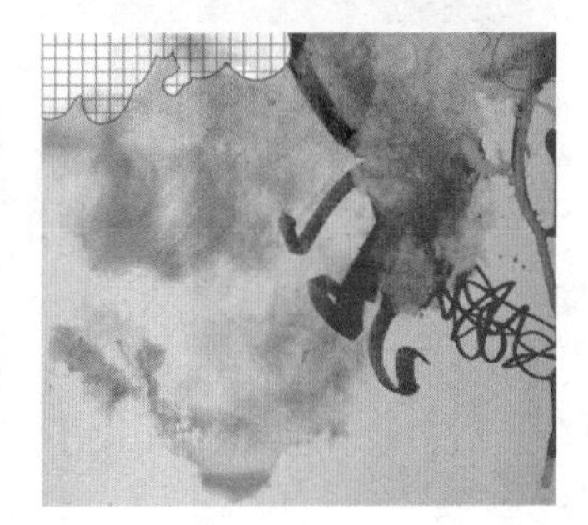

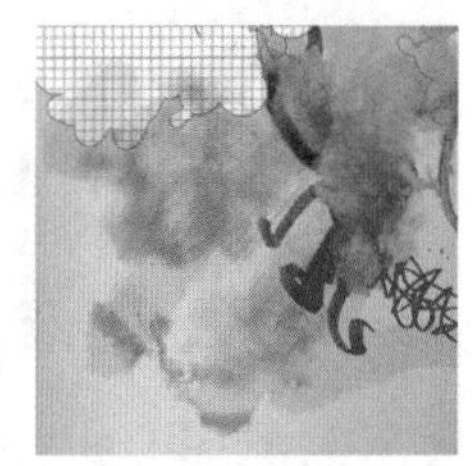

17 载入文字选区

单击“图层 4”，单击横排文字工具，在页面左上角位置单击，并输入文字PERFECT，然后在“字符”面板中设置字体为Arial Black，字号为64.64，字母全部为大写，设置完成后按下快捷键Ctrl+Enter确定设置。按住Ctrl键不放，单击文字图层缩览图，即可载入文字选区。

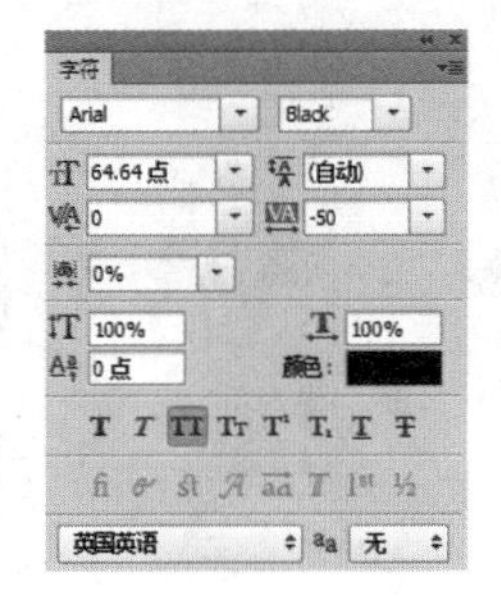

18 添加图层蒙版

按下快捷键Shift+Ctrl+I，将当前载入的选区反选，然后在“图层”面板中取消文字图层的“指示图层可见性”按钮，使该图层不可见。单击“图层 4”，使其成为当前图层，单击“图层”面板下方的“添加图层蒙版”按钮，将非文字部分的图像隐藏。

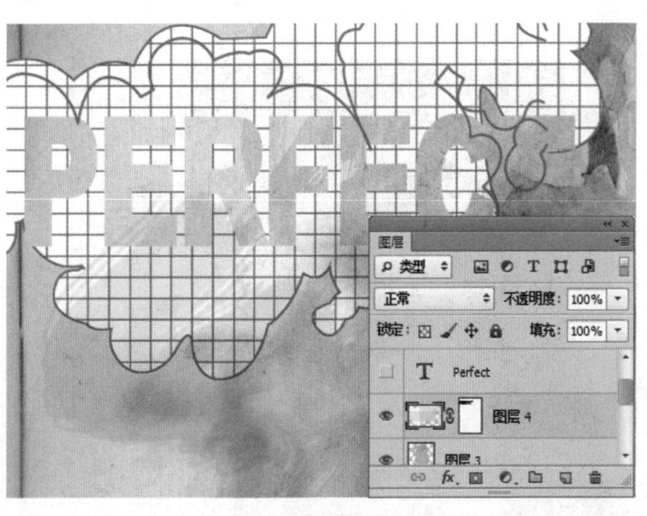

⑲ 描边选区

再次将文字图层中的选区载入到当前图层中，然后单击“图层”面板中的“创建新图层”按钮，新建“图层 7”。执行“编辑>描边”命令，弹出“描边”对话框，设置“宽度”为3像素，“颜色”为“黑色”，设置完成后单击“确定”按钮，即可将设置应用到当前选区中。按下快捷键Ctrl+D，取消选区。

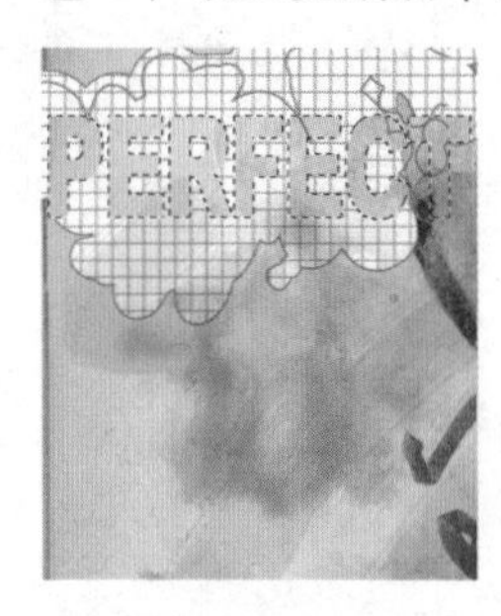

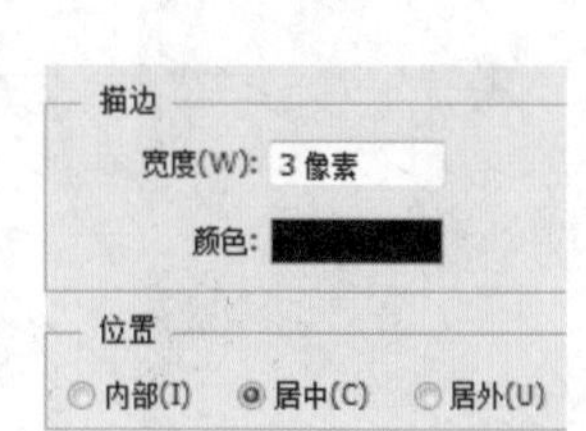

⑳ 添加人物对象并载入选区

按下快捷键Ctrl+O，打开附书光盘中的实例文件\Chapter 08\Media\06.jpg文件，然后将图像抠取出来，添加到原图像中，生成“图层 8”。调整图像的位置，并将其放置在页面的右侧位置，按住Ctrl键不放，单击“图层 8”缩览图，即可将当前图层中对象的选区载入到当前页面中。

㉑ 添加外轮廓

单击矩形选框工具，在属性栏中单击“添加到选区”按钮，将载入选区的人物轮廓内的选区添加到选区中，使选区更规则。新建“图层 9”，执行“编辑>描边”命令，弹出“描边”对话框，设置“宽度”为20像素，“颜色”为“白色”，完成后单击“确定”按钮，将设置的描边效果应用到新图层中，为人物图像添加一个白色轮廓线。

22 添加球形对象

单击椭圆选框工具，在属性栏中单击“添加到选区”按钮，在图像左下方位置单击并拖动鼠标创建若干个球形选区。新建“图层 10”，并设置填充色为R27、G59、B222，按下快捷键Ctrl+D，取消选区。在“图层”面板中，设置该图层的图层混合模式为“亮光”、“不透明度”为59%。

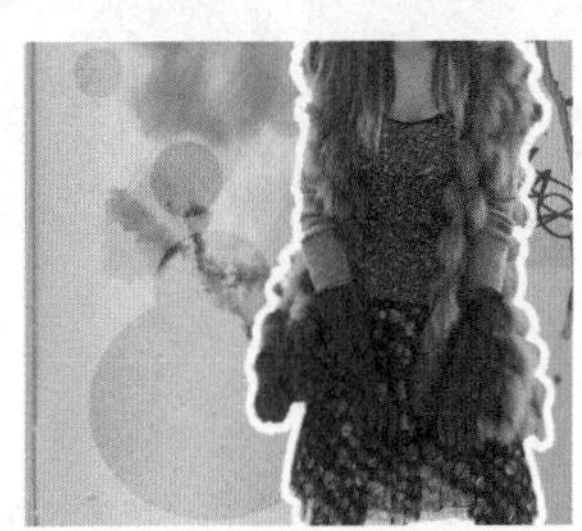

23 添加其他对象

按照同上面相似的方法，再在页面左侧位置创建多个椭圆选区，然后在新建的图层中设置其填充色为R239、G38、B90，取消选区后，设置新建图层的图层混合模式为“亮光”、“不透明度”为37%。至此，具有动感背景的个性写真制作完成了。

知识链接 “亮光”混合模式

在Photoshop 中，“亮光”混合模式主要是通过增加或减小对比度来加深或减淡颜色，具体取决于混合色。如果混合色比50%灰度亮，则通过减小对比度使图像变亮；如果混合色比50%灰度暗，则通过增加对比度使图像变暗。

“亮光”模式是“叠加类”模式组中对颜色饱和度影响最大的一种混合模式。混合色图层上的像素色阶越接近高光和暗调，反映在混合后的图像上的对应区域反差就越大。利用“亮光”混合模式的这一特点，可以为图像的特定区域增加非常鲜艳的色彩。

原图1

原图2

设置混合模式后

选区的调整、存储和载入

调整选区、存储选区和载入选区是选区编辑中的重要操作，学习选区的编辑，可以在创建选区时以不同的方式创建出选区，以便在操作时得到需要的图像效果，在本小节中，将对选区的调整、存储和载入等方面的知识进行介绍。

01 不同的选区调整功能

通过执行不同的调整选区命令，可以得到不同的选区效果，在这里将分别介绍应用色彩范围、调整边缘、修改和变换选区等命令得到不同的选区调整效果。

知识链接

使用快速蒙版创建选区并调整颜色

在Photoshop中可以利用快速蒙版来创建选区，与其他创建选区的方式相比，该操作创建的选区更随意。

打开一张图像文件后，单击工具箱下方的“以快速蒙版模式编辑”按钮，即可切换到快捷蒙版状态下，将被蒙版区域设置为黑色（不透明），将所选区域设置为白色（透明），然后使用画笔工具在图像中涂抹，完成涂抹后，单击工具箱下方的“以标准模式编辑”按钮，即可创建出需要的选区。使用快速蒙版创建选区后，可对选区中的对象单独调整颜色。

1. 色彩范围

执行“选择>色彩范围”命令，弹出“色彩范围”对话框，可以选择现有选区或整个图像中指定的颜色或色彩范围。

2. 调整边缘

执行“选择>调整边缘”命令，弹出“调整边缘”对话框，在该对话框中，可对图像选区边缘的品质进行设置。

3. 修改

执行“选择>修改”命令，在子菜单中可对当前选区进行各种修改，包括边界、平滑、扩展、收缩和羽化。选择任意修改选项后，在弹出的对话框中可直接输入数值设置选区的修改效果。

4. 扩大选取和选取相似

执行“选择>扩大选取”命令，即可将选区扩展，将包含具有相似颜色的区域且在容差范围内相邻的像素创建为选区。

执行“选择>选取相似”命令，即可将具有相似颜色的图像区域包含到整个图像中位于容差范围内的像素，而不只是将相邻的像素创建为选区。如果要以增量扩大选区，多次执行“扩大选取”和“选取相似”命令即可。

5. 变换选区

执行“选择>变换选区”命令，将会弹出选区变换框，通过调节控制点即可对选区进行调整。与“变换”命令不同，“变换选区”命令仅仅是对图像中的选区进行调整，而不会影响图像效果。

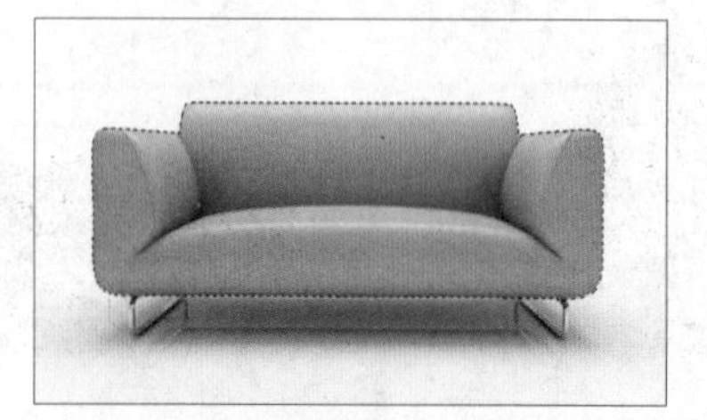

创建选区

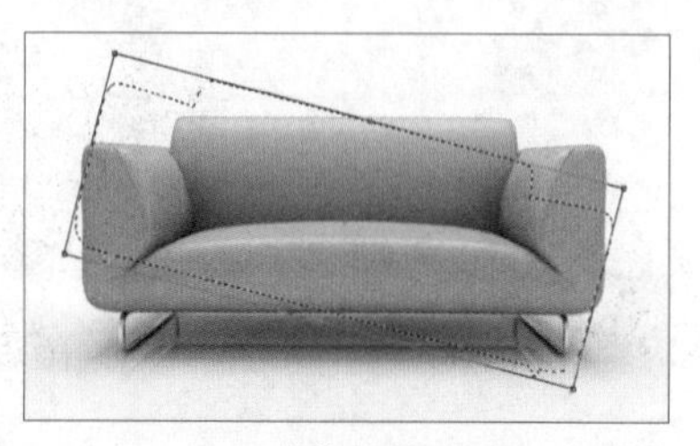

变换选区

6. 在快速蒙版模式下编辑

执行“选择>在快速蒙版模式下编辑”命令，即可在快速蒙版模式下编辑图像，可以通过使用画笔工具和铅笔工具为图像添加快速蒙版，然后再次执行“选择>在快速蒙版模式下编辑”命令，即可将其转换为选区。

7. 载入选区

在图像中创建了图层后，通过执行“选择>载入选区”命令，在弹出的“载入选区”对话框中可以将当前图层中的对象载入选区，可单独对其进行调整。

具有两个图层的图像

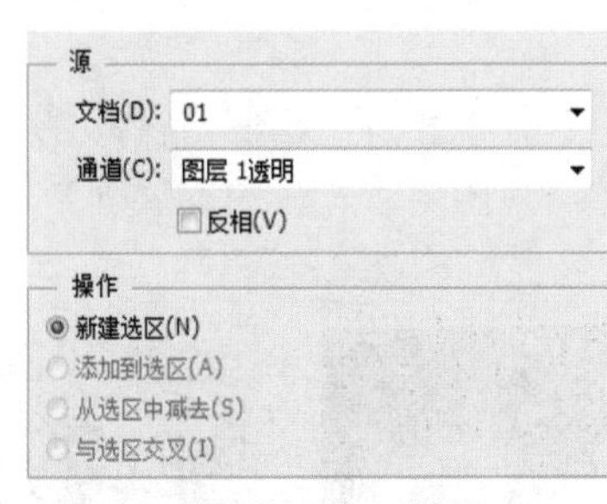

“载入选区”对话框

载入选区到图像中

8. 存储选区

在创建了选区后，执行“选择>存储选区”命令，弹出“存储选区”对话框，在该对话框中将该选区存储，当需要载入此选区时，只需要在“载入选区”对话框中选择存储的选区即可。

02 使用通道存储选区

在“通道”面板中，可供用户查看当前图像的颜色信息通道、Alpha通道和专色通道，其中Alpha通道可将选区存储为灰度图像，因此可以使用通道来创建和存储蒙版，下面介绍使用通道存储选区的方法。

01 打开图像文件

按下快捷键Ctrl+O，打开附书光盘中的实例文件\Chapter 08\Media\07.psd文件。按下F7键，打开“图层”面板，按住Ctrl键不放，单击“图层 1”缩览图，载入图像选区。执行“窗口>通道”命令，打开“通道”面板，单击“将选区存储为通道”按钮，生成Alpha 1通道。

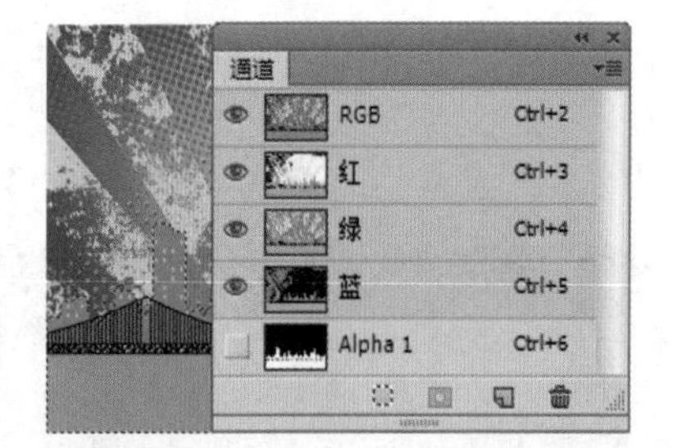

02 载入选区

在“通道”面板中隐藏其他通道，只显示Alpha 1通道，然后按住Ctrl键不放，单击Alpha 1通道缩览图，载入选区。

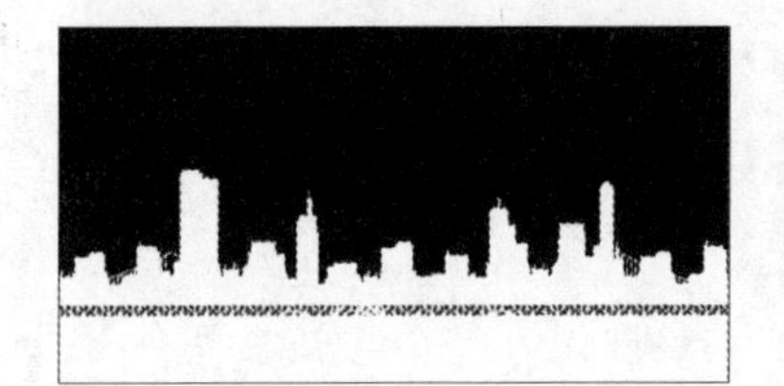

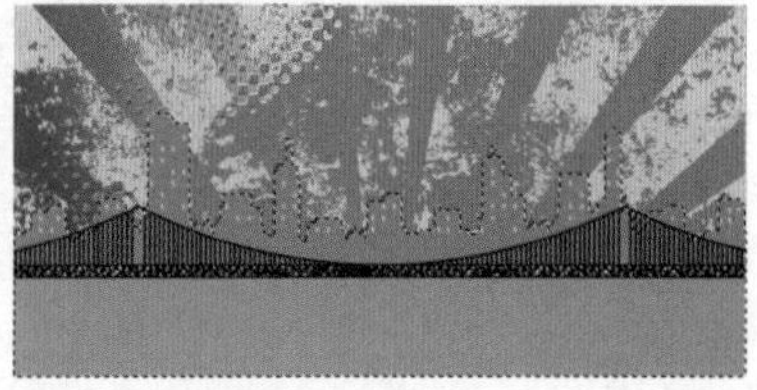

图层混合模式

使用图层混合模式可以使该图层按照指定的混合模式同下层图层图像进行混合，从而创建出各种特殊效果。在本小节中，将对图层混合模式的相关知识进行介绍。

01 初步了解图层混合模式

单击“图层”面板左上角的图层混合模式下拉按钮，在打开的下拉列表中包含了27种图层混合模式选项，选择任意一种选项，即可将当前图层以选择的图层混合模式同下层图层混合。对图层应用混合模式效果，可以制作出具有真实或其他特殊效果的图像。

使用图层混合模式调整出具有丰富颜色的插画

结合图层混合模式制作海报招贴

02 设置图像的图层混合模式

下面将对设置图层混合模式的操作方法进行简单展示。

❶ 输入文字。

❷ 设置颜色加深。

❸ 完成混合模式效果。

图层样式

Photoshop中的图层样式是图像制作中比较重要的功能之一，在图像中应用图层样式，可以让平面化的文字或图像带有立体纹理效果。另外，还可以为照片添加别致的样式。

01 图层样式的不同效果

通过“图层样式”对话框设置不同的图像效果，包括“斜面和浮雕”、“等高线”、“纹理”、“描边”、“内阴影”、“内发光”、“光泽”、“颜色叠加”、“渐变叠加”、“图案叠加”、“外发光和投影”等，通过同时勾选不同的选项，还可以为图像同时添加多个图层样式，下面来介绍几个较重要的图层样式效果。单击选中需要设置图层样式的图层，执行“图层>图层样式>混合选项”命令，即可弹出“图层样式”对话框，然后对其相应选项进行设置。

原图

斜面和浮雕

等高线

纹理

内阴影

内发光

光泽

颜色叠加

渐变叠加

图案叠加

外发光

投影

专家技巧

将图层样式应用到不同文件中

在Photoshop中为一个图层对象添加了图层样式后，可以将其样式通过复制粘贴应用到其他图层中，无论该图层是在相同的文件中，还是在其他已经打开的不同文件中。

在一个文件图层上应用图层样式后，在“图层”面板中的该图层上单击鼠标右键，在弹出的快捷菜单中，选择“拷贝图层样式”命令，切换到需要应用该图层样式的图层上，单击鼠标右键，在弹出的快捷菜单中选择“粘贴图层样式”命令即可。

复制图层样式

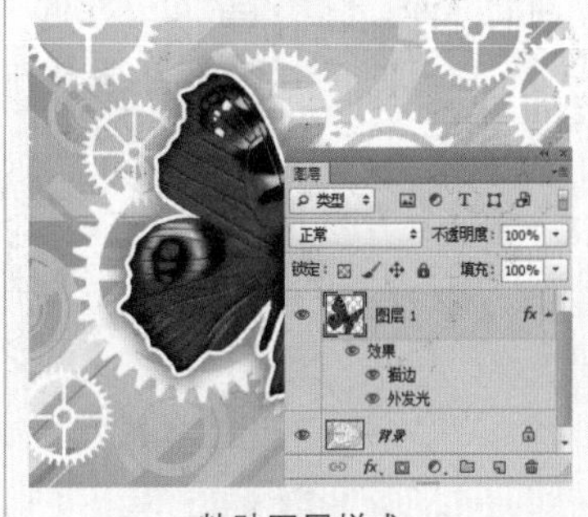

粘贴图层样式

02 添加多个图层样式

除了可以为图层对象添加单个图层样式外，还可以通过同时勾选多个复选框，为其添加多个图层样式，从而得到更加立体化的图像效果，下面来介绍添加多个图层样式的操作方法。

01 打开图像文件

按下快捷键Ctrl+O，打开附书光盘中的实例文件\Chapter 08\Media\21.psd文件。按下F7键，打开“图层”面板。

02 设置“斜面和浮雕”图层样式

双击“图层 1”，弹出“图层样式”对话框，切换到“斜面和浮雕”选项面板，设置“样式”为“内斜面”、“方法”为“平滑”、“深度”为327%、“方向”为“上”、“大小”为54像素、“软化”为3像素、“角度”为34度、“高度”为69度。

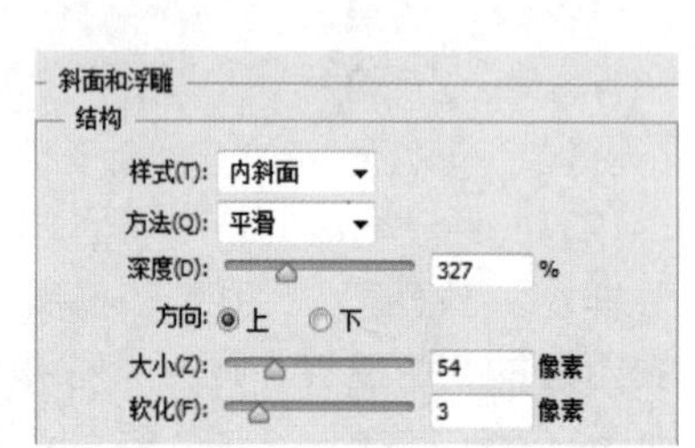

03 设置“描边”图层样式

勾选“描边”复选框，切换到相应选项面板中，设置“大小”为3像素、“位置”为“外部”、“混合模式”为“正常”、“不透明度”为100%、“填充类型”为“颜色”、“颜色”为R207、G124、B166，单击“确定”按钮。

04 复制图层样式

按住Alt键不放，将“图层 1”中的图层样式符号fx.直接拖曳到“图层 2”中，即可复制该图层样式，并显示出效果。

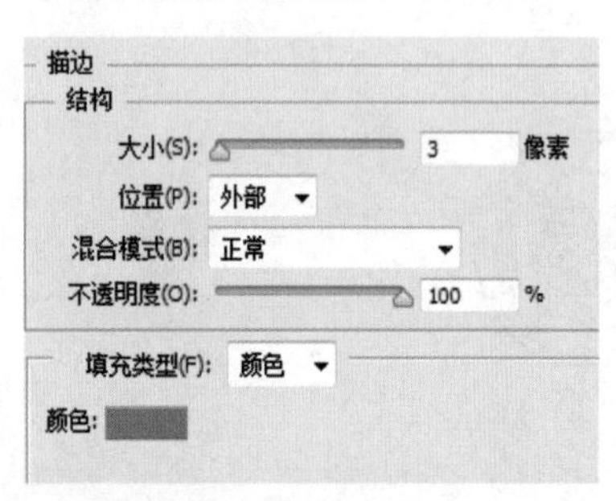

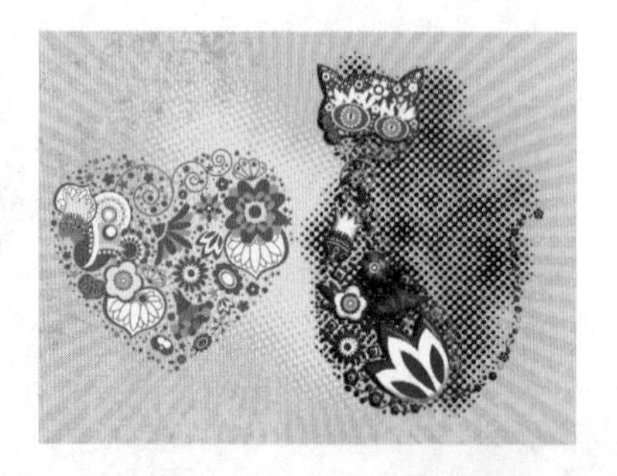

05 设置图层混合模式

单击选中“图层 2”，使其成为当前图层，然后设置该图层的图层混合模式为“颜色加深”。至此，本实例制作完成。

"样式"面板

在Photoshop中，可以在"样式"面板中通过单击样式图标来设置当前图层对象中的各种图层样式效果。在本小节中，将对"样式"面板的相关知识和操作方法进行介绍。

执行"窗口>样式"命令，打开"样式"面板，显示出当前可应用的所有图层样式，单击即可将样式应用到当前图层中。

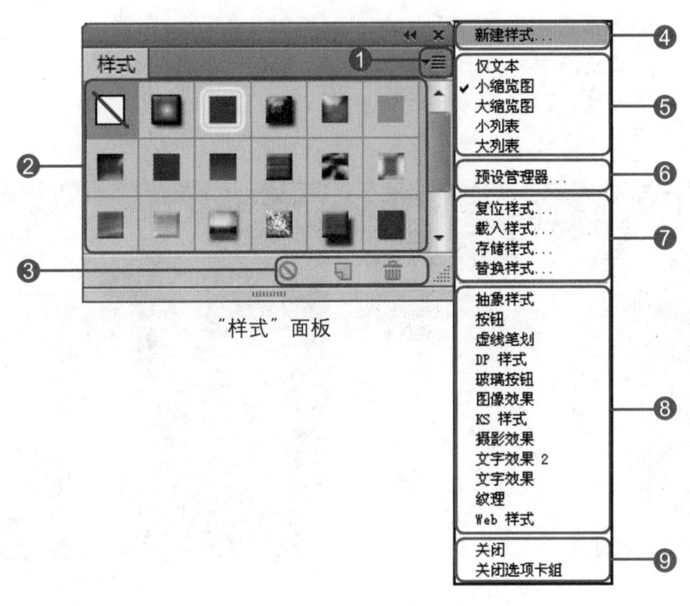

"样式"面板

❶ **扩展按钮**：单击该扩展按钮，打开扩展菜单，通过选择不同的菜单选项，可对该面板进行新建、关闭、显示等方面的操作。

❷ **样式列表**：在该区域，显示出所有当前可用的样式，通过单击，即可将其应用到当前图层对象中。

❸ **编辑样式按钮组**：该区域中包括"清除样式"按钮、"创建新样式"按钮和"删除样式"按钮，可对当前对象或样式执行清除、新建和删除操作。

❹ **"新建样式"选项**：选择该选项，弹出"新建样式"对话框，可将当前应用到图层对象中的样式创建为新样式。

❺ **"样式显示方式"选项组**：选择不同的选项，可设置样式列表中的预览方式。

❻ **"预设管理器"选项**：选择该选项，将会弹出"预设管理器"对话框，在该对话框中可对画笔、色板、渐变、样式和图案等样式进行设置，并可载入新的样式到列表中。

❼ **"样式编辑"选项组**：该选项组中包括4个选项，分别是"复位样式"、"载入样式"、"存储样式"和"替换样式"。通过选择不同的选项，可执行相应的操作。

❽ **"样式显示列表"选项组**：该选项组中包括以样式效果来划分的各种选项，通过选择不同的选项，可在样式列表中显示相应样式图标。

❾ **"关闭"选项组**：该选项组中包括"关闭"选项和"关闭选项卡组"选项，选择"关闭"选项，只关闭"样式"面板；选择"关闭选项卡组"选项，可将组合面板全部关闭。

调整图层和填充图层

前面介绍了利用菜单命令调整图像颜色、饱和度等，在“图层”面板和“调整”面板中通过设置可创建出调整图层和填充图层，对图层进行设置可得到同执行菜单命令相同的图像效果。

01 调整图层和填充图层的特点

调整图层和填充图层与执行菜单命令相比最主要的特点就是，前者的操作是非破坏性编辑，而后者是破坏性编辑。当使用调整图层和填充图层后，在“图层”面板中将自动生成相应的调整图层和填充图层，当需要对其进行更改编辑时，双击相应图层，即可在“调整”面板中对其进行编辑，若不需要该图层时，还可以将其直接删除，这样在后期的编辑操作时，是相当有用的。

原图

调整“色彩平衡”后的效果

02 创建并编辑调整图层

在学习了调整图层和填充图层的相关知识后，如何使用调整图层和填充图层是下一步需要了解并掌握的知识，在这部分内容中，将对如何创建并编辑调整图层以及相关操作进行介绍。

❶ 设置渐变填充及蒙版。

❷ 设置填充图层及混合模式。

❸ 设置更多填充图层及混合模式。

智能对象和智能滤镜

智能对象是包含栅格或矢量图像数据的图层，而应用于智能对象的任何滤镜都是智能滤镜，除了“抽出”、“液化”、“图案生成器”和“消失点”滤镜外，其他滤镜均可应用到智能对象中。

01 智能对象和智能滤镜的用途

使用智能对象将保留图像的源内容及其所有原始特性，从而让用户能够对图层执行非破坏性编辑，当滤镜应用到智能对象上以后就成为了智能化滤镜，这些滤镜将出现在“图层”面板中应用这些智能滤镜的智能对象图层的下方。

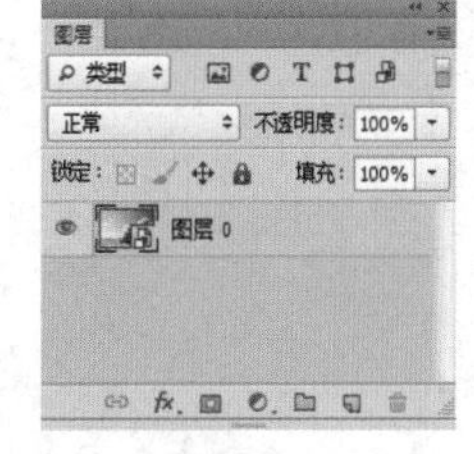

原图与添加智能对象的“图层”面板

添加智能滤镜的“图层”面板与效果

02 创建并编辑智能对象

大家通过学习可以熟悉创建、复制和编辑智能对象的操作方法。

转换智能对象

执行变化命令

存储智能对象

03 结合智能滤镜与图层蒙版进行操作

在对智能对象进行调整时，使用智能滤镜结合图层蒙版能够得到需要的图像效果。

复制图层转化智能对象

执行纹理化命令

执行木刻命令

添加蒙版涂抹

Chapter

图像调整与修正高级应用

本章主要是对图像调整和修复的方法进行更深层次的讲解，涉及“调整”面板、镜头校正、锐化、液化和消失点等专业的修图技法。

HDR拾色器

拾色器是Photoshop中最为常用的定义颜色的功能，通过单击色域并调整颜色滑块的方式定义颜色。除了常规的Adobe拾色器，HDR拾色器还可以准确查看和选择要在32位HDR图像中使用的颜色。

01 关于HDR拾色器

在32位/通道图像处于打开状态的情况下，单击“前景色”或“背景色”色块，即可打开拾色器对话框，该对话框就是HDR“拾色器”。在HDR“拾色器”中可通过单击色域并拖动颜色滑块或直接输入HSB或RGB数值的方式选择颜色。

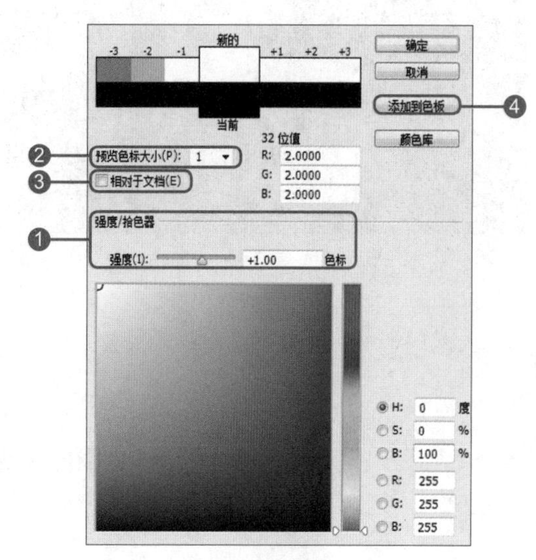

HDR拾色器

❶ **强度/拾色器：** 通过拖动滑块或者在文本框中直接输入数值的方式增大或减小颜色的亮度，使处理的HDR图像中的颜色强度相匹配。强度色标与曝光度设置色标反向对应。即若将曝光度设置增大两个色标，而将强度减小两个色标。则颜色外观可以保持相同，如同将HDR图像曝光度和颜色强度都设置为0。

❷ **“预览色标大小”下拉列表框：** 设置预览色板的色标增量，以不同的曝光度设置预览选定颜色的外观。如设置为3，则得到-9、-6、-3、+3、+6和+9这6个色标。

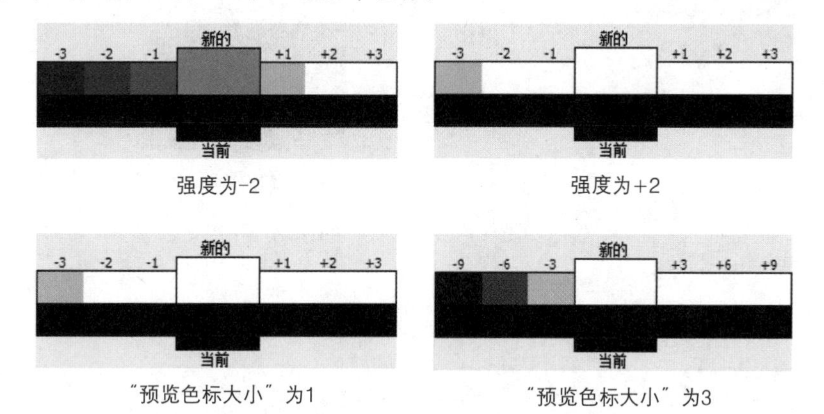

强度为-2　强度为+2

“预览色标大小”为1　“预览色标大小”为3

❸ **“相对于文档”复选框：** 勾选此复选框，可以调整预览色板以反映图像的当前曝光度设置。例如，如果将文档曝光度设置得较高，新的预览色板将比在拾色器色域中选定的颜色亮一些，以显示较高曝光度对选定颜色产生的影响；如果将当前曝光度设置为0（默认值），则勾选或取消勾选此复选框都不会改变新色板。

❹ **“添加到色板”按钮：** 单击此按钮，将选定的颜色添加到色板。

02 将图像转换为32位/通道

HDR图像的动态范围超出了标准显示器的显示范围，因此在Photoshop中打开HDR图像时，图像可能会非常暗或出现褪色现象。针对这一问题，Photoshop提供了预览调整功能，使显示器显示的HDR图像的高光和阴影不会太暗或出现褪色现象。预览设置存储在HDR图像文件中，用Photoshop打开该文件时可应用这些设置。但是，预览调整不会编辑HDR图像文件，所有HDR图像信息都保持不变。

原图

执行“图像>模式>32位/通道”命令

03 将图像合并到HDR

在Photoshop中，可以使用“合并到HDR Pro”命令将拍摄同一人物或场景的不同曝光度的多幅图像合并到一起，以在一幅HDR图像中捕捉场景的动态范围。合并后的图像通常存储为32位/通道的HDR图像模式，以保留图像的高动态范围，下面介绍一下合并到HDR的关键操作。

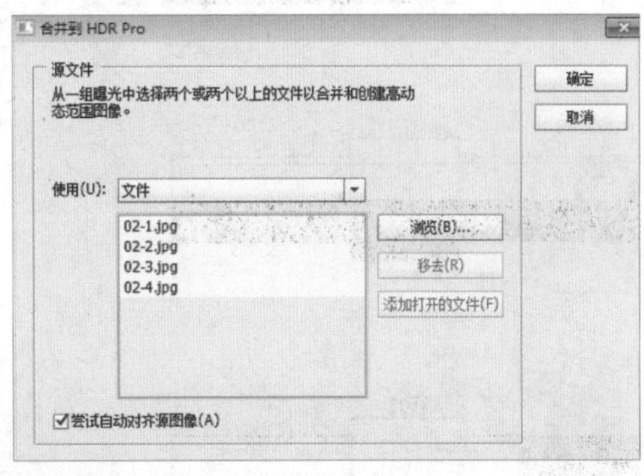

❶ 载入要合并的文档。

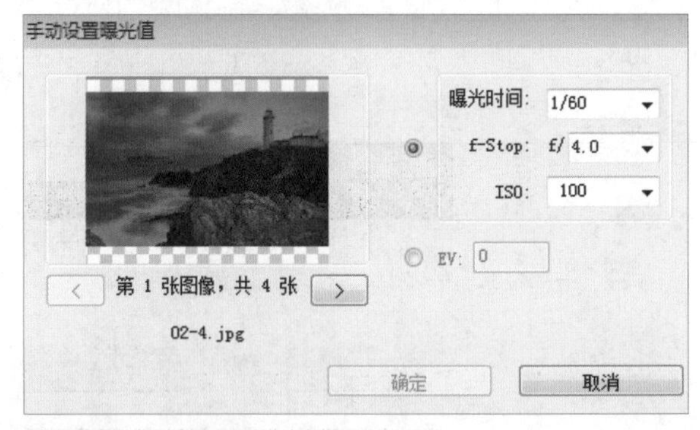

❷ 打开“手动设置曝光值”对话框。

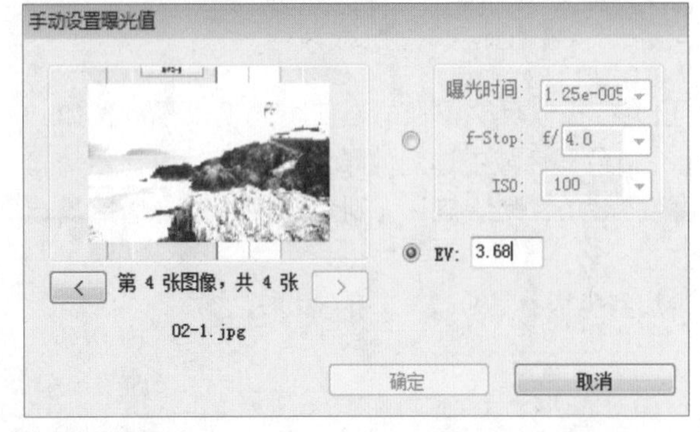

❸ 手动设置曝光值。

❹ 设置合并HDR的参数。

内容识别比例

Photoshop CS6中的“内容识别比例”命令，可以在缩放图片时感知图片中的重要部位，并保持这些部位不变而只缩放其余部分。在本节中，将对内容识别比例的相关知识进行介绍。

“内容识别比例”命令的工作原理是Photoshop先对图片进行分析，找出其中的重要部分。一般来说，图片的前景部分包括人物等重要内容会被保护，而背景内容被单独缩放。使用“内容识别比例”命令可以制作完美的图像而无需高强度的裁剪与润饰。

“保护肤色”按钮的功能

单击按钮启用保护肤色功能。启用该功能时，图像中只有背景参与缩放；停用该功能时图像中的前景也可参与缩放，而背景中的重要部分会被保护，不参与缩放。

原图

启用功能

停用功能

使用“自由变换”命令

使用“内容识别比例”命令

执行“编辑>内容识别比例”命令，将会调出内容识别比例编辑框。在其属性栏中通过设置参数，控制图片中需要保护的部分，被保护的部分会被保留，而未被保护的部分会参与缩放。

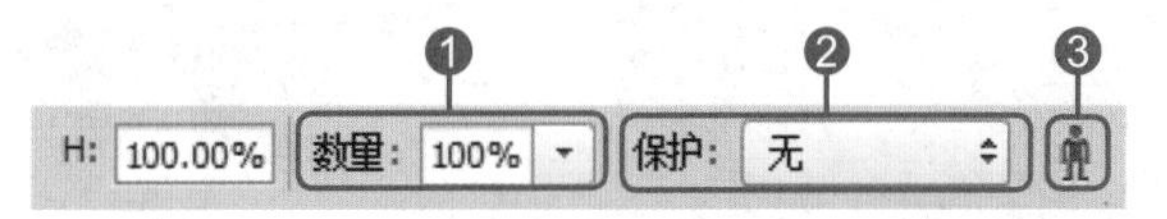

“内容识别比例”的属性栏

❶**“数量”文本框**：为内容识别比例设置保护范围以减少失真。数值越大，失真程度越小，反之亦然。

“数量”为50%

“数量”为100%

❷**“保护”文本框**：指定创建的Alpha通道，以使该Alpha通道区域被保护。

❸ ：单击该按钮保护皮肤颜色，即保护前景图像。

调整图层属性面板

Photoshop CS6的调整图层属性面板，包含填充和调整命令。在该面板中可对调整图层的颜色和色调进行调整。本节中将对调整图层属性面板的相关知识进行介绍。

01 了解调整图层属性面板

“调整”面板默认位于工作区右侧的组合面板中。或者执行“窗口>调整”命令，可以打开“调整”面板。在该面板中单击调整图标即可打开对应的属性面板。下面以“色阶”属性面板为例，介绍属性面板的参数设置。

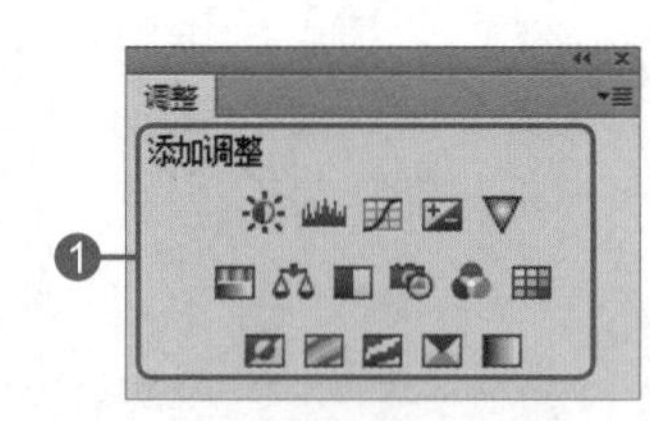

“调整”面板

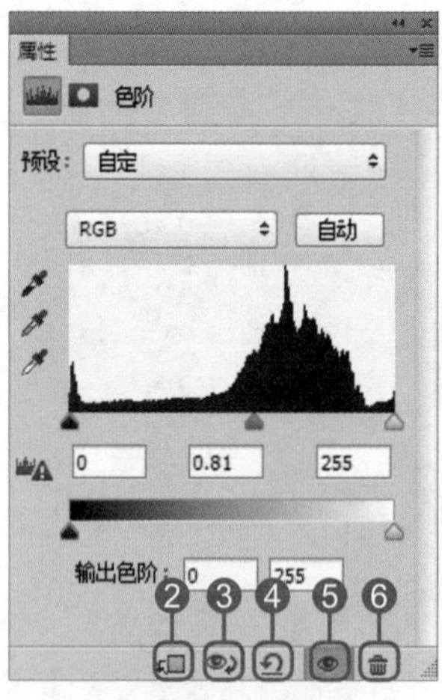

“色阶”属性面板

❶ 单击任意调整图标即可打开对应的属性面板。

❷ ：此调整影响下面的所有图层。单击该按钮，将此调整剪切到图层。

❸ ：单击该按钮，查看创建调整图层之前的状态。

❹ ：单击该按钮，恢复为默认设置。

❺ ：切换图层可见性。单击该按钮，隐藏当前的调整图层，再次单击显示调整效果。

❻ ：单击该按钮，删除当前的调整图层。

知识链接

定义填充或调整图层影响的图层

默认情况下，在“调整”面板中显示的按钮表示新的调整影响下面所有图层。单击该按钮变为，使调整图层创建到下方图层的剪贴蒙版中，仅影响下面一个图层。

创建调整图层

调整图层影响下面所有图层

基于选区创建调整图层

调整图层仅影响下面一个图层

02 通过属性面板设置图像效果

下面的实例先通过创建选区和调整图层，调整区域图像的效果，然后设置调整图层的混合模式，将普通照片制作为具有特殊色调效果的作品。

01 打开图像文件

按下快捷键Ctrl+O，打开附书光盘中的实例文件\Chapter09\Media\04.jpg文件。

02 创建选区

选择快速选择工具，在盒子处创建选区。注意减选缎带处的多余图像。

03 羽化选区

按下快捷键Shift+F6弹出“羽化选区”对话框，设置羽化半径值，完成后单击“确定”按钮。

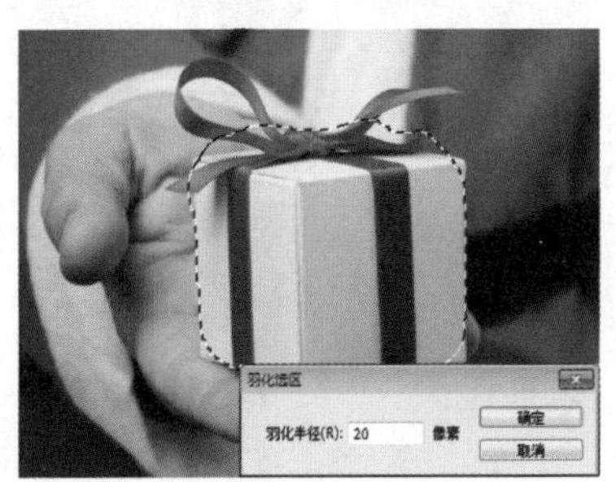

04 选区反向

保持选区不变，继续按下快捷键Shift+F7反选选区，选取盒子外的图像。

05 创建调整图层

单击“创建新的填充或调整图层”按钮，在弹出的菜单中选择“黑白”命令，弹出“黑白”属性面板，设置各项参数，完成后应用到图像中，创建“黑白 1”调整图层。

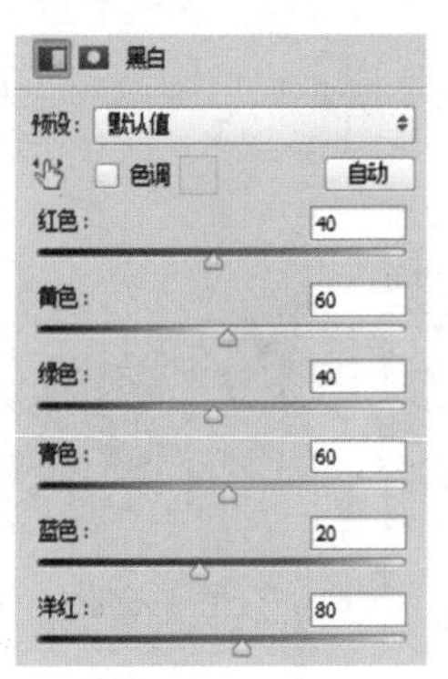

06 设置调整图层混合模式

设置“黑白 1”调整图层的图层混合模式为“变暗”，将调整效果与背景混合为变暗效果。至此，本实例制作完成。

校正图像扭曲

使用数码相机拍摄照片时，由于拍摄技巧等原因，可能会使照片产生透视、角度扭曲或色差与晕影等问题，在Photoshop中可以通过“镜头校正”滤镜修正这些缺陷。在本节中，主要介绍使用该滤镜调整图像的方法。

01 关于镜头扭曲

执行“滤镜>镜头校正”命令，即可对照片进行相关调节，改善照片中存在的与镜头相关的变形或扭曲，如桶状变形、枕状变形、水平透视扭曲、垂直透视扭曲、色差、晕影或角度倾斜等。

桶状变形是拍摄照片时常见的一种现象，尤其在拍摄广角照片时更容易出现这种情况。桶状变形的照片中直线向外弯曲，使照片中的图像有向外膨胀的感觉。

桶状变形图像

修复后的图像

枕状变形的图像与桶状变形的图像效果刚好相反，它会使照片中的直线向内弯曲，使照片中的图像有向中间挤压的感觉。

枕状变形图像

修复后的图像

拍照时也很容易使照片产生透视的缺陷，使照片在水平或垂直方向上给人歪斜的感觉。

色差现象是由于镜头对不同平面中不同颜色的光进行对焦而产生的，它会使照片中对象的边缘产生一圈色边。晕影是指图像边缘，尤其是四个角落比图像中心暗的现象。

出现晕影现象的图像

修复后的图像

在拍摄照片时，相机摆放不平，会使照片出现角度的倾斜，造成图像的缺陷。

02 校正镜头扭曲并调整透视效果

使用“镜头校正”命令，可以对由于拍摄技巧问题产生的镜头扭曲进行调整。在“镜头校正”对话框中，可以分别对变形、透视、色差和晕影等缺陷进行调整，使照片恢复正常，下面来介绍使用“镜头校正”命令调整图像的方法。

01 打开图像文件

按下快捷键Ctrl+O，打开附书光盘中的实例文件\Chapter09\Media\07.jpg文件，然后复制“背景”图层生成“背景 副本”图层。

02 设置“移去扭曲”选项参数

执行“滤镜>镜头校正”命令，即可弹出“镜头校正”对话框。在“镜头校正”对话框中设置“移去扭曲”为-7，校正图像的枕状变形。

03 去除图像蓝边

在对话框中的“修复蓝/黄边”文本框中设置参数为-100，去除图像中的蓝边。

04 修复照片晕影

在“晕影”选项组中的“数量”文本框中设置参数为76，适当提高图像四周的亮度，然后在“中点”文本框中设置参数为37，使图像中心的亮度适当提高，修正图像的晕影效果。

05 调整垂直透视

在“变换”选项组中的“垂直透视”文本框中设置参数为-20，使图像中的垂直线平行。

06 设置图像比例

在“比例”文本框中设置参数为85%，使图像完全显示于画面中。完成后单击“确定”按钮。

07 裁剪图像

选择裁剪工具，裁剪掉图像中不需要的部分。至此，本实例制作完成。

锐化图像

在进行图像处理时，有时会发现某些图像画面比较模糊，图像整体显得平淡，失去了精彩的细节效果，这时对图像进行锐化，使其显示出隐藏的细节效果，可使画面更具层次感。

01 锐化图像的多种方法

执行“滤镜>锐化”命令，打开下一级子菜单，在子菜单中包含5个命令，分别是“USM锐化”、“进一步锐化”、“锐化”、“锐化边缘”和“智能锐化”。使用这些命令对图像进行调整，可以通过增大相邻像素的对比度来聚焦模糊的图像，使图像由模糊变清晰。下面将对以上命令进行分别介绍。

1. USM锐化

执行“滤镜>锐化>USM锐化”命令，弹出“USM锐化”对话框，进行相应的设置，即可调节图像边缘细节的对比度，并在图像边缘分别生成一条亮线和一条暗线，使图像边缘突出，细节明显。

2. 锐化

执行“滤镜>锐化>锐化”命令，即可对图像进行锐化，它是通过增大像素之间的反差使模糊的图像变得清晰。

3. 进一步锐化

执行“滤镜>锐化>进一步锐化”命令，同样可以对图像进行锐化，它的原理同前面介绍的“锐化”命令相同，都是通过增大图像像素之间的反差来达到使图像清晰的效果，但此滤镜相当于多次使用“锐化”滤镜的效果。

原图

执行“进一步锐化”命令调整后

4. 锐化边缘

执行“滤镜>锐化>锐化边缘”命令，可以通过查找图像中颜色发生显著变化的区域，而将图像锐化。该滤镜只对图像的边缘进行锐化，保留图像整体的平滑度。

5. 智能锐化

执行“滤镜>锐化>智能锐化”命令，将会弹出“智能锐化”对话框，在该对话框中可以通过设置锐化算法来对图像进行锐化处理。

02 使用“智能锐化”进行锐化处理

使用“智能锐化”滤镜可以通过设置锐化算法对图像进行锐化，还可以通过对阴影和高光锐化量的控制来对图像进行锐化，下面我们就来进行详细介绍。

01 打开“智能锐化”对话框

按下快捷键Ctrl+O，打开附书光盘中的实例文件\Chapter09\Media\08.jpg文件，然后复制“背景”图层为“背景 副本”图层。执行“滤镜>锐化>智能锐化”命令，即可弹出“智能锐化”对话框。

02 设置“数量”和“半径”

设置“数量”为500%、“半径”为2.3像素，图像被锐化，但效果比较生硬。

03 设置“阴影”参数

在该对话框中选中“高级”单选按钮，就会出现“阴影”和“高光”标签，单击“阴影”标签，在其面板中设置“渐隐量”为40%、“色调宽度”为54%、“半径”为78像素。

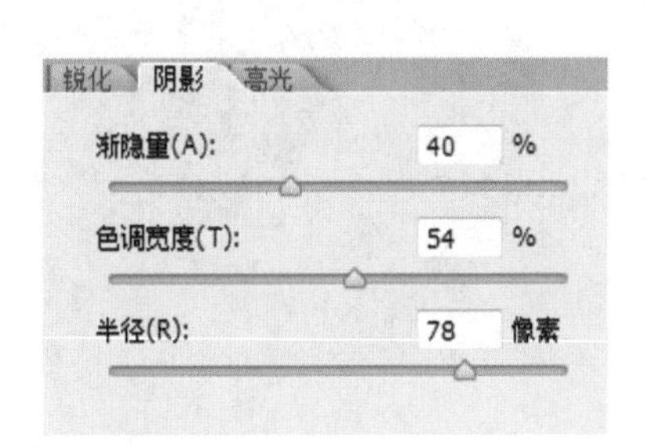

04 切换到“高光”面板

在该对话框中单击“高光”标签，即可切换到“高光”面板，对各项参数进行设置。

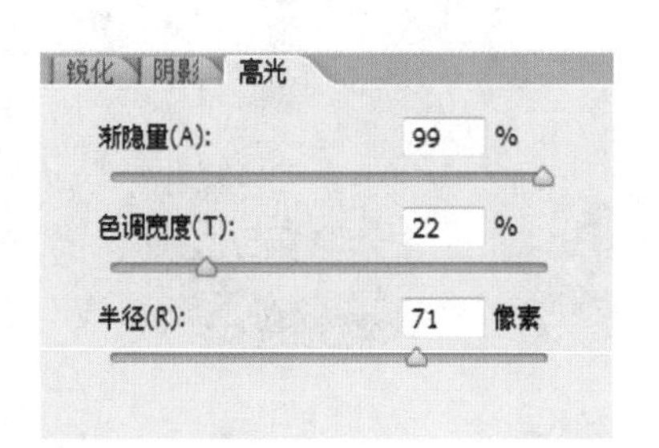

05 设置“高光”参数

在“高光”面板中分别设置“渐隐量”为0%、“色调宽度”为0%、“半径”为97像素，完成后单击“确定”按钮，可以看到画面已经被锐化，而且效果较为自然，突出了图像的细节。至此，本实例制作完成。

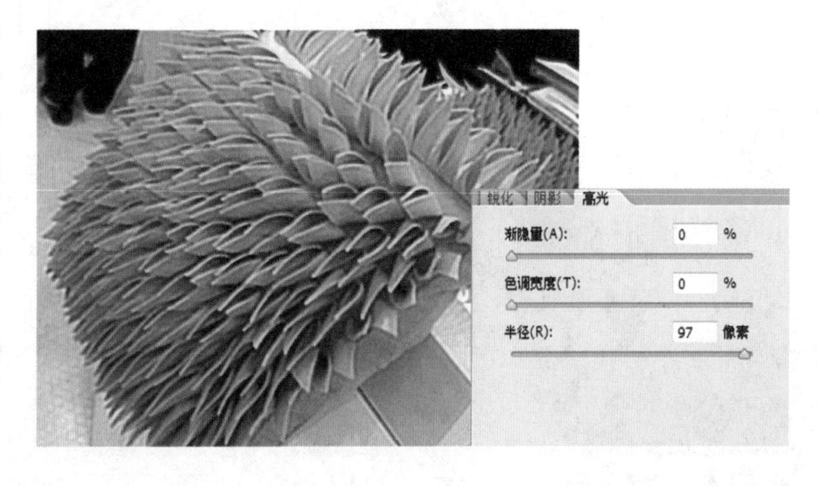

变换对象

在调整图像时，经常会对图像进行大小、角度和透视等变换，以便使图像在画面中更加协调。使用变换命令可以很轻松地对图像进行上述变化，下面就来介绍使用变换命令对图像进行相应操作的方法。

01 “变换”命令

执行“编辑>变换”命令，在弹出的子菜单中可以选择缩放、旋转、斜切、扭曲、透视和变形等选项，从而对图像进行相应的操作，取得理想的效果。下面将对这些选项进行详细介绍。

执行“编辑>变换>缩放”命令，可以对图像的大小或高度、宽度的比例进行调整；执行“编辑>变换>旋转”命令，可以将图像进行任意角度的旋转；执行“编辑>变换>斜切”命令，在编辑框的节点处进行拖曳，图像就会以中心为基点进行倾斜的变化；执行“编辑>变换>扭曲”命令，可以拖曳编辑框的节点使图像进行扭曲变化；执行“编辑>变换>透视”命令，在编辑框的节点处拖曳光标，可以将编辑框调整为等腰梯形，使图像更具透视感；执行“编辑>变换>变形”命令，会弹出九格编辑框，拖曳编辑框即可使图像进行相应的变形，也可以在其属性栏上的“变形”样式下拉列表中选择合适的形状对图像进行变形。

原图

执行“缩放”命令

执行“旋转”命令

02 应用“缩放”、“旋转”、“扭曲”、“透视”或“变形”命令

在处理图像时，可以根据需要使用“变换”命令中的各个选项对图像进行不同的变换，下面就来简单讲解下如何对图像进行相应的缩放、旋转等变换。

❶ 输入文字并栅格化文字图层。

❷ 缩放、变形、扭曲文字。

❸ 绘制图案并设置混合模式。

历史记录画笔工具

使用历史记录画笔工具并结合“历史记录”面板，可以很容易地将图像的部分区域恢复到之前某一步的图像操作中，从而制作出需要的图像效果。在本节中，将介绍“历史记录”面板和历史记录画笔工具的相关知识。

01 了解“历史记录”面板

默认状态下，在“历史记录”面板中可以存储20个操作步骤，单击选择其中的某个步骤，即可使图像返回到所选步骤的状态，每一次对图像进行操作，图像的新状态都会自动添加到此面板中。执行“窗口>历史记录”命令，即可打开“历史记录”面板。

❶**“从当前状态创建新文档”按钮**：在“历史记录”面板中选择任意一个操作步骤，再单击此按钮，即可将当前状态的图像文件进行复制，生成一个以当前步骤名称命名的文件。

❷**“创建新快照”按钮**：单击此按钮，可以为当前步骤创建一个新的快照图像。

❸**“删除当前状态”按钮**：选中任意一个操作步骤，然后单击此按钮，在弹出的提示框中单击“是”按钮，即可删除历史状态。

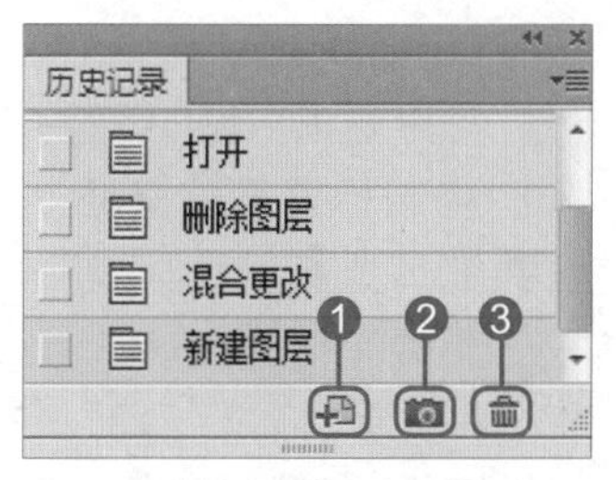

“历史记录”面板

02 使用历史记录画笔工具对图像应用之前的操作效果

使用历史记录画笔工具可以将图像的部分或全部区域恢复到之前某一步骤的图像效果，下面进行简单介绍。

❶ 打开素材图片。

❷ 纹理化处理打开的图片。

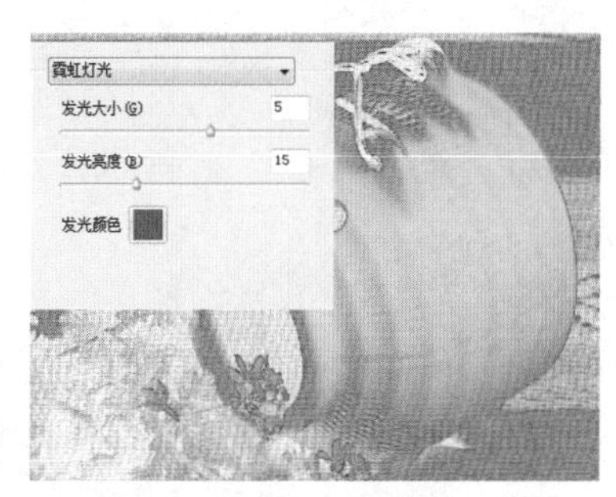

❸ 复制图层并应用“霓虹灯光”滤镜。

❹ 设置复制图层混合模式为“色相”。

❺ 应用历史画笔工具在背景上涂抹。

“液化”滤镜

在Photoshop中可以使用“液化”滤镜对图像进行推、拉、旋转和膨胀等变形操作，它可以对图像进行细节部分的扭曲调整，也可对图像进行整体剧烈的调整，下面来介绍这个命令的相关知识。

01 关于“液化”滤镜

“液化”命令是修饰图像和创建图像艺术效果时经常用到的命令。执行“滤镜>液化”命令，即可在打开的“液化”对话框中选择各种工具，为图像创建需要的效果。

使用向前变形工具，将光标置于预览框中，按住并拖曳鼠标，可以向前拖动像素，使图像产生扭曲变形效果。

使用顺时针旋转扭曲工具，将光标置于预览框中，按住并拖曳鼠标，可以使画笔区域的像素顺时针旋转，产生旋转扭曲效果。

使用褶皱工具，将光标置于预览框中，按住并拖曳鼠标，能以画笔区域的中心移动像素，使图像产生褶皱的感觉。

原图

旋转扭曲图像效果

使用膨胀工具，将光标置于预览框中，按住并拖曳鼠标，能以画笔区域的中心向外移动像素，使图像产生膨胀效果。

使用左推工具，将光标置于预览框中，垂直向上拖曳鼠标时，像素向左移动；垂直向下拖曳鼠标时，像素向右移动。

02 扭曲图像

使用“液化”对话框中的各种工具，可以为图像添加推、拉和旋转等不同的扭曲效果，合理运用这些工具可以对图像进行有趣的扭曲变形操作，下面介绍详细的操作方法。

01 打开图像文件并对花瓣进行变形

按下快捷键Ctrl+O，打开附书光盘中的实例文件\Chapter09\Media\14.jpg文件。复制“背景”图层为“背景 副本”图层，执行“滤镜>液化”命令，在弹出的对话框中选择向前变形工具，设置“画笔大小”为30，在部分花瓣图像上拖曳光标，使其扭曲变形。

02 对花心进行旋转扭曲

选择顺时针旋转扭曲工具，设置“画笔大小”为166像素，然后在左边的花心处按住并拖曳鼠标，对图像进行旋转扭曲变形，使用同样的方法再对右边的花心进行旋转扭曲变形。

03 对花径进行扭曲变形

继续使用向前变形工具设置“画笔大小”为60像素，在左边花朵的花径处按住并拖曳鼠标进行变形。

04 对其他花径进行扭曲变形

使用同样的方法，使用向前变形工具在右边的花径处按住并拖曳鼠标，对其进行扭曲变形。完成后单击“确定”按钮。

05 合并可见图层并对花瓣进行扭曲变形

按下快捷键Ctrl+Shift+Alt+E合并可见图层，生成“图层 1”。再次执行“滤镜>液化”命令，在弹出的对话框中选择膨胀工具，调整工具选项的参数，在左侧花瓣图像上拖曳鼠标，使其膨胀变形。

06 对其他花瓣进行扭曲变形

使用同样的方法，使用膨胀工具，在右边的花瓣处按住并拖曳鼠标，对其进行扭曲变形。完成后单击“确定”按钮。

07 复制图层并设置图层混合模式

将“背景 副本”图层拖曳至“创建新图层”按钮上，复制得到“背景 副本2”图层，设置此图层的图层混合模式为“强光”、“不透明度”为60%。至此，本实例制作完成。

设计师训练营 美化照片中的人物

在进行人物照片处理时，经常会发现人物的五官或身材存在各种缺陷，使用“液化”滤镜可以轻松地修饰人物，使其呈现出完美的状态，下面将详细介绍其操作方法。

01 打开图像文件

按下快捷键Ctrl+O，打开附书光盘中的实例文件\Chapter09\Media\15.jpg文件。复制“背景”图层为“背景 副本”图层，然后执行“滤镜>液化”命令，打开“液化”对话框。

02 冻结人物面部四周

选择冻结蒙版工具，勾选“显示蒙版”复选框，再设置“画笔大小”为151，在人物的面部四周进行涂抹，涂抹的区域被冻结。

画笔大小：151
画笔密度：50
画笔压力：100

03 缩小人物脸颊

选择向前变形工具，设置“画笔大小”为279、“画笔密度”为50、“画笔压力”为100，在人物的脸颊四周向内进行推移，为人物瘦脸。

画笔大小：279
画笔密度：50
画笔压力：100

04 修饰人物的鼻子

完成后对图像进行冻结，选择冻结蒙版工具，设置“画笔大小”为120，然后在人物的鼻子处（如图所示）进行涂抹，冻结被涂抹的部分。选择向前变形工具，设置“画笔大小”为179，然后在人物鼻尖部分向上拖曳鼠标，对人物的鼻子进行修饰，使其更加完美。

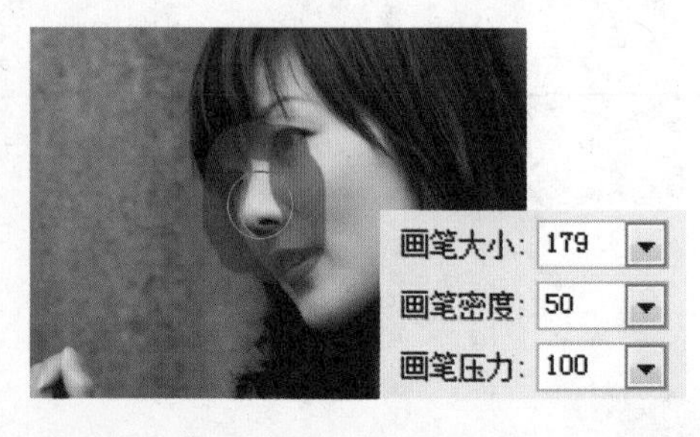

05 解冻图像

选择解冻蒙版工具，将画面中的红色冻结处擦除，查看液化效果。

06 冻结人物眼睛四周

设置“画笔大小”为241，然后在人物的眼睛四周进行涂抹，冻结被涂抹的部分。

07 修饰眼睛

选择膨胀工具，设置“画笔大小”为121，在人物眼睛位置单击鼠标，对人物眼睛进行放大，完成后对图像进行解冻，单击“确定”按钮。

08 添加文字

复制“背景 副本”图层，得到“背景 副本2”图层，选择该图层，按下快捷键Shift+Ctrl+U，对图像进行去色，然后设置图层混合模式为“柔光”、“不透明度”为54%。结合文字工具在画面的左侧输入白色文字信息。至此，本实例制作完成。

“消失点”滤镜

“消失点”滤镜是众多独立滤镜中的一种，可以自动运用透视原理在编辑包含透视平面（例如建筑物的侧面或者任何矩形对象）的图像时保留正确的透视。下面来介绍这个命令的相关知识。

01 关于“消失点”滤镜

“消失点”滤镜在透视平面的图像选区内，通过克隆、喷绘和粘贴等操作，依据透视的角度和比例来适应图像的调整。执行“滤镜>消失点”命令，弹出“消失点”对话框。

“消失点”对话框

❶ 包括创建和编辑透视网格的工具。

ⓐ **编辑平面工具**：用于调整已创建的透视网格。

ⓑ **创建平面工具**：通过在图像中单击添加节点的方式创建具有透视效果的网格。

ⓒ **选框工具**：在创建的网格中创建选区。

ⓓ **图章工具**：在创建的透视网格中仿制出具有相同透视效果的图像。

ⓔ **变换工具**：可以对复制的图像进行缩放、移动和旋转。

❷ 设置网格在平面的大小，设置网格角度。

❸ **扩展按钮**：单击扩展按钮弹出扩展菜单，定义消失点显示的内容，以及渲染和导出的方式。其中“渲染网格至Photoshop”命令将默认不可见的网格渲染至Photoshop中，得到栅格化的网格。

02 在消失点中定义和调整透视平面

下面将简单介绍下如何应用“消失点”滤镜的各项功能，通过将图像的透视效果调整到与广告牌的透视效果一致，制作出逼真的户外广告立体效果。

❶ 打开素材创建消失点平面网格。

❷ 运用编辑平面工具拖动网格。

❸ 打开素材拖入网格内对齐边缘自动形成透视效果。

创建全景图

应用Photomerge命令创建全景图后，还可以将二维全景图像创建为360°的球面全景效果。

01 打开图像文件

执行“文件>脚本>将文件载入堆栈”命令，在“载入图层”对话框中载入光盘中的实例文件\Chapter09\Media\21-1.jpg、21-2.jpg和21-3.jpg文件，勾选“尝试自动对齐源图像”复选框。

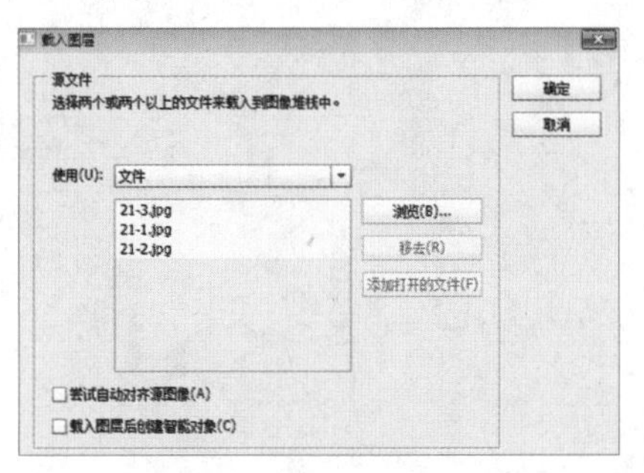

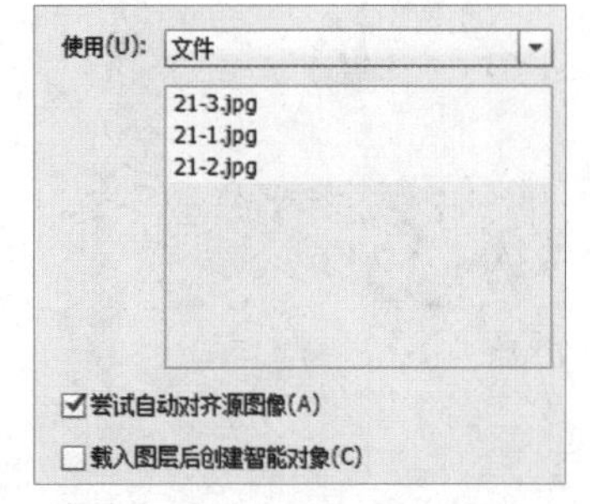

02 自动对齐图层

单击“确定”按钮，将文件载入堆栈，各图层的边缘自动对齐，创建出全景图效果。

03 拼合全景图并裁剪多余图像

执行“图层>拼合图像”命令，将载入图层拼合到“背景”图层，使用裁剪工具裁剪掉多余的透明像素，得到全景图。

04 创建360°球面全景

在3D面板中选中“从预设新建网格”单选按钮，在下拉列表框中选择“球面全景”，单击“创建”按钮，将二维全景图像创建为3D的360°球面全景。完成后使用旋转3D对象工具，通过向上拖动拉远3D相机的镜头，呈现全景效果。

05 实现3D环绕

使用旋转3D对象工具，左右、上下拖动画面，预览360°球面环绕效果。至此，本实例制作完成。

Part 03 深入篇

Chapter 10 文本与路径的深入探索

Chapter 11 通道和蒙版的综合运用

Chapter 12 滤镜的综合运用

Chapter 13 创建视频动画和3D技术成像

Chapter 14 图像任务自动化

文本与路径的深入探索

为了使添加的文字更符合图像所要表现的效果，可以对文字进行特殊设置，也可以制作各种艺术文字效果。本章将深入探索文本和路径的应用技法，指导读者进行高级应用。

文本编辑

前面已经对文字工具进行了简单的介绍，了解了使用文字工具的基本方法。在文本编辑方面，还有更多需要学习的相关知识，例如如何选中文本、更改文本的排列方式和怎样将文本图层转换为形状图层等，这样在对文本进行编辑时才能更加得心应手。

在Photoshop中可以对输入的文本进行多种编辑操作，在实际应用中，了解更多相关的文本编辑知识，能使我们在制作文字效果时更加方便，下面将对其进行介绍。

1. 选中文本

当需要对输入的文本进行编辑时，需先选中要编辑的文本，然后再进行相应的编辑。下面介绍选中文本的4种方式。

在文字工具组中选择任意一种文字工具，在图像中单击置入插入点，即可进入文字编辑状态，输入相应的文字，然后在输入的文字中双击鼠标即可选中输入的文字。

双击“图层”面板中的文字图层缩览图，同样也可以选中此图层中的所有文字。

在编辑状态双击鼠标

选中文字

双击文字图层缩览图

选中文字

在文字编辑状态下拖曳鼠标，即可选中全部或部分文字。

在文字编辑状态下，按住Shift键的同时按下键盘上的向右方向键→即可逐个选中需要的文字，按下向左方向键←可以逐个取消选中的文字，按下向下方向键↓可以选中所有文字，按下向上方向键↑可以取消选中的所有文字。

选中部分文字

选中全部文字

2. 更改文本的排列方式

在Photoshop中文字的排列方式有两种：水平排列方式和垂直排列方式，在输入文字后可以很容易地进行相互转换。执行“图层>文字>水平”命令，可以将原本垂直排列的文字转换为水平排列；执行“图层>文字>垂直”命令，可以将原本水平排列的文字转换为垂直排列。

3. 转换文字为选区

输入文字后在“图层”面板中会自动生成一个文字图层，按住Ctrl键单击文字图层缩览图，文字选区就会被载入到图像中。

设置段落格式

在Photoshop中，段落文本的格式可以通过“段落”面板进行设置，在此面板中可以详细设置段落的对齐、缩进和行间距等属性，下面将介绍设置段落格式的相关操作。

01 了解“段落”面板

执行“窗口>段落”命令，或是选择文字工具组中的任意一个文字工具，在属性栏中单击“切换字符和段落面板”按钮，即可打开“段落”面板。下面将对此面板进行详细介绍。

❶ **文本对齐方式：**此选项组中包括7个按钮，单击其中任意一个按钮，即可按照选中的文本对齐方式来排列段落文字。选择横排文字工具或横排文字蒙版工具时，按钮从左到右依次显示为“左对齐文本”按钮、“居中对齐文本”按钮、“右对齐文本”按钮、“最后一行左对齐”按钮、“最后一行居中对齐”按钮、“最后一行右对齐”按钮和“全部对齐”按钮。选择直排文字工具或直排文字蒙版工具时，按钮从左到右依次显示为“顶对齐文本”按钮、“居中对齐文本”按钮、“底对齐文本”按钮、“最后一行顶对齐”按钮、“最后一行居中对齐”按钮、“最后一行底对齐”按钮和“全部对齐”按钮。

“段落”面板

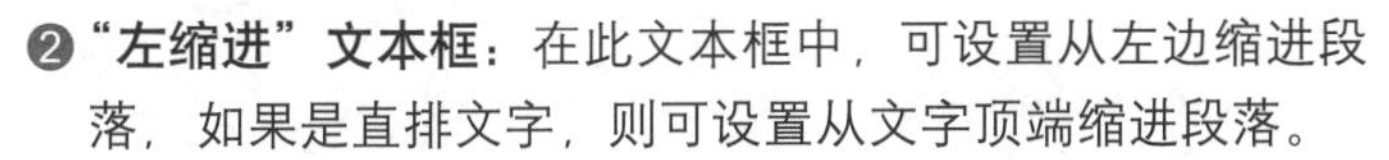
❷ **“左缩进”文本框：**在此文本框中，可设置从左边缩进段落，如果是直排文字，则可设置从文字顶端缩进段落。

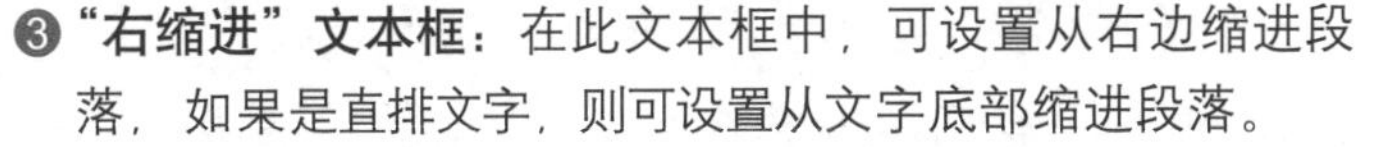
❸ **“右缩进”文本框：**在此文本框中，可设置从右边缩进段落，如果是直排文字，则可设置从文字底部缩进段落。

❹ **“首行缩进”文本框：**可设置缩进段落中的首行文字。

❺ **“段前添加空格”和“段后添加空格”文本框：**在这两个文本框中可以设置段落之间的距离。

02 设置段落文字对齐方式

在“段落”面板中可以设置各种文本的对齐方式，通过单击该面板中的对齐按钮可以设置相应的文本对齐方式，下面将简单介绍下设置段落文字对齐方式的操作方法。

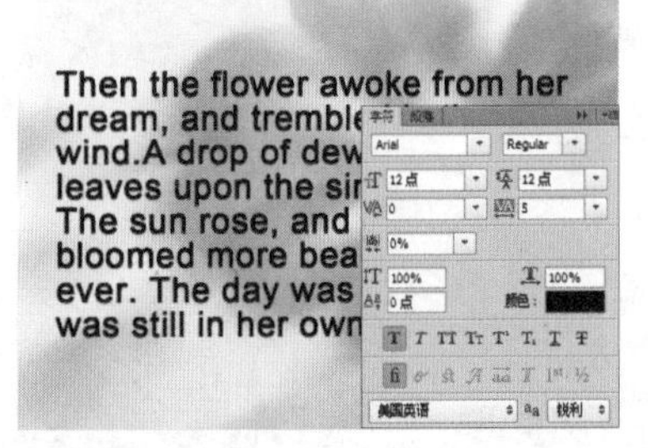

❶ 输入文字。

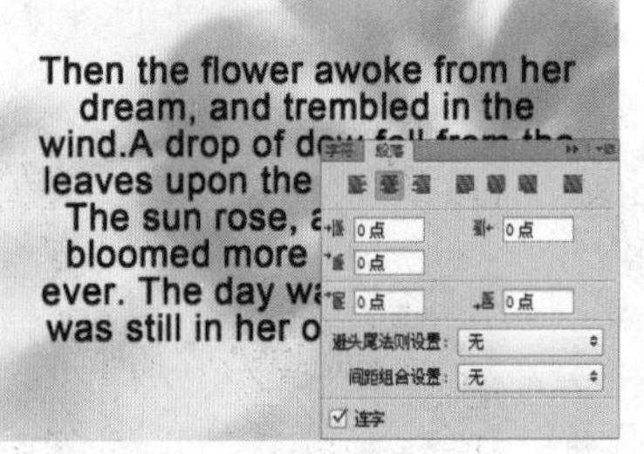

❷ 居中排列段落文字。

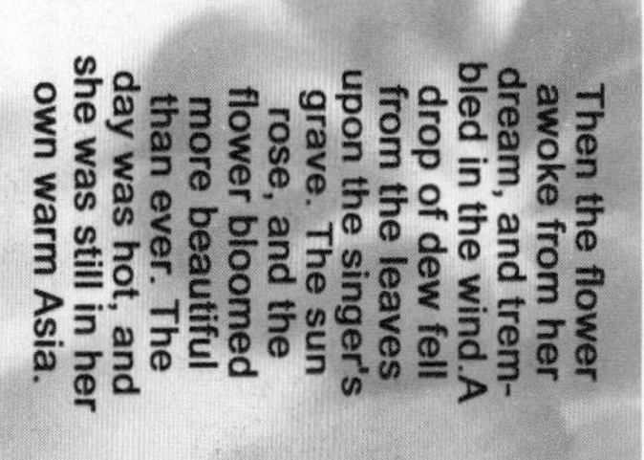

❸ 更改文本方向、居中对齐文本。

创建文字效果

使用文字工具不仅可以方便地创建各种文字，对文字的形态以及排版样式进行调整，还能通过各种方式创建各种不同的文字效果，使文字图片更加生动有趣，下面将具体介绍使用文字工具创建文字效果的方法。

01 文字效果的多种形式

使用文字工具输入文字后，可以结合各种方法为文字创建多种效果，例如结合路径编辑文字、对文字进行适当变形、为文字添加投影效果或对文字进行图案填充等。下面对其进行详细介绍。

1. 结合路径编辑文字

使用钢笔工具或形状工具组中的各项工具在图像上绘制需要的路径，可以是闭合路径，也可以是开放路径，然后在路径上需要输入文字的位置单击，出现闪烁的插入点后，即可沿着路径输入文字。

2. 对文字进行变形

在Photoshop中可以对输入的文字进行各种形式的变形处理，制作多种多样的扭曲变形效果，使文字更加生动富有趣味。执行“文字>文字变形”命令，或者在文字工具属性栏上单击“创建文字变形”按钮，即可打开“变形文字”对话框，通过设置不同的参数创建不同的文字扭曲变形效果。

3. 填充文字

双击文字图层缩览图，在弹出的“图层样式”对话框中选择“图案叠加”选项，然后在选项面板中进行相应的设置，即可为文字填充相应的图案。

02 在路径上创建和编辑文字

创建路径后可以使用文字工具沿着路径输入文字，使文字呈现各种不规则的排列效果。对于沿着路径输入的文字，同样可以选中全部或部分文字更改其字体、大小、颜色或是添加投影等效果。

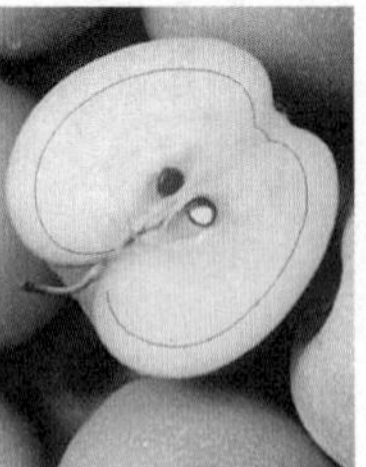

❶ 打开图像文件，并绘制路径。

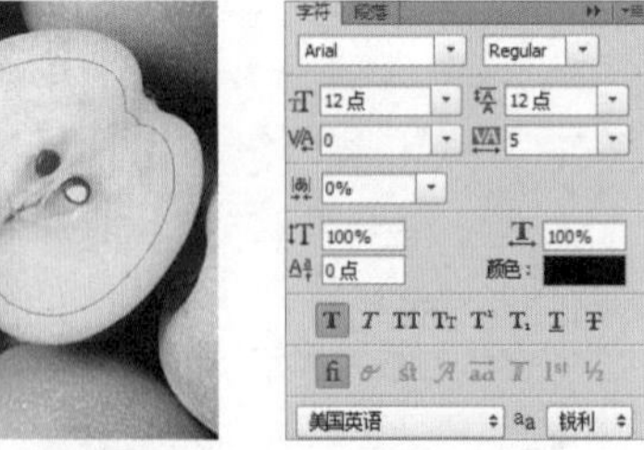

❷ 设置字符面板，并输入路径文字。

❸ 调整个别文字字体样式。

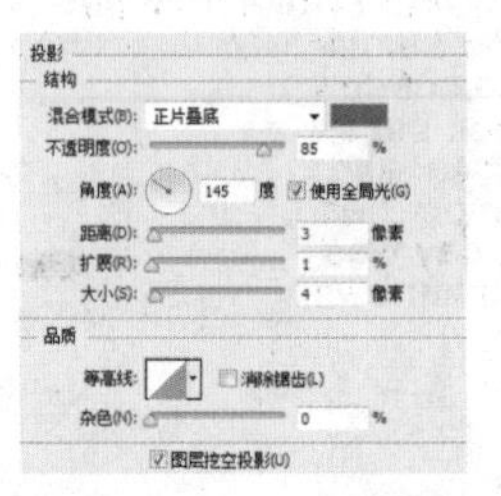

❹ 添加“投影”图层样式。

管理和编辑路径

路径是使用钢笔工具或形状工具绘制的开放或闭合图形，由于是矢量图形，所以无论放大或缩小图形都不会影响其分辨率和平滑度而使边缘保持清晰的效果。路径可以非常容易地转换为选区、填充颜色或图案、描边等，在抠图中也常用到，且在实际应用中的使用频率非常高，操作也相当简单快捷。下面将进一步介绍如何对路径进行有效管理并对其编辑。

01 了解“路径”面板

在图像中绘制出需要的路径后，执行“窗口>路径”命令，可以看到在打开的“路径”面板中会自动生成一个临时的工作路径，可以对其进行新建、填充、描边和转换为选区等各种编辑。下面将对“路径”面板进行详细介绍。

❶ **“用前景色填充路径”按钮**：在图像中绘制一个路径后，单击此按钮，则可以将前景色填充于路径中。如果是开放的路径，系统将自动使用最短的直线距离填充至未闭合的一边。

❷ **“用画笔描边路径”按钮**：绘制完路径后单击此按钮，系统将使用设定的绘图工具和前景色按照一定的宽度对路径进行描边。

❸ **“将路径作为选区载入”按钮**：单击此按钮，可以将绘制好的路径转换为选区，从而进行对选区的相关编辑。

❹ **“从选区生成工作路径”按钮**：单击此按钮，可以将创建的选区转换为工作路径。

“路径”面板

创建选区

转换为工作路径

❺ **“创建新路径”按钮**：单击此按钮，可以在“路径”面板中生成“路径1”；将“工作路径”拖曳至“创建新路径”按钮上，则可以对其进行存储，生成新路径；将任意新建路径拖曳至“创建新路径”按钮上，则可复制此路径；将矢量蒙版拖曳至“创建新路径”按钮上，系统会将该蒙版的副本以新建路径的方式生成于“路径”面板中，而保持原矢量蒙版不变。

❻ **“删除当前路径”按钮**：选择任意一个路径并单击“删除当前路径”按钮，在弹出的提示框中单击“是”按钮，则可删除选中的路径；或者将路径拖曳至此按钮上，删除选中的路径。

02 填充和描边路径

在前面的内容中，了解了如何对“路径”面板进行有效管理，其中填充和描边路径是常用的路径编辑方法，下面将介绍如何对路径进行填充和描边。

01 打开图像文件

按下快捷键Ctrl+O，打开附书光盘中的实例文件\Chapter10\Media\ 07.psd文件。

02 绘制路径

选择钢笔工具，通过单击和拖曳沿左侧人物绘制闭合路径，新建“图层 1”。

03 填充第一个人物路径

设置前景色为白色，右击路径，执行“填充路径”命令，在弹出的对话框中设置参数。

04 填充第二个人物路径

在左起第二个人物上建立闭合路径，设置前景色为R244、G255、B203。打开“路径”面板，单击“用前景色填充路径”按钮，使前景色填充于路径中。按下快捷键Enter+H隐藏路径。

05 填充第三个人物路径

设置前景色为R255、G229、B245，建立左起第三个人的轮廓路径，并进行路径填充。

06 描边路径

设置前景色为R224、G251、B255，建立第四个人的轮廓路径，使用相同方法进行路径填充。设置前景色为白色，选择画笔工具，在属性栏中设置参数。使用钢笔工具在画面的右下角勾画心形闭合路径，右击，在弹出的快捷菜单中执行“描边路径”命令，为心形描边。至此，本实例制作完成。

设计师训练营 绘制简单插画

通过前面的讲解，对填充路径和描边路径有了比较细致的了解，在绘制插画时也经常使用这两种方法，其优点是使用方便、制作快捷。下面就结合这两种方法制作简单插画图像。

01 新建图像文件并绘制路径

按下快捷键Ctrl+N，在弹出的“新建”对话框中设置各项参数，单击“确定”按钮，新建图像文件。新建“图层 1”，选择钢笔工具，在画面上绘制燕子图像的身体路径，在“路径”面板上可以看到自动生成一个工作路径。

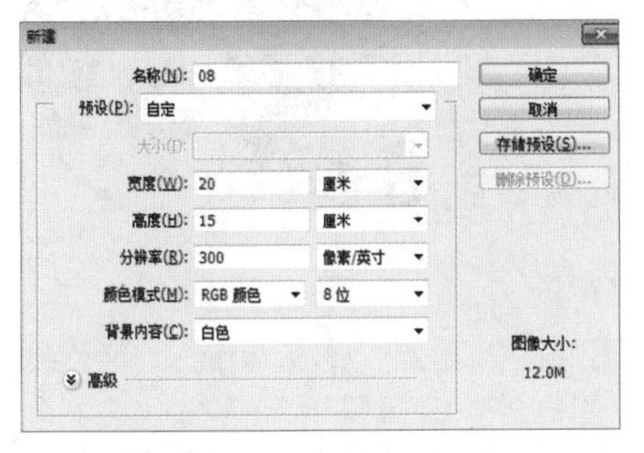

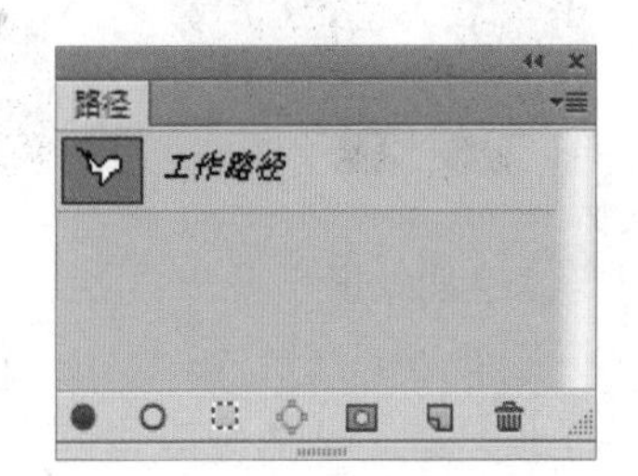

02 填充路径

设置前景色为R93、G47、B21，然后在路径中右击，在弹出的快捷菜单中执行“填充路径”命令，在弹出的对话框中进行设置，完成后单击“确定”按钮，对路径进行填充。

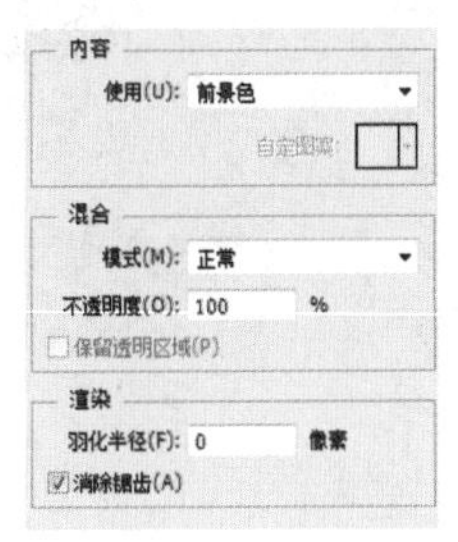

03 制作帽子

使用同样的方法新建“图层 2”，使用钢笔工具绘制帽子的路径，设置前景色为R116、G54、B19，在“路径”面板中单击“用前景色填充路径”按钮，填充路径为前景色。

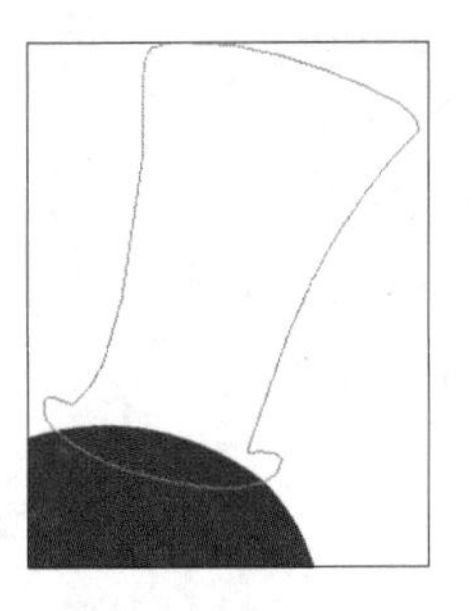

04 制作人物腿部

使用同样的方法新建“图层 3”，使用钢笔工具绘制人物腿部的路径，设置前景色为R251、G231、B218，在“路径”面板中单击“用前景色填充路径”按钮，填充路径为前景色。

05 绘制整个人物

使用同样的方法，根据人物的身体、手臂、面部和头发等不同部分，分别新建图层，使用钢笔工具绘制路径并设置相应的前景色，再对路径进行填充，绘制整个人物。

06 制作白色图案

新建“图层 11”，使用钢笔工具绘制燕子帽子上的花纹等路径。设置前景色为白色，在“路径”面板中单击“用前景色填充路径”按钮，填充路径为前景色。

07 制作燕子眼睛和帽子装饰图案

使用同样的方法，在“图层”面板中新建“图层 12”，使用钢笔工具分别绘制燕子的眼睛和其帽子上的装饰五角星图像路径，然后分别设置相应的前景色对路径进行填充。

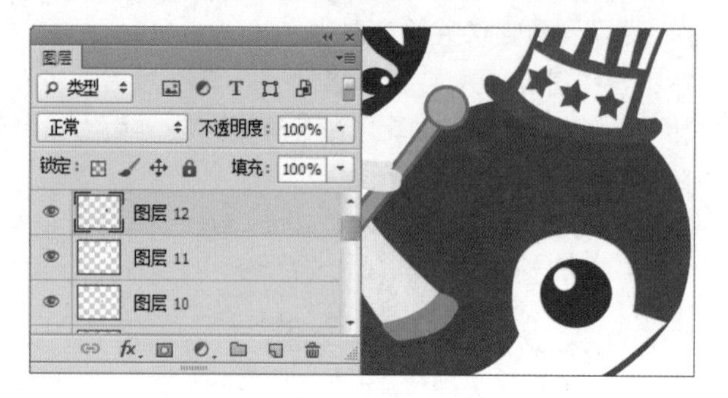

08 绘制兔子

分别新建“图层 13”和“图层 14”，使用钢笔工具绘制人物旁边的兔子的头部、身体和尾巴路径，分别设置相应的前景色填充路径。再使用画笔工具分别绘制兔子的五官。

09 制作渐变背景

在“背景”图层上方新建“图层 15”，选择渐变工具，在“渐变编辑器”对话框中从左到右设置颜色为R4、G87、B166到R168、G229、B255，从上到下进行线性渐变填充。

10 制作放射状背景效果

新建“图层 16”，单击自定形状工具，在“形状”下拉列表中选择形状为“靶标 2”，然后按住Shift键在画面上拖曳鼠标，绘制此形状路径。完成后按下快捷键Ctrl+Enter将路径转换为选区，再单击渐变工具，在“渐变编辑器”对话框中从左到右设置颜色为R105、G208、B250到R222、G249、B255，然后在选区内进行从上到下的线性渐变填充。

11 制作花朵外形

新建“组 1”，将其重命名为“花”，然后新建“图层 17”，使用钢笔工具在画面上绘制一个花朵路径，设置前景色为白色，在“路径”面板中单击“用前景色填充路径”按钮，填充路径为前景色。选择画笔工具，设置“画笔”为“尖角16像素”，然后设置前景色为R252、G39、B0，单击“用画笔描边路径”按钮，对路径进行描边。

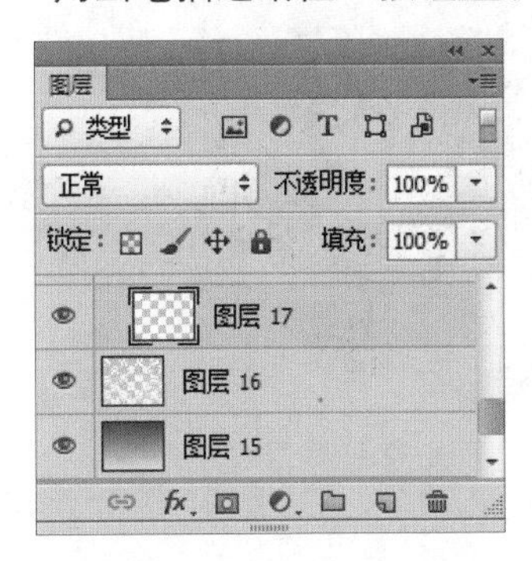

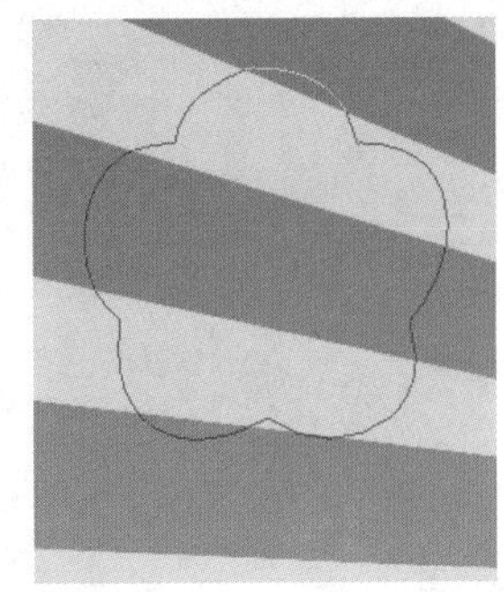

12 制作花蕊并复制调整花朵图像

选择自定形状工具，在“形状”选项中选择形状为“花形装饰4”，按住Shift键在画面上拖曳鼠标，绘制此形状路径。设置前景色为R253、G134、B112，在“路径”面板中单击“用前景色填充路径”按钮，填充路径为前景色。按下快捷键Ctrl+J，复制多个“图层 17 副本”图层，再按下快捷键Ctrl+T，对图像进行适当的调整，然后按下快捷键Ctrl+U，调整部分图像的色相。

13 制作圆形图像

新建“组 1”，将其重命名为“圆”，然后新建“图层 18”，选择椭圆工具，再绘制一个圆形路径，设置前景色为白色，单击“用前景色填充路径”按钮，填充路径为前景色。

14 描边圆形图像并进行复制调整

设置前景色为R12、G55、B137，然后选择画笔工具，设置为“尖角10像素”，单击“用画笔描边路径”按钮，对路径进行描边。复制多个“图层 18 副本”，并适当调整其大小和位置。

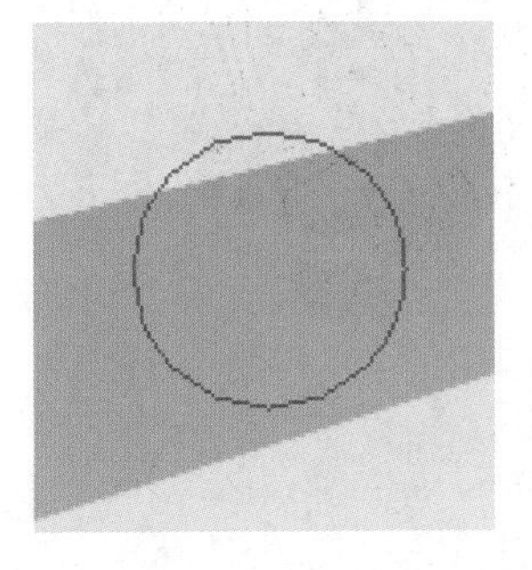

15 制作圆圈图像

在“花”组下新建“组 1”并重命名为“圆圈”，新建“图层 19”，同样的方法使用椭圆工具，再绘制一个圆形路径，设置前景色为R112、G198、B169，然后填充路径为前景色。

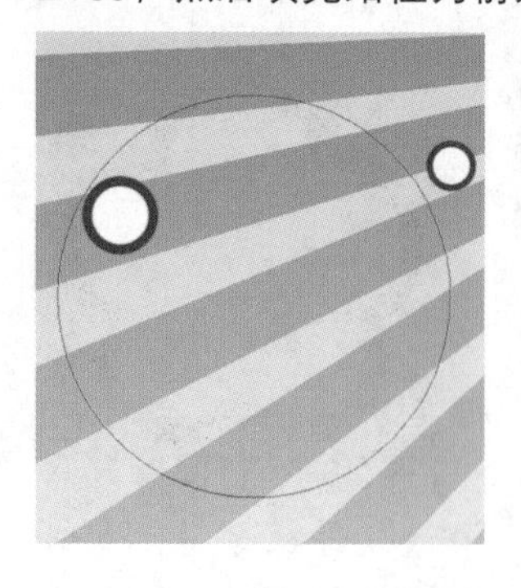

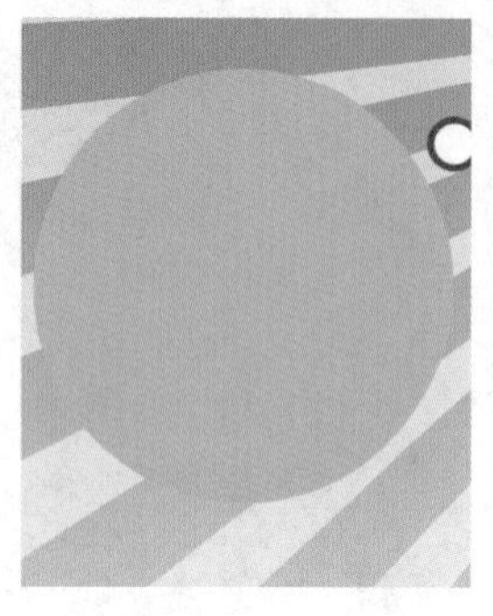

16 描边圆圈图形并进行复制

继续使用椭圆工具在圆形图像上绘制几个同心圆路径，选择画笔工具，设置其“画笔”为“尖角5像素”，再对路径进行描边。复制多个“图层 19 副本”，并适当调整其大小和位置。

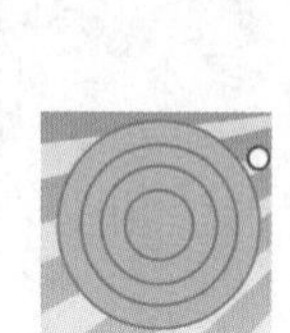

17 复制、合并组并调整色相/饱和度

复制“圆圈”组为“圆圈 副本”组，然后右击“圆圈 副本”组，在弹出的快捷菜单中执行“合并组”命令，得到“圆圈 副本”图层。单击“创建新的填充或调整图层”按钮，在弹出的菜单中选择“色相/饱和度”选项，然后在属性面板中进行各项设置。执行“图层>创建剪贴蒙版”命令，将“圆圈副本”图层创建为“色相/饱和度”调整图层的剪贴蒙版。

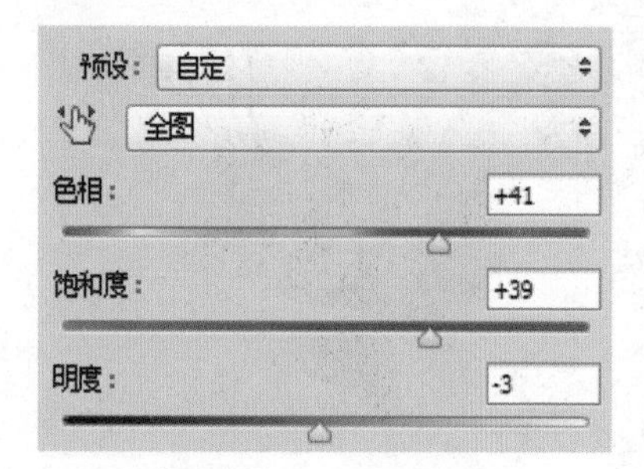

18 制作浪花图像

在“圆圈”组下新建“组 1”并重命名为“浪花”，新建“图层 20”，使用钢笔工具在画面上绘制一个浪花路径，按下快捷键Ctrl+Enter，将路径转换为选区。选择渐变工具，在“渐变编辑器”对话框中从左到右设置颜色为R255、G212、B1和R222、G249、B255，然后在选区内进行从上到下的线性渐变填充。继续绘制路径，设置前景色为白色，填充路径为前景色，然后复制多个“图层 20 副本”图层，按下快捷键Ctrl+T对图像进行适当的调整，放置在合适的位置。至此，本实例制作完成。

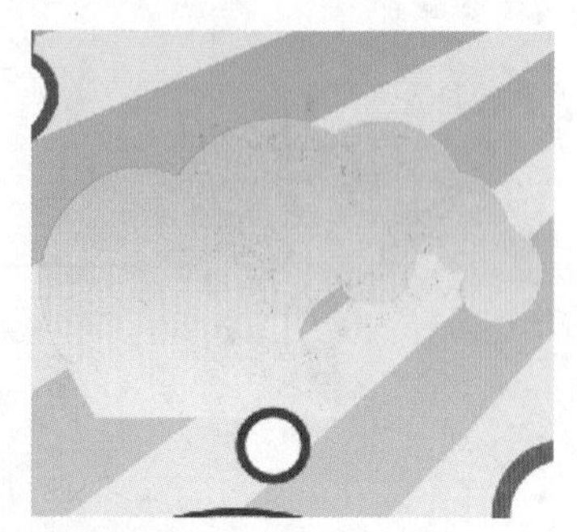

通道和蒙版的综合运用

通道和蒙版是Photoshop的核心技术。通道是通过灰度图像保存颜色信息及选区信息的载体。而在蒙版中对图像进行处理，能迅速地还原图像，避免在处理过程中丢失图像信息。

通道和Alpha通道

通道是Photoshop中的重要功能之一，它以灰度图像的形式存储不同类型的信息。通道主要包括三种类型，分别是颜色信息通道、Alpha通道和专色通道。在本节中，主要对通道中的颜色信息通道以及Alpha通道的相关知识进行介绍。

01 通道的作用

通道是存储不同类型信息的灰度图像，在通常情况下，打开图像文件后，在其“通道”面板中会自动创建出颜色信息通道，图像的颜色模式决定了所创建的颜色通道的数目。

通道的用处很多，不仅可以查看当前图像的颜色模式，使用通道还可以去除图像杂质、改变图像整体色调等。

“通道”面板

原图

在通道中去除杂色后

02 创建Alpha通道和载入Alpha通道选区

Alpha通道可以将选区存储为灰度图像，在Photoshop中，经常使用Alpha通道来创建和存储蒙版，以处理或保护图像的某些部分。下面简单介绍下创建Alpha通道和载入Alpha通道选区的方法。

❶ 绘制封闭路径并转化为选区。

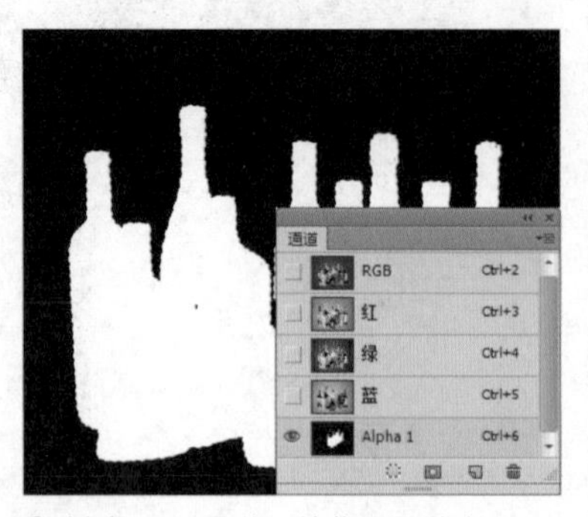

❷ 新建Alpha通道、并载入通道选区。

❸ 返回RGB通道，在图层面板复制选区对像至新图层，填充渐变背景。

通道的编辑

通过前面的学习，我们对通道知识有了一定的了解。本节将介绍编辑通道的相关知识，包括显示/隐藏通道、选择通道、重新排列通道和重命名通道。

01 显示或隐藏通道

在Photoshop中，可以通过“通道”面板来查看文档窗口中的任何通道组合。将不需要查看的通道前面的“指示通道可见性”图标取消，将需要查看的通道前的“指示通道可见性”图标显示即可。

原图

通道全部显示

红通道+蓝通道

隐藏绿通道

红通道+绿通道

隐藏蓝通道

绿通道+蓝通道

隐藏红通道

02 选择和编辑通道

下面来简单介绍下选择和编辑通道的操作方法。

❶ 打开素材文件。

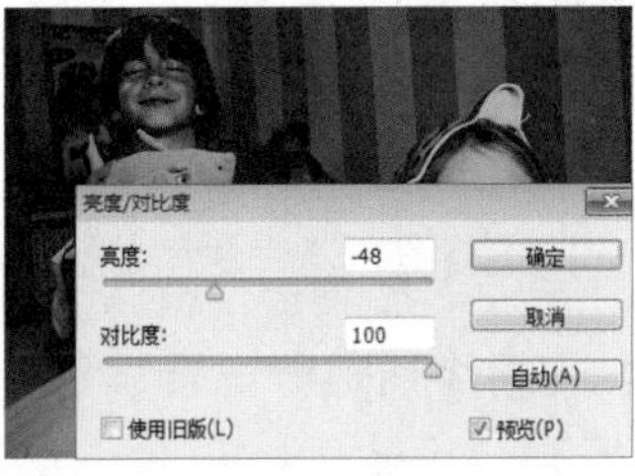

❷ 选中蓝绿通道，执行“亮度/对比度”命令。

❸ 载入红通道选区。

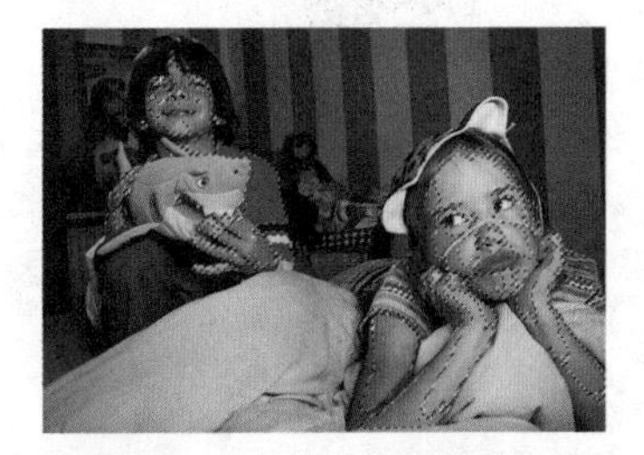
❹ 按Ctrl+Alt键单击蓝通道减去选区。

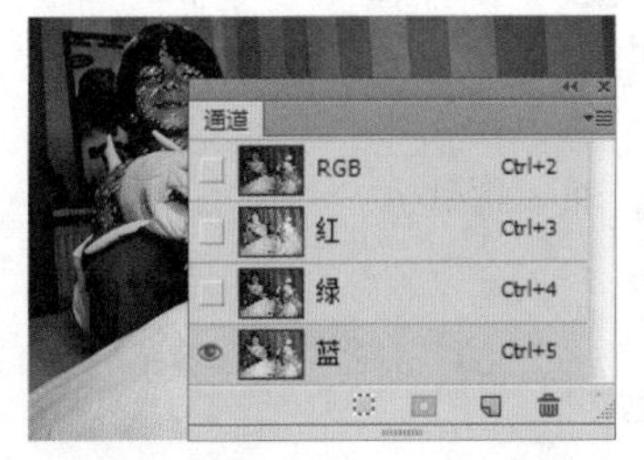

❺ 复制红通道，粘贴至蓝通道。

❻ 完成最终调整效果。

03 重新排列、重命名Alpha通道和专色通道

在对图像文件中的通道进行调整时，若要将Alpha通道或专色通道移动到默认颜色通道的上面，需要将图像文件先转换为多通道颜色模式，然后再对图像的通道进行调整。下面将介绍重新排列、重命名Alpha通道和专色通道的操作方法。

01 转换图像颜色模式

按下快捷键Ctrl+O，打开附书光盘中的实例文件\Chapter11\Media\03.jpg文件。执行“窗口>通道”命令，打开“通道”面板，然后再执行“图像>模式>多通道”命令，将图像转换为多通道颜色模式。

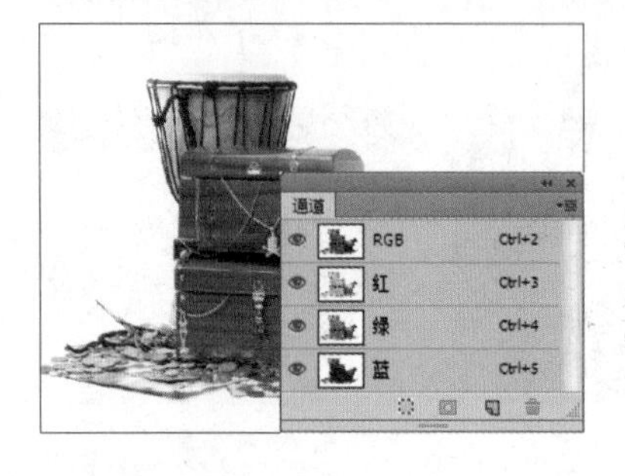

02 调整通道排列顺序

单击选中洋红通道，并将其直接拖曳到最上层位置，即可改变其位置，而其快捷键也跟着改变。

03 调整通道颜色

单击选中洋红通道，执行“图像>调整>色阶”命令，通过拖曳滑块改变该通道的颜色效果，完成后单击“确定”按钮，将设置的参数应用到当前通道中，再对青色通道进行调整。

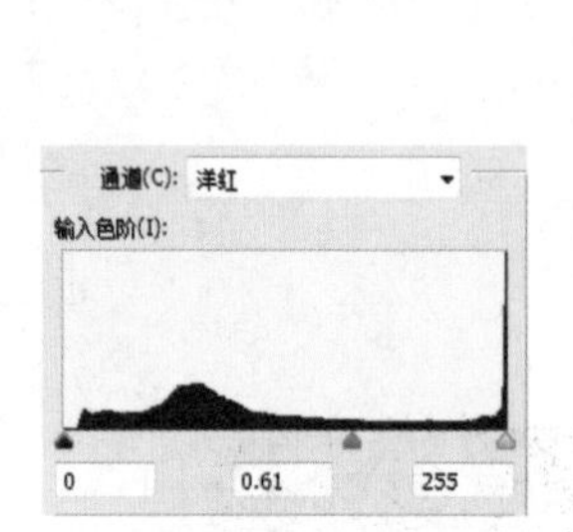

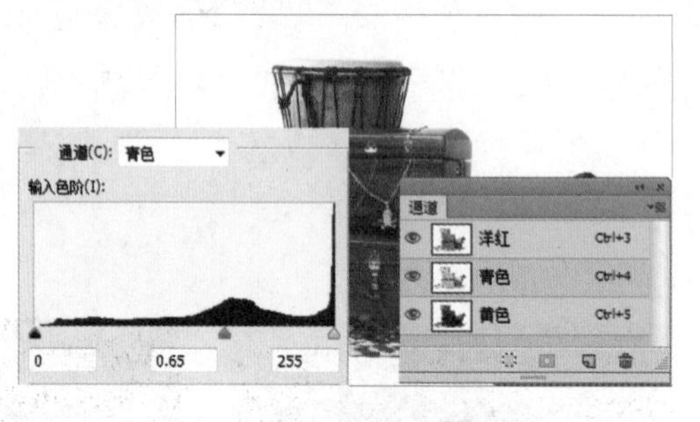

04 编辑通道名称

双击洋红通道的通道名称，出现文本框，插入点在文本框中闪烁，说明可对其名称进行编辑。

05 重命名通道

输入通道名为“更改过颜色通道1”，完成输入后单击“通道”面板空白处即可。按照同样的方法，将其他两个通道分别重命名为“更改过颜色通道2”和“更改过颜色通道3”。

06 转换图像模式

执行“图像>模式>RGB颜色”命令，即可将当前的颜色模式转换为RGB颜色模式。

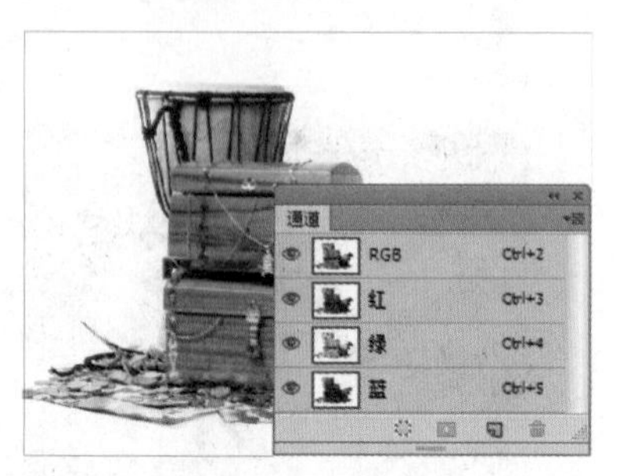

设计师训练营 在通道中制作非主流颜色照片

在前面的学习中，介绍了通道的相关知识，并了解了一些常用的编辑通道的方法，下面将介绍在通道中调整非主流颜色照片的方法。

01 打开图像文件

按下快捷键Ctrl+O，打开附书光盘中的实例文件\Chapter11\Media\04.jpg文件。按下F7键，打开“图层”面板。按下快捷键Ctrl+J3次，复制3次背景图层，并将这3个图层名称从上到下依次重命名为红、绿、蓝。单击选择“红”图层，然后在“通道”面板中单击红通道，图像变成黑白效果。

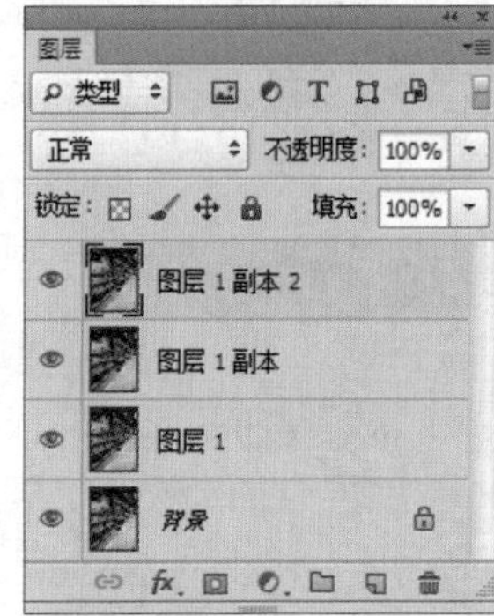

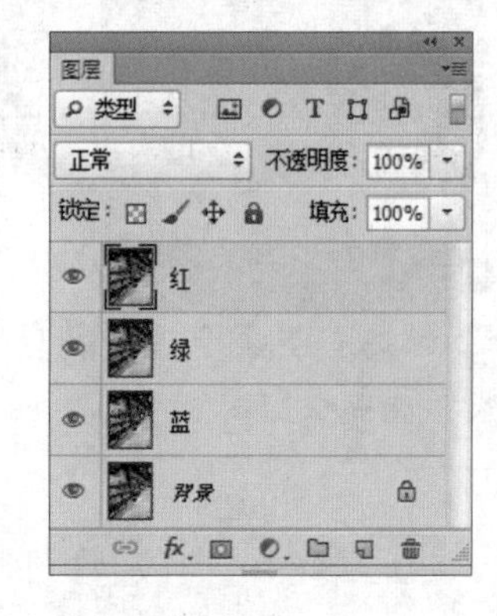

02 反相通道

按下快捷键Ctrl+I，将当前通道中的图像反相，然后在“通道”面板中单击RGB通道，当前图像变成由红色和绿色组成的图像。

03 反相其他通道

按照与上面相同的方法，在“图层”面板中分别将不同的图层选中，然后切换到“通道”面板中的相应通道中，进行反相操作。

04 设置“红”图层混合模式

在“图层”面板中单击选中“红”图层，设置其图层混合模式为“柔光”。

05 设置“绿”图层混合模式

单击选中“绿”图层，设置其图层混合模式为“正片叠底”、“不透明度”为72%，设置完成后即可将当前设置的参数应用到当前图层中。

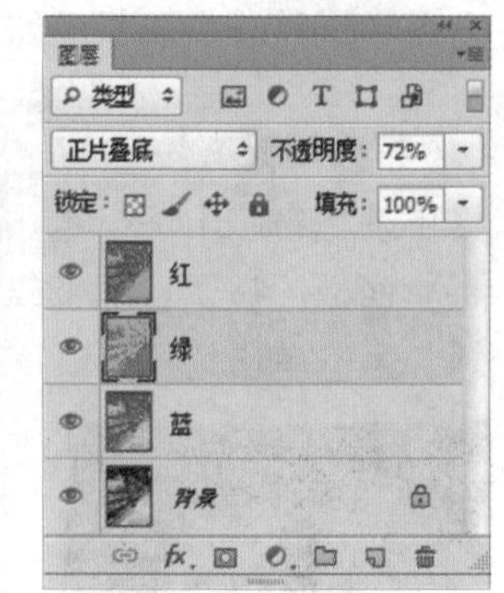

06 设置“蓝”图层混合模式

单击选中“蓝”图层，设置其图层混合模式为“强光”，完成后即可将设置的参数应用到当前图层中。

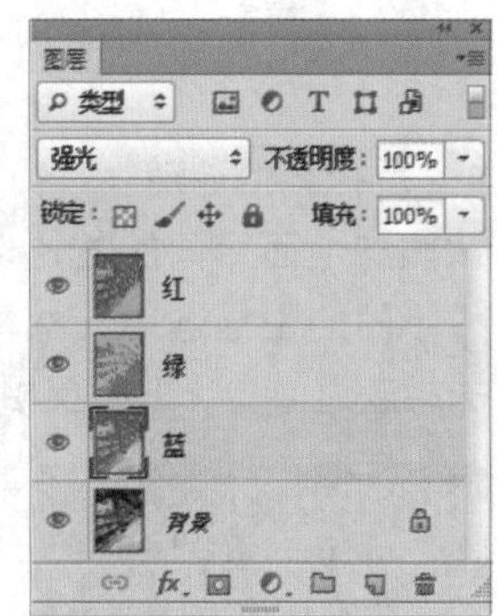

07 盖印图层

单击选中“红”图层，使其成为当前图层，然后按下快捷键Shift+Ctrl+Alt+E，将所有图层盖印到一个图层中，生成“图层 1”。

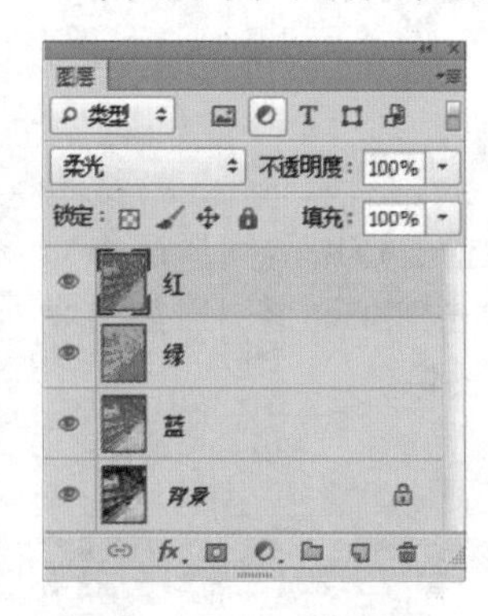

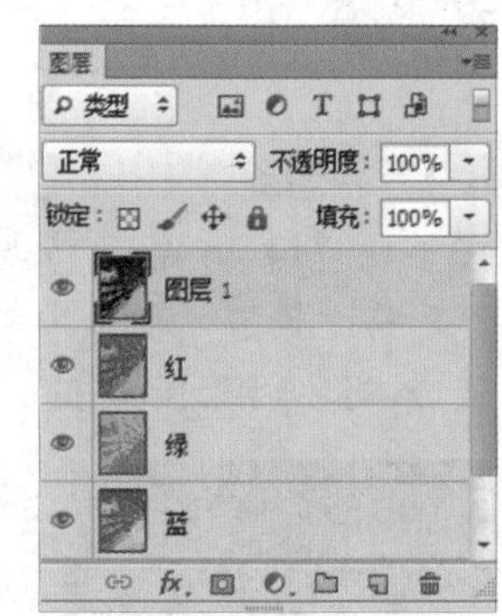

08 调整色阶

执行“图像>调整>色阶”命令，弹出“色阶”对话框，设置“输入色阶”为0、0.78、255，并将其应用到当前图层中。

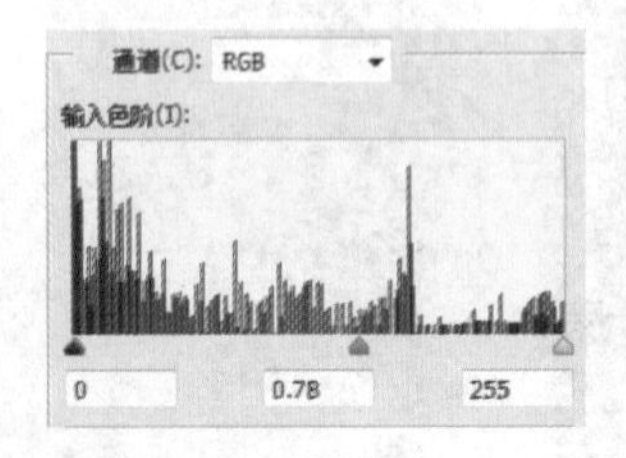

09 调整亮度/对比度

执行“图像>调整>亮度/对比度”命令，弹出“亮度/对比度”对话框，设置“亮度”为66、“对比度”为37。至此，本实例制作完成。

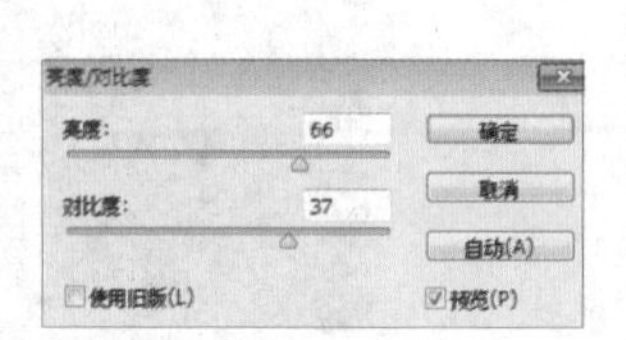

通道计算

通道的计算主要依靠在“计算”对话框中进行设置来完成，“计算”命令可以在两个通道相应像素上执行数学运算，然后在单个通道中组合运算。在本节中，主要介绍通道计算的相关操作方法。

使用“计算”对话框可以将细节效果最多的两个通道组合，进行黑白转换，从而得到需要的通道效果或新文件。执行“图像>计算”命令，即可弹出“计算”对话框。下面来认识“计算”对话框。

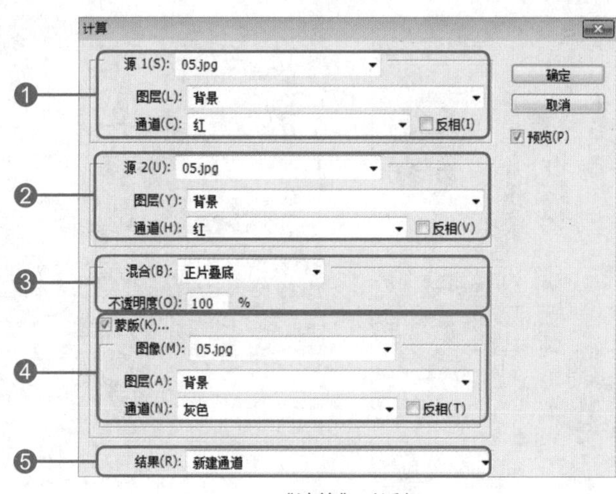

“计算”对话框

❶ **“源 1”选项组**：通过在该选项组中设置，可选择图像中的第一个通道，并对选择该通道的图层以及何种通道进行选择。

❷ **“源 2”选项组**：通过在该选项组中设置，可选择图像中的第二个通道，并对选择该通道的图层以及何种通道进行选择。

❸ **通道属性选项组**：通过在该选项组中设置，可设置计算通道所使用的混合模式和不透明度。

❹ **“蒙版”选项组**：勾选“蒙版”复选框，即可激活下面的选项组，通过设置可对生成的蒙版的图层和通道参数进行设置。

❺ **“结果”选项**：单击右侧的下拉按钮，在打开的下拉列表中包含3个选项，分别是“新建文档”、“新建通道”和“选区”。选择“新建文档”选项，在完成设置后将自动新建一个以计算后结果为图像的图像窗口；选择“新建通道”选项，在完成设置后将新建一个Alpha通道；选择“选区”选项，在完成设置后，将设置的计算结果创建为选区在图像中出现。

原图

新建文档

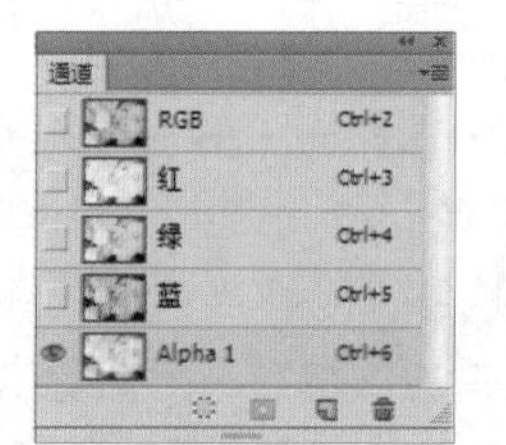

新建通道

创建的选区

“蒙版”面板

在Photoshop CS6的“蒙版”面板中，可更加人性化地对蒙版的创建效果进行调整。在本节中，将对“蒙版”面板的相关知识进行介绍。

在Photoshop CS6中，使用“蒙版”面板可以快速创建精确的蒙版图层，在“蒙版”面板中主要可以创建基于像素和矢量的可编辑蒙版、调整蒙版浓度并进行羽化，以及选择不连续的对象等。当为一个图层添加了图层蒙版后，在“属性”面板中可设置各项参数，下面来介绍该面板的参数设置。

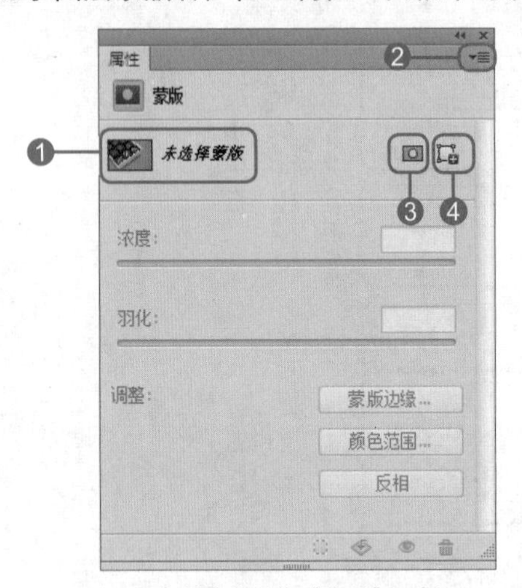

未创建蒙版的“蒙版”面板

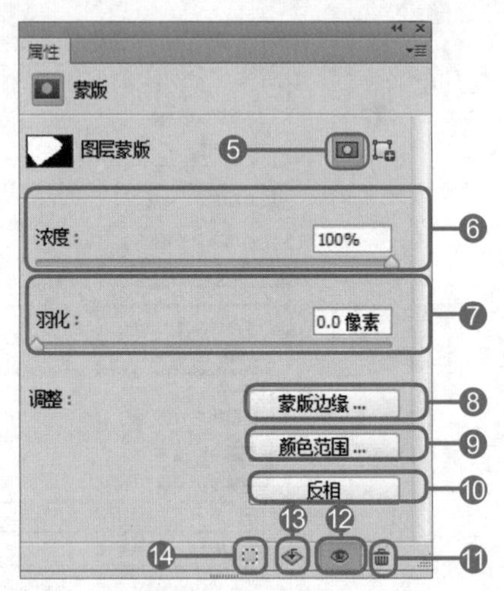

创建蒙版的“蒙版”面板

❶**蒙版预览区域**：在该区域中，可以查看到当前图像中所创建的蒙版效果。如果没有创建蒙版，在右侧的文字部分将显示“未选择蒙版”文字，并显示出当前图像的完成图像。

❷**扩展按钮**：单击该按钮，打开扩展菜单，在该菜单中，可对所创建的蒙版属性、添加蒙版到选区及从选区中减去蒙版等操作进行设置。

❸**“选择图层蒙版”按钮**：单击该按钮，可在当前图像中选择图层蒙版。

❹**“添加矢量蒙版”按钮**：单击该按钮，可在当前图像中添加矢量蒙版，并在其中使用钢笔工具或形状工具创建出各种形状。

❺**“选择像素蒙版”按钮**：单击该按钮，可将图像文件中的像素蒙版选中。

❻**“浓度”文本框**：通过在文本框中直接输入数值或拖曳下方的滑块，调整蒙版的不透明度。

❼**“羽化”文本框**：通过在文本框中直接输入数值或拖曳下方的滑块，调整蒙版边缘的羽化程度。

❽**“蒙版边缘”按钮**：单击该按钮，弹出“调整蒙版”对话框，在该对话框中通过设置各项参数可修改蒙版边缘，并针对不同的背景查看蒙版。

❾**“颜色范围”按钮**：单击该按钮，弹出“色彩范围”对话框，在该对话框中，可对当前选择的蒙版执行选择现有选区或颜色，以此来指定图像颜色或色彩范围的操作。

❿**“反相”按钮**：单击该按钮，可将当前的蒙版反相。

⓫**“删除蒙版”按钮**：单击该按钮，可删除当前蒙版。

⓬**“停用/启用蒙版”按钮**：单击该按钮，可停用或启用当前蒙版。

⓭**“应用蒙版”按钮**：单击该按钮，可应用当前的蒙版到图层中，并将其合并为一个普通图层。

⓮**“从蒙版中载入选区”按钮**：单击该按钮，可将当前蒙版载入为选区图像中。

Chapter

12

滤镜的综合运用

在Photoshop中根据滤镜产生的效果不同可以分为独立滤镜、校正性滤镜、变形滤镜、效果滤镜和其他滤镜。通过应用不同的滤镜可以制作出无与伦比的图像效果。

滤镜基础知识

在Photoshop中使用滤镜，可以制作出特殊的图像效果或快速执行常见的图像编辑任务，例如抽出局部图像，制作消失点等。在本节中，将对滤镜的基础知识进行介绍。

01 关于滤镜

使用滤镜可以对照片进行修饰和修复，为图像提供素描或印象派绘画外观的特殊艺术效果，还可以使用扭曲和光照效果创建独特的变化效果。单击菜单栏中的“滤镜”标签，打开滤镜菜单，在其子菜单中选择需要执行的滤镜命令，即可弹出相应的对话框，对其相应参数进行设置。

原图

应用“成角的线条”滤镜

应用“木刻”滤镜

02 重新应用上一次滤镜

在图像中应用了一次滤镜效果后，如果需要再次执行相同的设置，可通过执行菜单命令完成；如果要将当前滤镜转换为智能滤镜，也可以通过执行相应菜单命令完成。

❶ 打开素材并复制图层。

❷ 应用“半调图案”滤镜。

❸ 多次按下Ctrl+F键重复应用“半调图案”滤镜。

❹ 设置其混合模式为“柔光”。

❺ 盖印图层、并将其拖至新的素材中。

❻ 添加蒙版涂抹，设置混合模式为“叠加”。

独立滤镜

在Photoshop中除了普通滤镜外，还有独立滤镜，这些独立滤镜各自拥有其特殊功能，包括“滤镜库”、“镜头校正”滤镜、“液化”滤镜和“消失点”滤镜。本节将对这些独立滤镜的相关知识进行介绍。

单击“滤镜”标签，打开“滤镜”菜单，在该菜单的上部，显示出全部的独立滤镜选项。其中，“滤镜库”已经在前面介绍过了，在这里将主要介绍其他几种独立滤镜的功能和相应效果。

1. 滤镜库

“滤镜库”对话框可以通过设置累积应用多个滤镜，也可以应用单个滤镜多次。可以查看每个滤镜效果的缩览图示例，也可以重新排列滤镜并更改已应用的每个滤镜的设置，以便实现所需要的效果。

2.“镜头校正”滤镜

“镜头校正”滤镜在Photoshop CS6中以独立滤镜的形式呈现在滤镜菜单中，使用“镜头校正”滤镜，可将变形失真的图像进行校正。“镜头校正”滤镜可以修复常见的镜头瑕疵，如桶形和枕形失真、晕影和色差等。桶形失真是一种镜头缺陷，它会导致直线向外弯曲到图像的外缘。枕形失真的效果相反，直线会向内歪曲。出现晕影现象时图像的边缘会比图像中心暗。出现色差现象时图像显示为对象边缘有一圈色边，它是由镜头对不同平面中不同颜色的光进行对焦导致的。

原图

“镜头校正”对话框

校正效果

3.“液化”滤镜

使用“液化”滤镜，可以将图像进行推、拉、旋转、反射、折叠和膨胀的扭曲操作，并且可应用于8位/通道或16位/通道图像中。

4.“消失点”滤镜

使用“消失点”滤镜，可在包含透视平面的图像中进行透视校正编辑。在“消失点”对话框中，可以在图像中指定平面，然后应用绘画、仿制、拷贝或粘贴，以及变换等编辑操作，且所有编辑操作都将采用用户处理平面的透视效果。

原图

添加沙发材质效果图

校正性滤镜

校正性滤镜主要用于对图像中的杂点、瑕疵和模糊效果进行校正，其中包括杂色类滤镜、模糊类滤镜和锐化类滤镜等。在本节中，将对校正性滤镜的相关知识和使用效果进行介绍。

校正滤镜的类型从其滤镜组来分类，可以分为3大类，分别是杂色类滤镜、模糊类滤镜和锐化类滤镜。

01 杂色类滤镜

杂色类滤镜共有5种，分别是减少杂色、蒙尘与划痕、去斑、添加杂色和中间值。使用该类滤镜可以添加或去除杂色或带有随机分布色阶的像素。这有助于将选区混合到周围的像素中，另外使用杂色类滤镜还可以创建与众不同的纹理或去除有问题的区域。

“减少杂色”滤镜：可以在保留边缘的同时减少杂色。

“蒙尘与划痕”滤镜：通过更改相异的像素而减少杂色，调整图像的锐化效果并隐藏瑕疵。

“去斑”滤镜：可自动检测图像的边缘，并模糊除边缘外的所有选区，该模糊操作会去除杂色，并保留细节。

“添加杂色”滤镜：可以将随机像素应用于图像中，模拟在高速胶片上拍照的效果。也可以使用“添加杂色”滤镜来减少羽化选区，使照片看起来更真实。

“中间值”滤镜：通过混合选区中像素的亮度来减少图像中的杂色，该滤镜在消除或减少图像的动感效果时非常有用。

原图

应用“减少杂色”滤镜

原图

应用“去斑”滤镜

02 模糊类滤镜

该类滤镜共有14种。用它可柔化选区或整个图像，通过平衡图像中已定义的线条和遮蔽区域清晰边缘旁边的像素，使变化更柔和。

“表面模糊”滤镜：可在保留边缘的同时模糊图像，此滤镜用于创建特殊效果并消除杂色颗粒。

“动感模糊”滤镜：可制作出类似于以固定的曝光时间为一个移动的对象拍照的效果。

“方框模糊”滤镜：是以相邻像素的平均颜色值来模糊图像。

“高斯模糊”滤镜：通过调整参数快速模糊选区，产生朦胧感。

“径向模糊”滤镜：可模拟缩放或旋转的相机所产生的模糊，形成一种柔化的模糊效果。

“镜头模糊”滤镜：可向图像中添加模糊以产生更窄的景深效果，以便使图像中的一些对象在焦点内，而使另一些区域变模糊。

“模糊”和“进一步模糊”滤镜：在显著颜色变化处消除杂色。

“平均”滤镜：可找出图像或选区的平均颜色，然后用该颜色填充图像或选区以创建平滑的外观。

“特殊模糊”滤镜：可精确地模糊图像。

“形状模糊”滤镜：可使用指定的内核来创建模糊。

“场景模糊”滤镜：通过放置不同模糊程度的图钉，产生渐变模糊的效果。

“光圈模糊”滤镜：可在图像中添加一个或多个焦点。通过移动图像控件，改变焦点的大小与形状、图像其余部分的模糊数量以及清晰区域与模糊区域之间的过渡效果。

“倾斜偏移”滤镜：可使图像模糊程度与一个或多个平面一致。

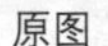
原图

应用“表面模糊”滤镜

应用“动感模糊”滤镜

应用“方框模糊”滤镜

应用“径向模糊”滤镜

03 锐化类滤镜

使用锐化类滤镜，可通过增大相邻像素的对比度来聚焦模糊的图像。该类滤镜有5种，分别是“USM锐化”滤镜、“进一步锐化”滤镜、“锐化”滤镜、“锐化边缘”滤镜和“智能锐化”滤镜。

“USM锐化”滤镜和“锐化边缘”滤镜：使用这两个滤镜，可查找图像中颜色发生显著变化的区域，然后将其锐化。其中“锐化边缘”滤镜只锐化图像的边缘，同时保留总体的平滑度，使用“USM锐化”滤镜调整边缘细节的对比度，可使边缘突出，造成图像更加锐化的错觉。

“进一步锐化”滤镜和“锐化”滤镜：可以聚焦选区并提高图像的清晰度，其中“进一步锐化”滤镜比“锐化”滤镜的锐化效果更强。

“智能锐化”滤镜：通过设置锐化算法或者控制“阴影”和“高光”中的锐化量来锐化图像。

原图

应用“USM锐化”滤镜

原图

应用“智能锐化”滤镜

变形滤镜

变形类滤镜主要包括"扭曲"滤镜、"消失点"滤镜和"液化"滤镜，这些滤镜都能对对象进行不同方式和不同程度的校正。在前面的内容中已经对"消失点"滤镜和"液化"滤镜进行了较为详细的介绍，在本节中，将对"扭曲"滤镜进行详细介绍。

使用"扭曲"滤镜可将图像进行几何扭曲，创建3D或其他图形效果。其中，有3个滤镜可以通过"滤镜库"来应用，它们分别是"扩散亮光"滤镜、"玻璃"滤镜和"海洋波纹"滤镜。另外，执行"滤镜>扭曲"命令，在打开的下一级子菜单中，选择任意扭曲类滤镜选项，即可打开相应对话框对其进行参数设置。

1."波浪"滤镜："波浪"滤镜可以通过设置波浪生成器的数量、波长、波浪高度和波浪类型等选项创建具有波浪的纹理效果。

原图

"波浪"滤镜类型为"正弦"

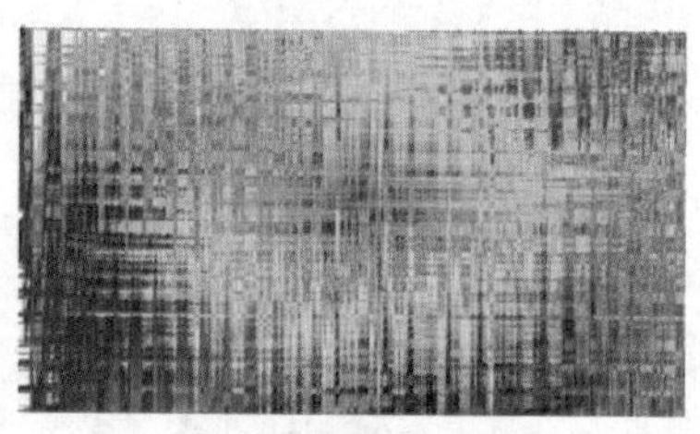

"波浪"滤镜类型为"方形"

2."波纹"滤镜："波纹"滤镜可以在选区上创建波状起伏的图案，就像水池表面的波纹一样。如果想要在图像中制作出更多的波纹效果，可以使用该滤镜。

3."玻璃"滤镜："玻璃"滤镜可以使图像呈现出透过不同类型的玻璃传看的模拟效果。

4."海洋波纹"滤镜："海洋波纹"滤镜可以将随机分隔的波纹添加到图像表面，使图像看上去像是在水中一样。

5."极坐标"滤镜："极坐标"滤镜可根据选择的选项，将选区从平面坐标转换到极坐标，或者将选区从极坐标转换到平面坐标。

6."挤压"滤镜："挤压"滤镜可以挤压选区，"数量"设置为正值将选区向中心移动，"数量"设置为负值将选区向外移动。

7."扩散亮光"滤镜："扩散亮光"滤镜可将图像渲染成透过一个柔和的扩散滤镜来观看一样。

8."切变"滤镜："切变"滤镜可沿着一条曲线扭曲图像，通过拖动框中的线条来指定曲线，可调整曲线上任何一点。

9."球面化"滤镜："球面化"滤镜可通过将选区折成球形扭曲图像，以及伸展图像以适合选中的曲线，使对象具有3D效果。

10."水波"滤镜："水波"滤镜可根据选区中像素的半径将选区径向扭曲，在该滤镜的对话框中通过设置"起伏"参数，可控制水波方向从选区的中心到其边缘的反转次数。

11."旋转扭曲"滤镜："旋转扭曲"滤镜可对选区进行旋转，且中心的旋转程度比边缘的旋转程度大。另外，指定角度时可生成旋转扭曲图案。

12."置换"滤镜："置换"滤镜可为置换图的图像确定如何扭曲选区，使用抛物线形的置换图创建的图像看上去像是印在一块两角固定悬垂的布上的效果。如果置换图的大小与选区的大小不同，则选择置换图适合图像的方式。选择“伸展以适合”可调整置换图大小，选择“拼贴”可通过在图案中重复置换图案填充选区。

设计师训练营 制作科幻海报

在前面的内容中，详细介绍了扭曲类滤镜的相关知识和操作，下面将把该滤镜组中的几个滤镜结合起来，制作科幻海报效果。

01 打开图像文件

按下快捷键Ctrl+O，打开附书光盘中的实例文件\Chapter12\Media\07.jpg文件。选择快速选择工具，在图片天空部分单击，将其创建为选区，然后按下快捷键Shift+Ctrl+I，将选区反向。按下快捷键Ctrl+J，将选区中的对象复制到新图层中，生成“图层 1”。在“图层”面板中单击“背景”图层前的“指示图层可见性”图标，使该图层不可见。

02 设置画布大小

执行“图像>画布大小”命令，或者按下快捷键Alt+Ctrl+C，弹出“画布大小”对话框。设置“宽度”为70厘米、“高度”为60厘米，并单击“定位”右上角的方框，单击“确定”按钮。

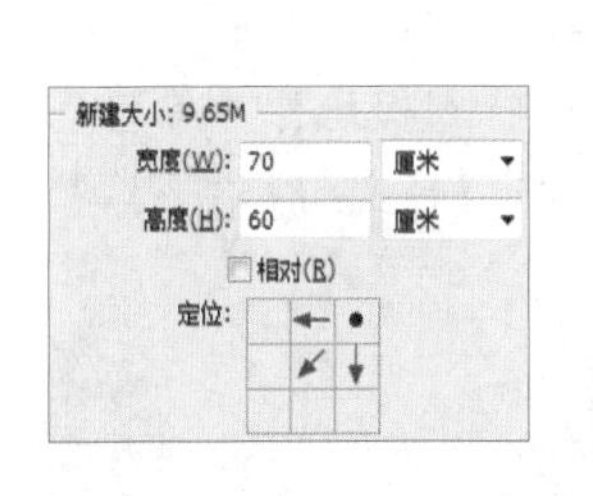

03 复制对象

将图像缩小并拖曳到右下角位置，按住Alt键不放，拖曳鼠标，复制一个图像，并放置到原图像的左边，然后将其水平翻转，并调整其位置，使两个图像对齐拼合。

04 复制其他对象

按照同上面相似的方法，再复制多个该对象，并调整其中4个复制对象呈垂直翻转状态。

05 应用“极坐标”滤镜

按住Shift键不放，将除了“背景”图层外的其他图层全部选中，按下快捷键Ctrl+E，将当前选中图层合并。执行“滤镜>扭曲>极坐标”命令，弹出“极坐标”对话框，选中“平面坐标到极坐标”单选按钮，完成后单击“确定”按钮，应用该滤镜到当前图层对象中。

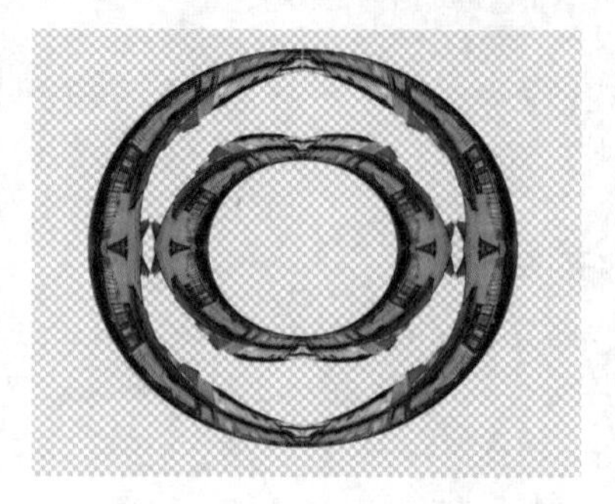

06 添加素材图像

按下快捷键Ctrl+O，打开附书光盘中的实例文件\Chapter12\Media\08.jpg文件。按下快捷键Ctrl+J，将背景图层复制到新图层中，生成“图层1”。单击“背景”图层，按下快捷键Alt+Ctrl+C，弹出“画布大小”对话框，设置“宽度”为60厘米、“高度”为60厘米，完成后单击“确定”按钮。在“图层”面板中单击“背景”图层前的“指示图层可见性”图标，使其不可见。

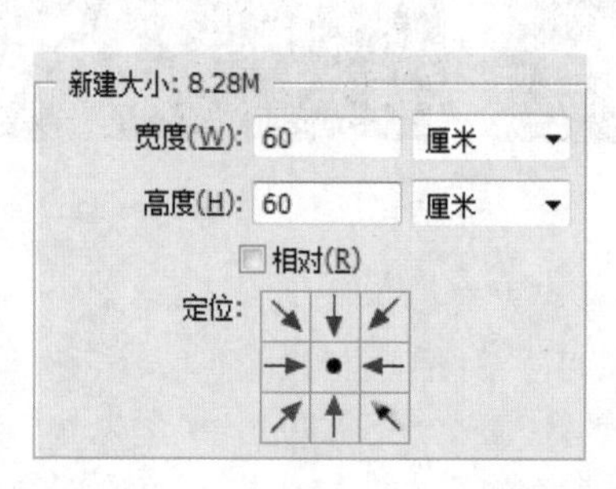

07 复制对象

按住Alt键不放，通过拖曳复制几个图像，并将其排列成一整排，然后将除“背景”图层外的其他图层同时选中，并按下快捷键Ctrl+E，将选中图层合并。

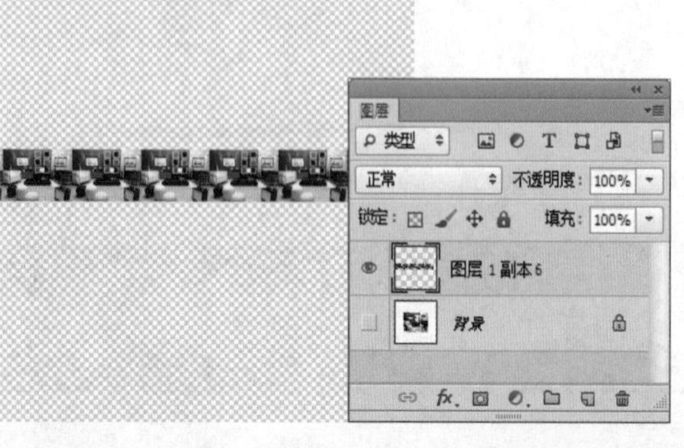

08 再次应用“极坐标”滤镜

执行“滤镜>扭曲>极坐标”命令，弹出“极坐标”对话框，选中“平面坐标到极坐标”单选按钮，设置完成后单击“确定”按钮，应用该滤镜到当前图层对象中。

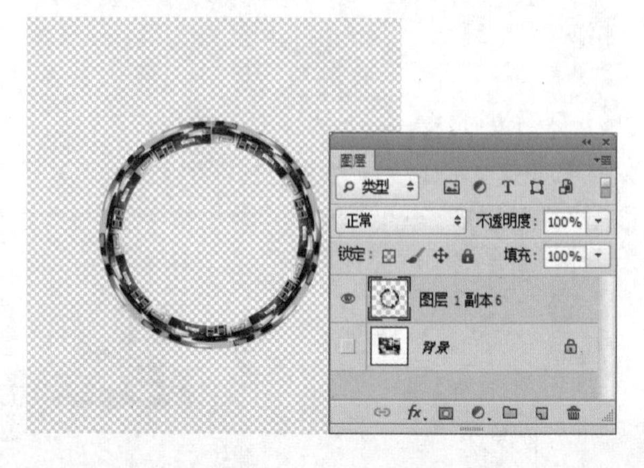

09 复制对象

按下快捷键Ctrl+J，将圆形对象复制到新图层中。按下快捷键Ctrl+T，调出变换编辑框，按住Shift+Alt组合键，拖曳鼠标，将其等比例缩小，完成变换后按下Enter键确认变换。按照同样的方法，复制其他对象，并将其等比例缩小，使其成为同心圆。

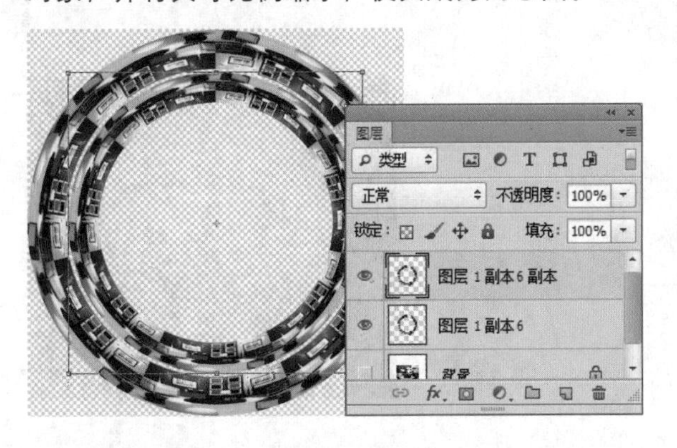

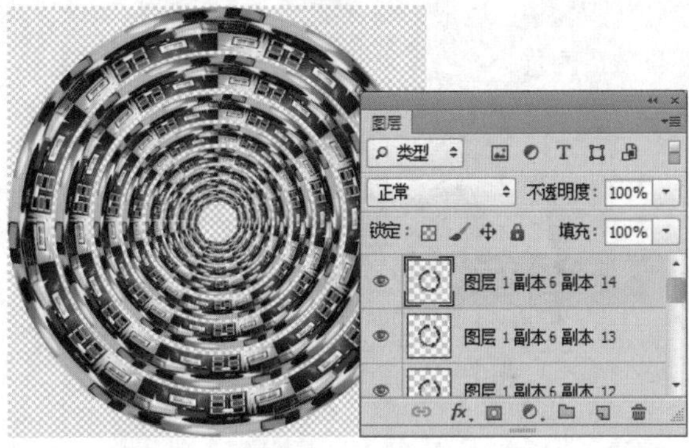

10 调整对象

按住Shift键不放，将除“背景”图层外的其他图层同时选中，然后按下快捷键Ctrl+E，将当前图层合并，将该对象拖曳到07.jpg文件中，并将其对齐，通过调整使两个圆大小相同。

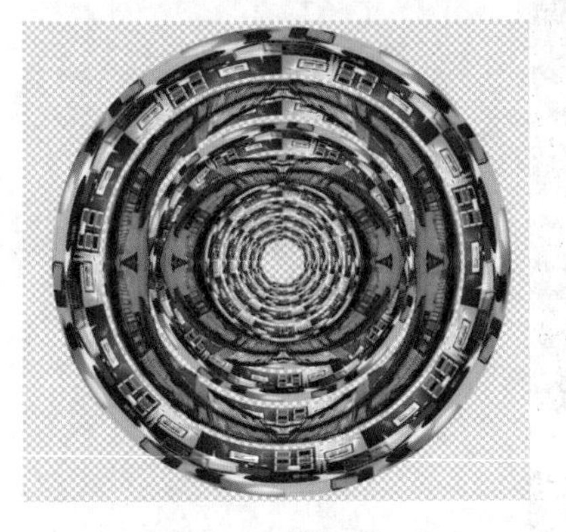

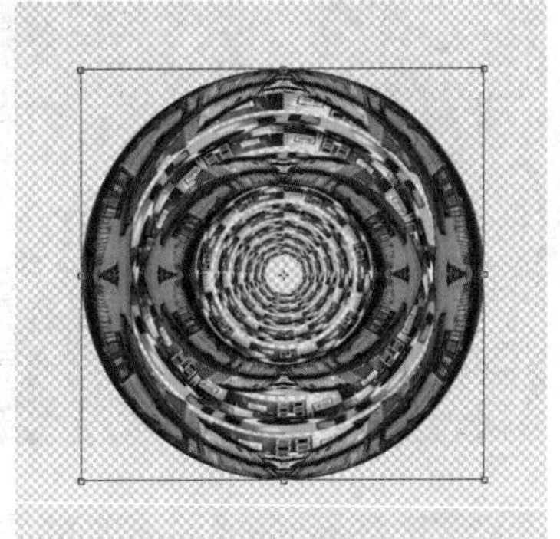

11 填充背景色

新建空白图层，生成“图层 2”并填充颜色为黑色，并将其放置在“背景”图层的上层位置。

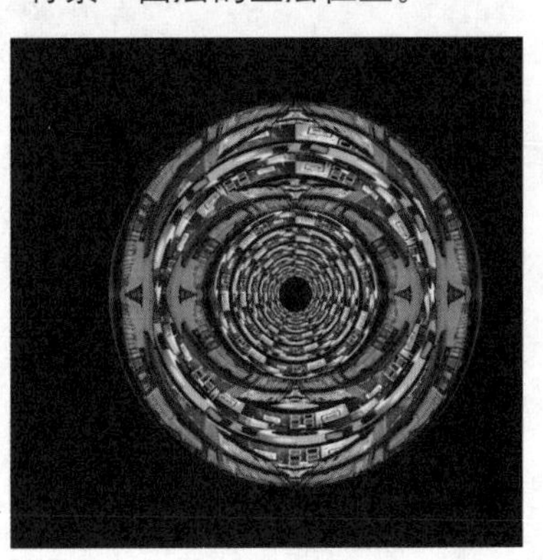

12 添加渐变映射

单击当前最上层图层，使其成为当前图层，然后单击“图层”面板中的“创建新的填充或调整图层”按钮，在弹出的菜单中选择“渐变映射”选项，切换到相应的调整面板中，设置渐变效果依次为0%：R0、G0、B0，53%：R86、G208、B38，100%：R255、G255、B255，完成后即可应用设置到当前图像中。

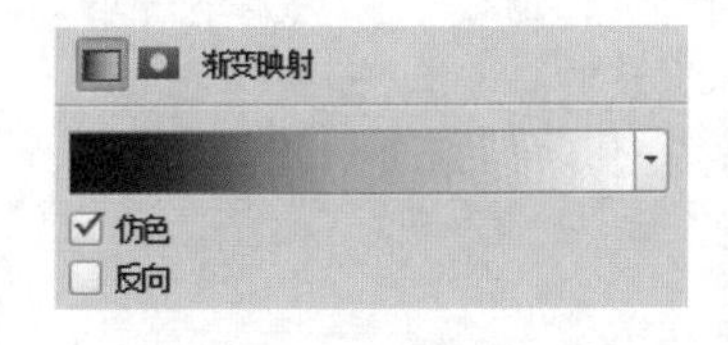

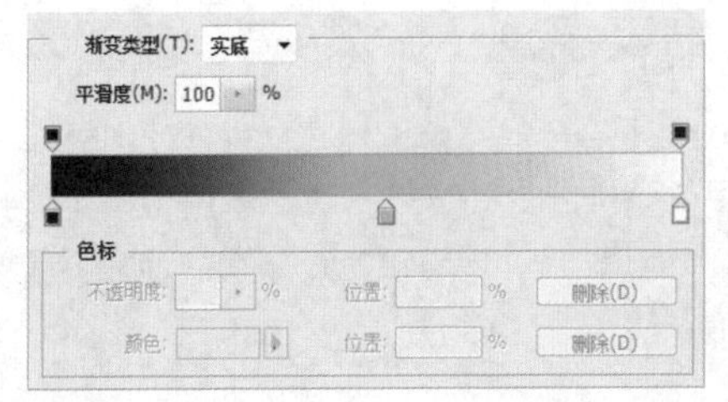

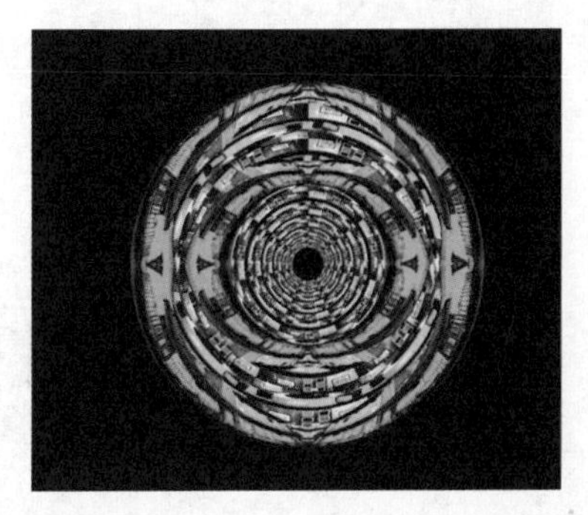

⑬ 盖印图层

按住Shift键不放，将“图层 2”以下的图层全部选中，按下快捷键Ctrl+Alt+E，将当前图层盖印到新图层中，生成“渐变映射1（合并）图层。

⑭ 添加图层样式

在“图层”面板中双击“渐变映射1（合并）”图层，弹出“图层样式”对话框，勾选“外发光”复选框，切换到相应的选项面板中，设置“颜色”为R27、G128、B4、“扩展”为7%、“大小”为158像素，单击“确定”按钮，即可应用当前的设置。

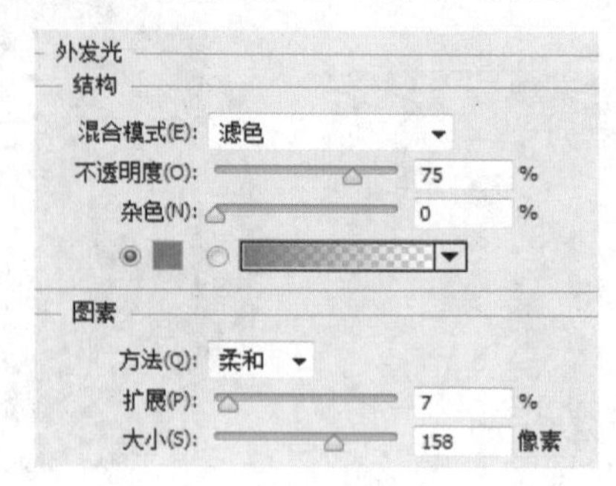

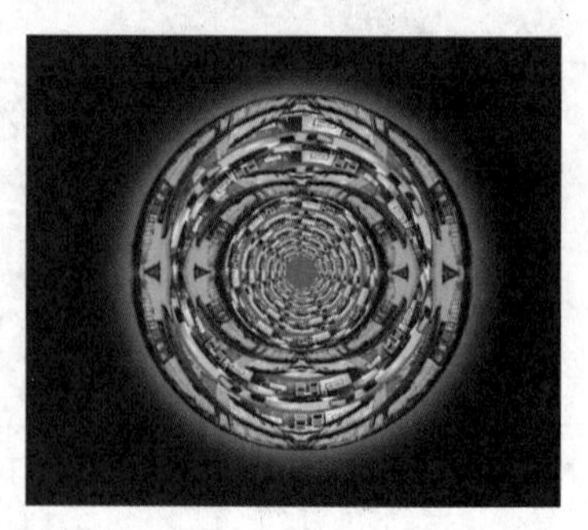

⑮ 添加渐变映射

单击“图层”面板中的“创建新的填充或调整图层”按钮，在弹出的菜单中选择“渐变”选项，弹出“渐变填充”对话框，设置渐变为从黑色到透明，完成后单击“确定”按钮，应用渐变到图像中，生成调整图层。在“图层”面板中，设置该调整图层的图层混合模式为“叠加”。

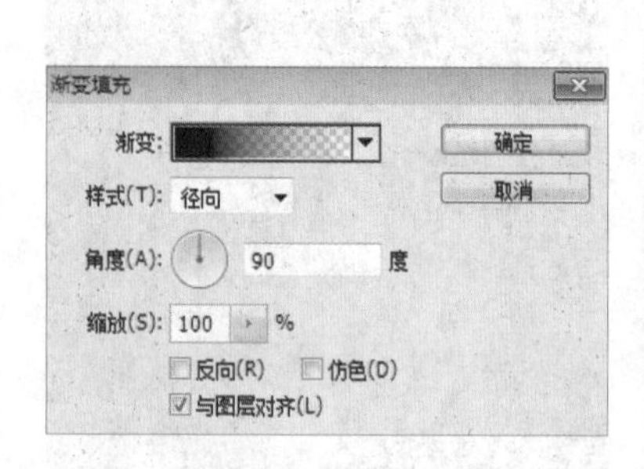

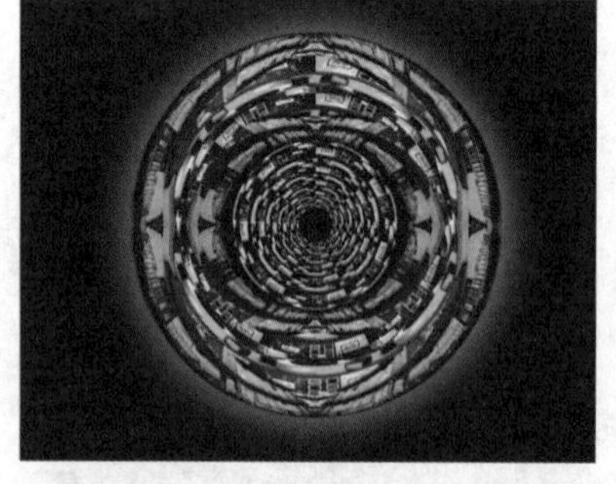

⑯ 填充对象

按下快捷键Shift+Ctrl+Alt+N，新建“图层 3”，选择椭圆选框工具，在画布正中创建正圆选区。按下快捷键Shift+F6，设置适当的羽化参数，应用到选区中，设置其填充色为“黑色”。按下快捷键Ctrl+D，取消选区。

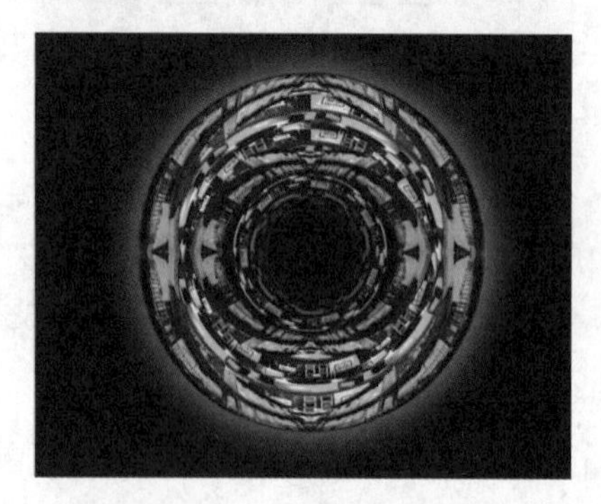

知识链接 “外发光”滤镜深度应用

“外发光”图层样式是“滤色”图层混合模式结合图像边缘轮廓来为其添加外发光效果，可以根据这一特性，调整其混合模式和发光颜色为图像添加外轮廓效果，通常被用于制作超写实效果和网页界面制作等。同理，还可以调整其渐变色和等高线，制作出需要的轮廓效果。“内发光”图层样式除了可以制作内发光的效果外，还可以为图像添加内轮廓效果。

17 盖印图层

按住Shift键，将“图层 2”以上的图层同时选中，按下快捷键Ctrl+Alt+E，盖印当前图层到新图层中，生成“图层 3（合并）”。

18 应用“铬黄渐变”滤镜

执行“滤镜>滤镜库”命令，在打开的对话框中选择“素描”中的“铬黄”命令，设置“细节”为0、“平滑度”为10，完成后单击“确定”按钮，即可将刚才所设置的滤镜参数应用到当前图层对象中，图层中的复制对象将变成黑色。

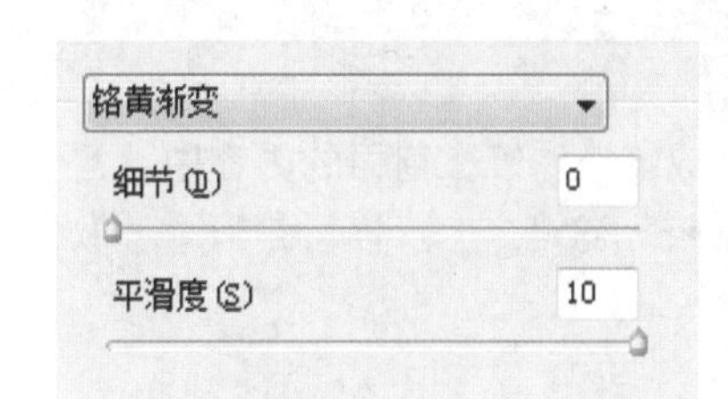

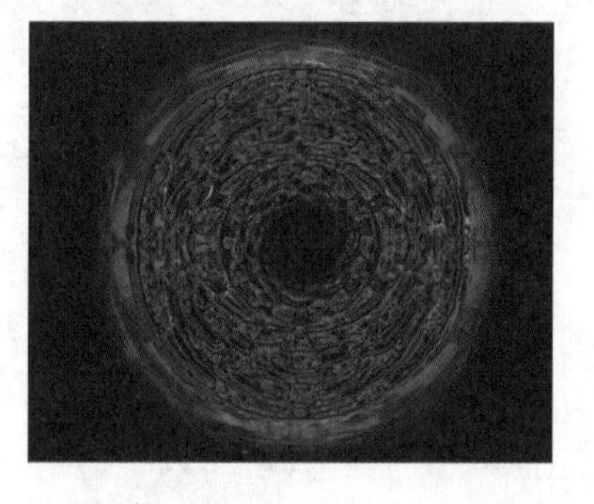

19 设置图层混合模式

在“图层”面板中，单击“图层 3（合并）”图层，使其成为当前图层，然后设置其图层混合模式为“线性减淡（添加）”。

20 添加文字

使用横排文字工具T在图像中输入文字，设置颜色为“白色”。

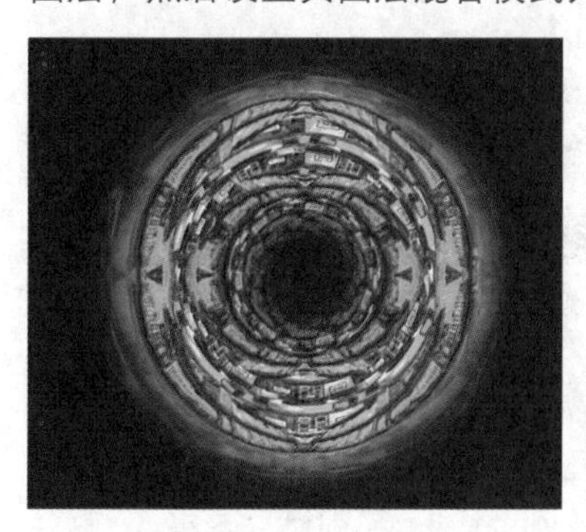

21 添加图层样式

在文字图层上单击鼠标右键，在弹出的快捷菜单中执行“混合选项”命令，在弹出的对话框中设置适当的“外发光”图层样式。

22 添加素材图像

打开附书光盘中的实例文件\Chapter12\Media\09.jpg文件，将其添加到原图像中，并调整到“图层 2”的上层位置。至此，本实例制作完成。

效果滤镜

效果类滤镜主要包括8种滤镜，它们分别是“图案生成器”滤镜、“艺术效果”滤镜、“画笔描边”滤镜、“渲染”滤镜、“素描”滤镜、“像素化”滤镜、“风格化”滤镜和“纹理”滤镜，使用这些滤镜可以制作出特殊的图像效果。在本节中，将对这些滤镜的相关知识和效果进行介绍。

在这8种效果滤镜中，“图案生成器”滤镜在前面的内容中已经介绍过了，下面将分别介绍“艺术效果”滤镜、“画笔描边”滤镜、“渲染”滤镜、“素描”滤镜、“像素化”滤镜、“风格化”滤镜和“纹理”滤镜等7种效果滤镜。

1.“艺术效果”滤镜

使用“艺术效果”滤镜组中的滤镜，可以为图像制作绘画效果或艺术效果。它包括“壁画”滤镜、“彩色铅笔”滤镜、“粗糙蜡笔”滤镜、“底纹效果”滤镜、“调色刀”滤镜、“干画笔”滤镜、“海报边缘”滤镜、“海绵”滤镜、“绘画涂抹”滤镜、“胶片颗粒”滤镜、“木刻”滤镜、“霓虹灯光”滤镜、“水彩”滤镜、“塑料包装”滤镜和“涂抹棒”滤镜。

原图

应用“壁画”滤镜

应用“彩色铅笔”滤镜

应用“粗糙蜡笔”滤镜

应用“底纹效果”滤镜

2.“画笔描边”滤镜

与“艺术效果”滤镜组一样，“画笔描边”滤镜组也是用不同的画笔和油墨描边效果创造绘画效果的外观。该滤镜组包括8个滤镜，分别是“成角的线条”滤镜、“墨水轮廓”滤镜、“喷溅”滤镜、“喷色描边”滤镜、“强化的边缘”滤镜、“深色线条”滤镜、“烟灰墨”滤镜和“阴影线”滤镜。

原图

应用“成角的线条”滤镜

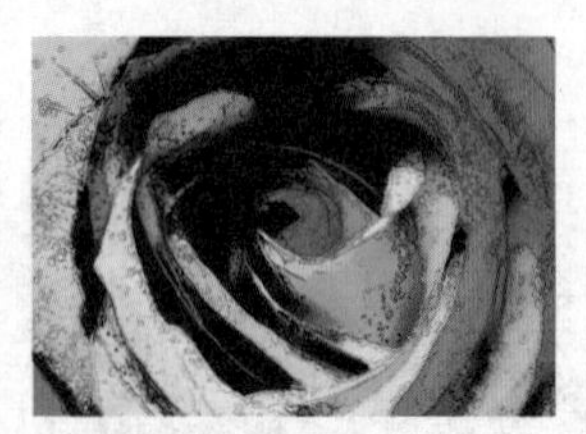

应用“墨水轮廓”滤镜

应用“喷溅”滤镜

3.“渲染”滤镜

使用“渲染”滤镜组中的滤镜可在图像中创建3D形状、云彩图案、折射图案和模仿的光反射，也可以在3D空间中操纵对象，创建3D对象（立方体、球面和圆柱），还可以从灰度文件创建纹理填充以产生类似3D的光照效果。该滤镜组中共包括5个滤镜命令，分别是“分层云彩”滤镜、“光照效果”滤镜、“镜头光晕”滤镜、“纤维”滤镜和“云彩”滤镜，执行“滤镜>渲染”命令，在打开的子菜单中，选择需要执行的滤镜命令，在弹出的对话框中设置适当的参数，完成后单击“确定”按钮，即可将设置的滤镜效果应用到当前图像中。

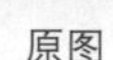

原图

应用“分层云彩”滤镜

应用“光照效果”滤镜

应用“镜头光晕”滤镜

应用“纤维”滤镜

4.“素描”滤镜

使用“素描”滤镜组中的滤镜将纹理添加到图像上，可获得3D效果，或创建出美术及手绘外观。“素描”滤镜组中共包含14种滤镜效果，它们分别是“半调图案”滤镜、“便条纸”滤镜、“粉笔和炭笔”滤镜、“铬黄渐变”滤镜、“绘图笔”滤镜、“基底凸现”滤镜、“水彩画纸”滤镜、“撕边”滤镜、“石膏效果”滤镜、“炭笔”滤镜、“炭精笔”滤镜、“图章”滤镜、“网状”滤镜和“影印”滤镜。执行“滤镜>滤镜库”命令，在打开的对话框中选择“素描”命令，在打开的子菜单中，选择需要执行的滤镜命令，设置适当的参数，完成后单击“确定”按钮，即可将设置的滤镜参数应用到当前图像中。

5.“像素化”滤镜

使用“像素化”滤镜组中的滤镜可以使单元格中颜色值相近的像素结成块来清晰的定义一个选区。“像素化”滤镜组中共包含7种滤镜，它们分别是“彩块化”滤镜、“彩色半调”滤镜、“点状化”滤镜、“晶格化”滤镜、“马赛克”滤镜、“碎片”滤镜和“铜版雕刻”滤镜。

原图

应用“彩块化”滤镜

应用“点状化”滤镜

应用“晶格化”滤镜

应用“马赛克”滤镜

6.“风格化”滤镜

使用“风格化”滤镜组中的滤镜，可以通过像素置换和查找来增大图像的对比度，在选区中生成绘画或印象派的效果。“风格化”滤镜组中共包含9种滤镜，它们分别是“查找边缘”滤镜、“等高线”滤镜、“风”滤镜、“浮雕效果”滤镜、“扩散”滤镜、“拼贴”滤镜、“曝光过度”滤镜和“凸出”滤镜。执行“滤镜>风格化”命令，在打开的子菜单中选择任意选项，即可通过参数设置应用滤镜效果。

7.“纹理”滤镜

使用“纹理”滤镜组中的滤镜可模拟具有深度感或物质感的外观，或者添加一种器质外观。“纹理”滤镜组中共包含6种滤镜，它们分别是“龟裂缝”滤镜、“颗粒”滤镜、“马赛克拼贴”滤镜、“拼缀图”滤镜、“染色玻璃”滤镜和“纹理化”滤镜。

其他滤镜效果

使用“其他”滤镜组中的滤镜效果，可以创建自己的滤镜、使用滤镜修改蒙版、在图像中使选区发生位移和快速调整颜色，其中包括“高反差保留”滤镜、“位移”滤镜、“自定”滤镜、“最大值”滤镜和“最小值”滤镜。

要熟练使用“其他”滤镜组中的滤镜效果，首先要对这些滤镜产生的不同效果进行了解。执行“滤镜>其他”命令，在打开的子菜单中，选择需要应用的滤镜，即可弹出相应的对话框。

1.“高反差保留”滤镜

使用该滤镜，在有强烈颜色转变发生的地方按指定的半径保留边缘细节，并且不显示图像的其余部分。此滤镜会移去图像中的低频细节，与“高斯模糊”滤镜的效果恰好相反。

2.“位移”滤镜

使用该滤镜可将选区移动到指定的水平位置或垂直位置，而选区的原位置变成空白区域，可以用当前背景色或图像的另一部分填充这块区域，另外也可以使选区靠近图像边缘等。

3. 自定滤镜

使用该滤镜，可以设计自己的滤镜效果，根据预定的数学运算（称为卷积），可以更改图像中每个像素的亮度值，根据周围像素值为每个像素重新指定一个值，此滤镜操作与通道加、减计算类似。

原图

应用自定滤镜

4.“最大值”滤镜和“最小值”滤镜

这两个滤镜对于修改蒙版非常有用，使用“最大值”滤镜能够产生阻塞的效果，可将白色区域展开，黑色区域阻塞。使用“最小值”滤镜有应用伸展的效果，可将黑色区域展开，白色区域阻塞。与“中间值”滤镜相似，“最大值”和“最小值”滤镜都针对选区中的单个像素，在指定半径内，“最大值”和“最小值”滤镜用周围像素的最高或最低亮度值替换当前像素的亮度值。

原图

应用“最大值”滤镜

应用“最小值”滤镜

Chapter

13

创建视频动画和3D技术成像

随着版本的不断完善，Photoshop拥有了更强大的功能。Photoshop CS6可以创建视频图像、帧动画和时间轴动画。另外，其新增的3D功能还可以创建和合成富有立体感的图像。

创建视频图像

动画是指在一段时间内显示的一系列图像或帧。每一帧较前一帧都有轻微的变化，当连续、快速地显示这些帧时就会产生运动或其他变化的错觉。使用Photoshop中的任何工具都可以编辑视频的各个帧和图像序列文件，即编辑视频和动画文件。另外，还可以在视频上应用滤镜、蒙版、变换、图层样式和混合模式等。

01 创建在视频中使用的图像

在Photoshop中可以创建能够在视频显示器等设备上正确显示的各种长宽比的图像。在“新建”对话框“预设”下拉列表中选择“胶片和视频”选项，然后选择适合显示图像的视频系统的大小，最后在“高级”选项组中指定颜色配置文件和特定的像素长宽比。

“胶片和视频”预设会创建带有非打印参考线的文档，参考线标出图像的动作安全区域和标题安全区域。在“新建”对话框中选择“大小”下拉列表中提供的选项，可以生成用于NTSC、PAL或HDTV等特定视频系统的图像。

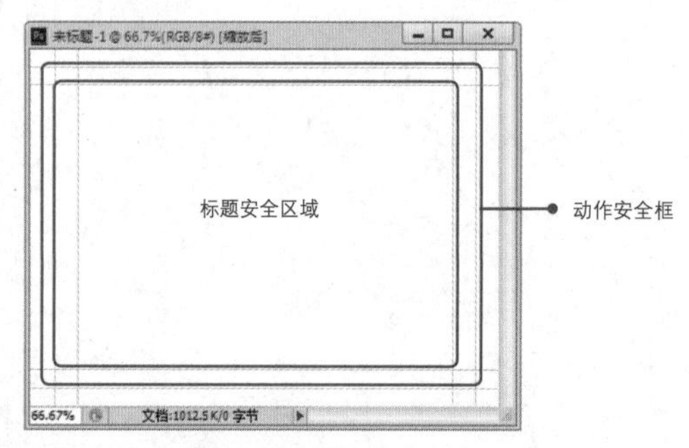

视频预设文件的大小和参考线

02 创建新的视频图层

在Photoshop CS6中，通过将视频文件添加到新图层中，或者创建空白图层来创建新的视频图层。“替换素材”命令可将视频图层中的视频或图像序列帧替换为不同的视频或图像序列源中的帧。

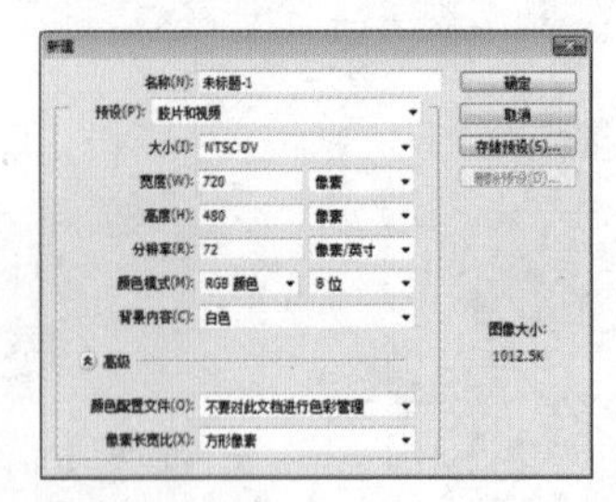

❶ 新建视频显示文档。

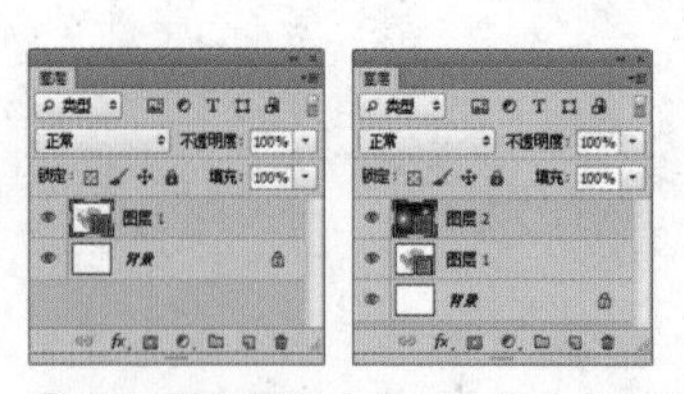

❷ 打开光盘视频文件，并新建空白视频图层。

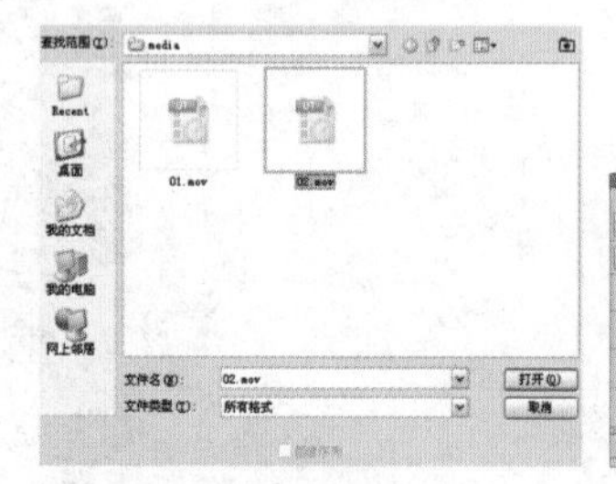

❸ 在视频图层中替换素材。

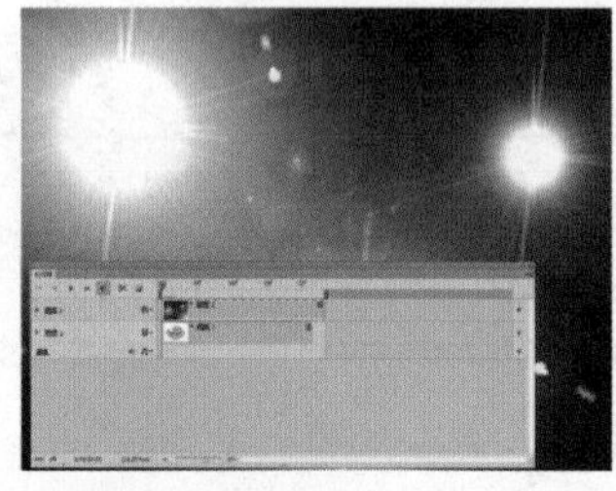

❹ 播放视频文档。

创建帧动画和时间轴动画

在Photoshop中主要有帧模式和时间轴模式两种创建动画的方式。前者通过指定每秒钟动画播放的帧数（即帧速率），编辑每一帧的内容来创建动画；后者为每个图层的不同属性添加关键帧，并指定关键帧出现的时间和该图层内容的持续时间来创建动画。

创建帧动画需要结合“动画（帧）”面板和“图层”面板的动画选项进行设置。“动画（帧）”面板显示每个帧的缩览图，可以应用相关选项浏览各个帧、设置循环选项、添加和删除帧以及预览动画。

专家技巧

更改动画帧的播放顺序

在“动画（帧）”面板中选择动画帧，水平拖动帧缩览图调整帧位置。如果拖动多个不连续的帧，将会连续地放置到新位置。

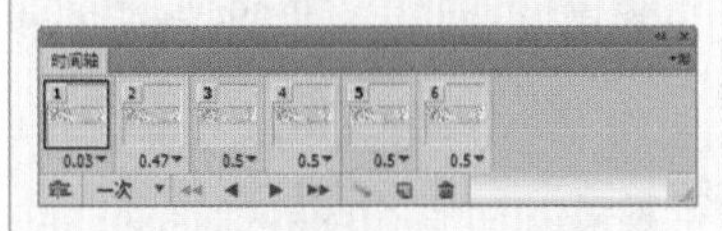

选定多个不连续的动画帧

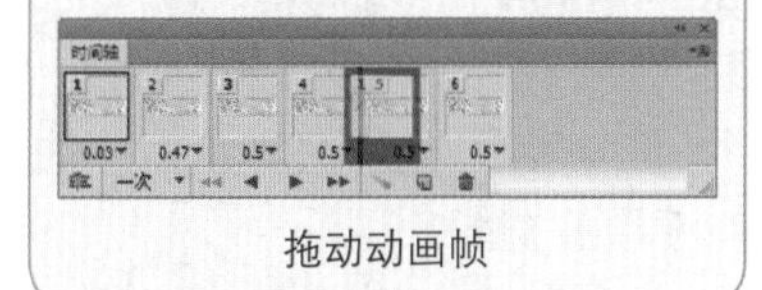

拖动动画帧

知识链接

Photoshop支持的视频文件和图像序列的格式

1. QuickTime视频格式

MPEG-1、MPEG-4、MOV、AVI；Adobe Flash 8支持QuickTime的FLV格式；MPEG-2编码器，支持MPEG-2格式。

2. 图像序列格式

BMP、DICOM、JPEG、OpenEXR、PNG、PSD、Targa、TIFF；增效工具，则支持Cineon和JPEG 2000。

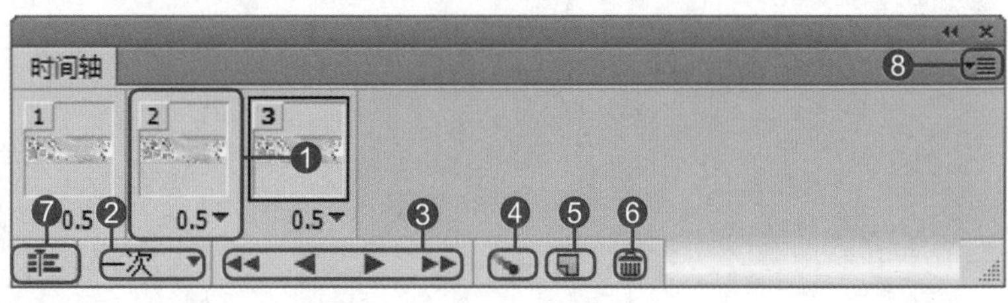

“动画（帧）”面板

❶ 显示每帧的缩览图，单击缩览图下方的下拉按钮，在弹出的下拉列表中可以指定每帧的播放速率。

❷ **“选择循环选项”列表：**在下拉列表中指定帧播放形式。若选择“其他”选项，则弹出“设置循环次数”对话框，在该对话框中可以设置播放的“次数”。

❸ 通过单击各项按钮控制动画的播放和停止等。分别为选择第一帧、选择上一帧、播放动画和选择下一帧。

❹ **“过渡动画帧”按钮：**在指定帧之间添加过渡动画帧。通过在“过渡”对话框中设置过渡方式，指定添加帧的位置；“参数”选项组可设置创建过渡动画帧时是否保留原来关键帧的位置等。

选定要创建过渡动画的帧

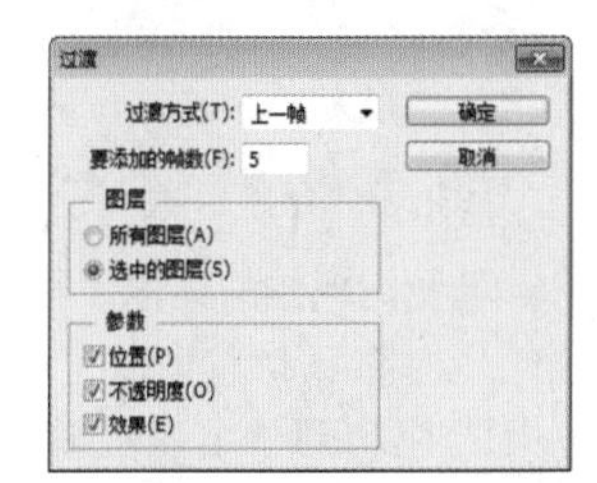

“过渡”对话框

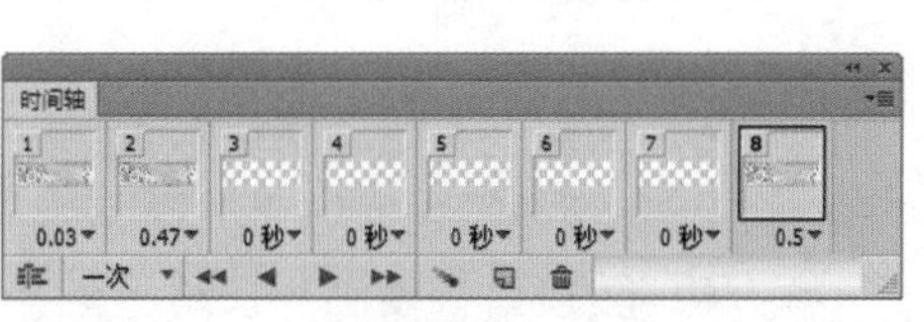

创建过渡动画帧

过渡动画的效果

专家技巧

指定时间轴持续时间和出现时间

Photoshop提供了多种方法，用于指定图层在视频或动画中出现的时间。

1. 更改入点和出点以调整持续时间

视频或动画中第一个出现的帧叫作“入点”，最后一个结束的帧叫作“出点”。通过拖动时间栏的开头和结尾可更改指定视频或动画中图层的入点和出点。

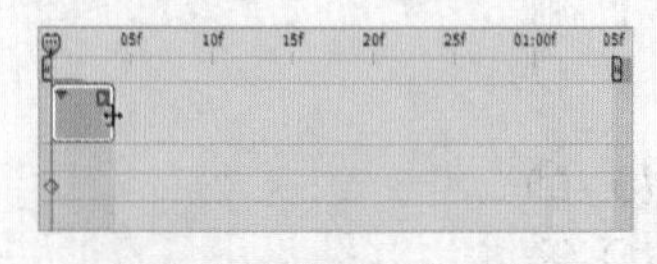

拖动时间栏指定“入点”

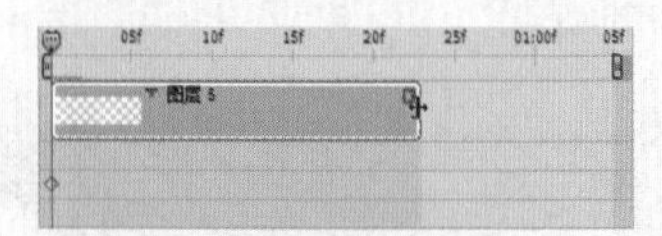

拖动时间栏指定“出点”

或者在播放头处裁切结尾，采用这种方法只需在“动画（时间轴）”面板的扩展菜单中执行“移动和裁切”命令，在弹出的快捷菜单中选择“在播放头处裁切结尾”命令。

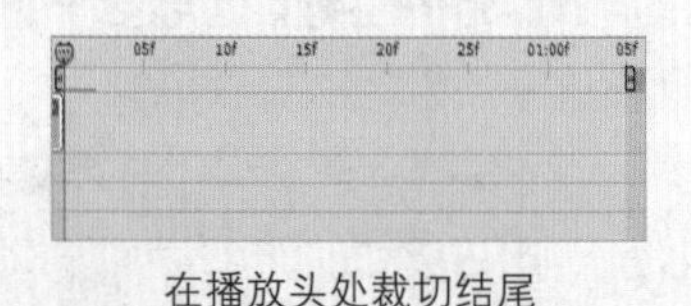

在播放头处裁切结尾

2. 调整时间轴的具体位置

将图层持续时间栏向左或向右拖动到指定出现时间轴的位置。

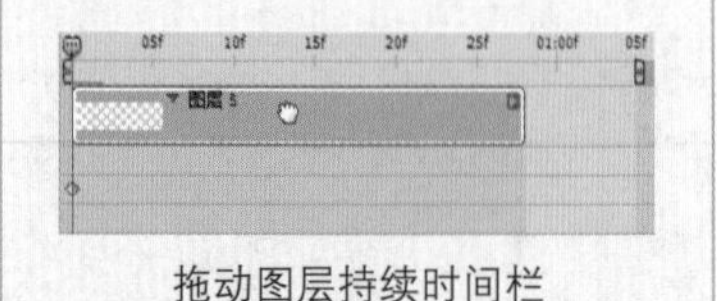

拖动图层持续时间栏

❺**“复制所选帧”按钮**：单击该按钮，复制选定的帧，通过编辑这个帧创建新的帧动画。

❻**“删除所选帧”按钮**：单击该按钮，删除当前选定的帧。

❼**“转换为时间轴动画”按钮**：单击该按钮切换到“动画（时间轴）”面板。

❽**扩展按钮**：单击扩展按钮，打开的扩展菜单中包含各项用于编辑帧或时间轴持续时间，以及配置面板外观的命令。

“动画（时间轴）”面板显示文档各个图层的帧持续时间和动画属性。通过在时间轴中添加关键帧的方式设置各个图层在不同时间的变化情况，从而创建动画效果。

通过使用时间轴控件可以直观地调整图层的帧持续时间，或者设置图层属性的关键帧并将视频的某一部分指定为工作区域。

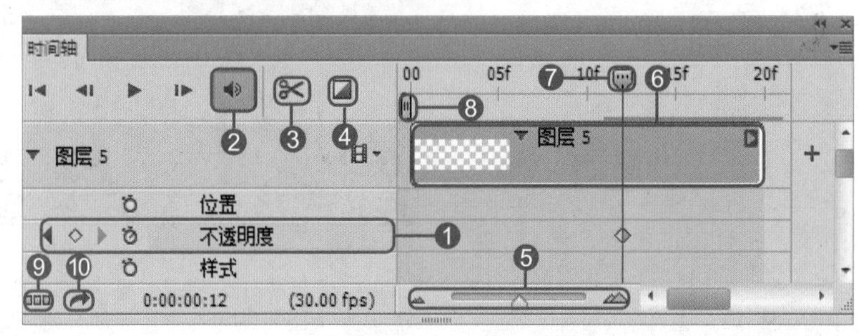

“动画（时间轴）”面板

❶显示当前图层中的某个属性，该属性在当前时间指示器指定的时间帧中添加了一个关键帧。单击“在当前时间添加或删除关键帧”按钮添加一个关键帧，并编辑该关键帧创建相应属性的动画。

❷**“启用音频播放”按钮**：单击该按钮，启用视频的音频播放功能；再次单击该按钮，启用静音音频播放功能。

❸**“在播放头处拆分”按钮**：单击该按钮，即可在播放头处拆分视频，按下快捷键Ctrl+Z可撤销拆分。

❹**“拖动以应用”按钮**：单击该按钮，即可弹出快捷菜单，在其中选择任意过渡效果并拖动以应用该效果。

❺拖动滑块可放大和缩小时间显示。向右拖动滑块，放大时间显示；向左拖动滑块，则缩小时间显示。

❻**图层持续时间条**：指定图层在视频或动画中的时间位置。拖动任意一端对图层进行裁切，即可调整图层的持续时间。拖动绿条将图层移动到其他时间位置。

❼**当前时间指示器**：拖动该指示器即可浏览帧或者更改当前时间或帧。

❽**“工作区开始”滑块和“工作区结束”滑块**：分别指定视频工作区的开始和结束位置。

❾**“转换为帧动画”按钮**：单击该按钮，切换到“动画（帧）”面板。

❿**“渲染视频”按钮**：单击该按钮，即可弹出“渲染视频”对话框，在其中可以设置各项参数，从而渲染当前视频。

3D工具的基础知识

Photoshop CS6在支持3D方面的技术上进行了大量的突破和革新。现在可以将二维图像轻松地转换为三维对象，或者直接应用绘画工具在3D模型中绘图。还可以应用图像素材为3D模型添加纹理，以及应用新增的3D工具和3D面板编辑3D对象等。

Photoshop CS6的工具箱中新增加了用于编辑3D对象的3组工具。其中，选择移动工具，在其属性栏中会出现3D模式选项组，包括常用的工具按钮。右击吸管工具，在快捷菜单中新增了一个3D材质吸管工具，用于吸取3D对象的材质。右击油漆桶工具，在快捷菜单中新增了一个3D材质拖放工具，用于对3D对象进行拖放。这些工具极大地方便了对3D对象的编辑或调整。

3D 模式：

3D模式选项组

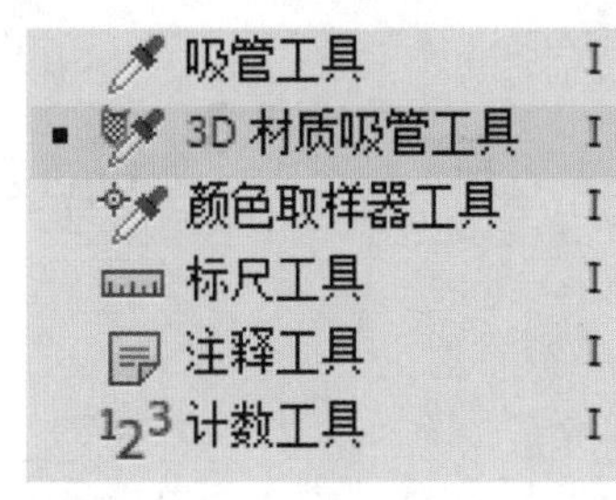

3D材质吸管工具

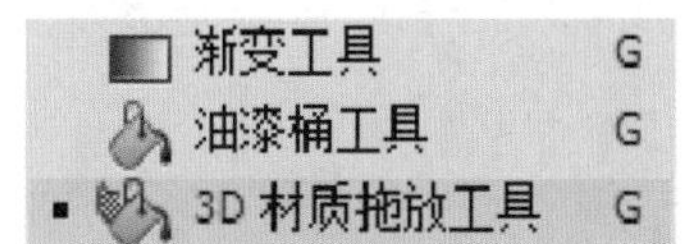

3D材质拖放工具

1. 3D模式选项组

在Photoshop CS6中可以对3D对象进行移动、旋转和缩放的变换操作。选择移动工具，在其属性栏中新增了3D模式选项组，下面对这5个工具按钮进行分别介绍。

3D对象比例工具的属性栏

❶ **3D对象旋转工具**：通过任意拖动3D对象，分别进行X、Y、Z轴的空间旋转。
❷ **3D对象滚动工具**：将旋转约束在X、Y轴、X、Z轴或Y、Z轴之间，启用轴之间会出现橙色的标注。
❸ **3D对象平移工具**：在画面中任意拖动，对3D对象进行X、Y、Z轴的空间移动。

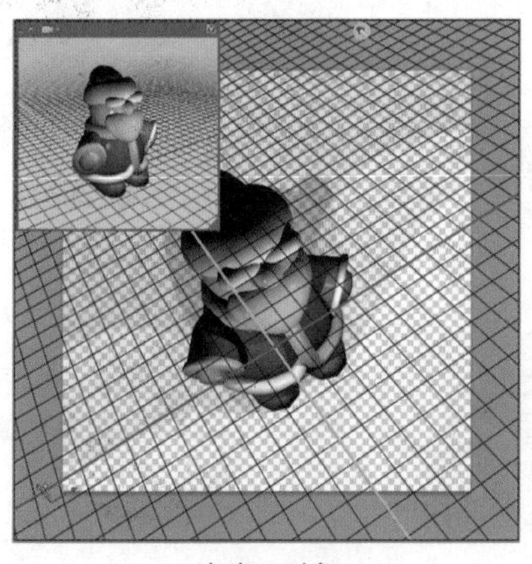

滚动3D对象

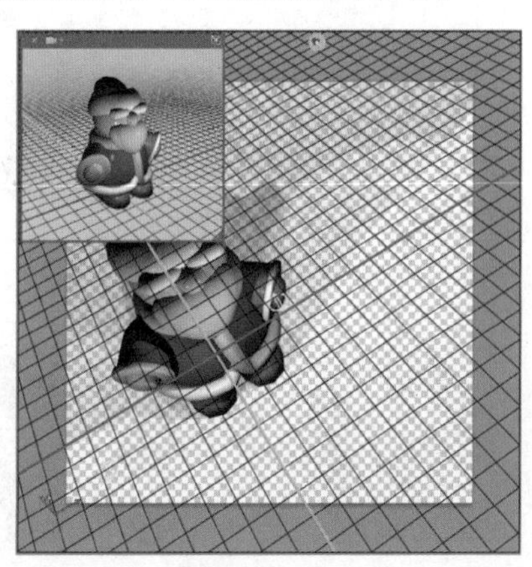

平移3D对象

❹ **3D对象滑动工具**：使用该工具可对3D对象进行X、Z轴的任意滑动。左右拖动以进行X轴的水平滑动，上下拖动以进行Z轴的纵向滑动。

❺ **3D对象比例工具**：在画面中拖动以进行3D对象的缩放。

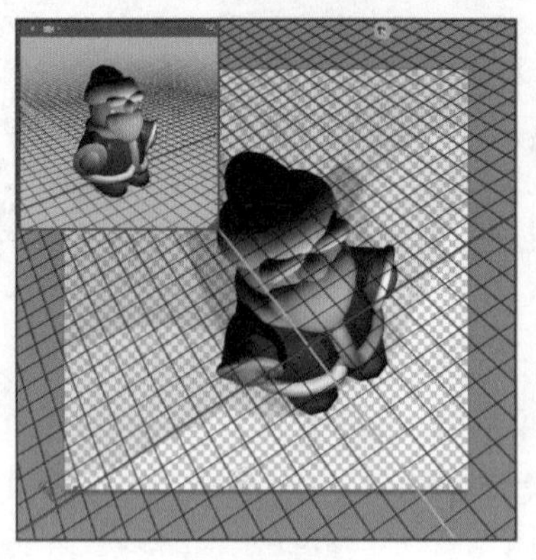

滑动3D对象

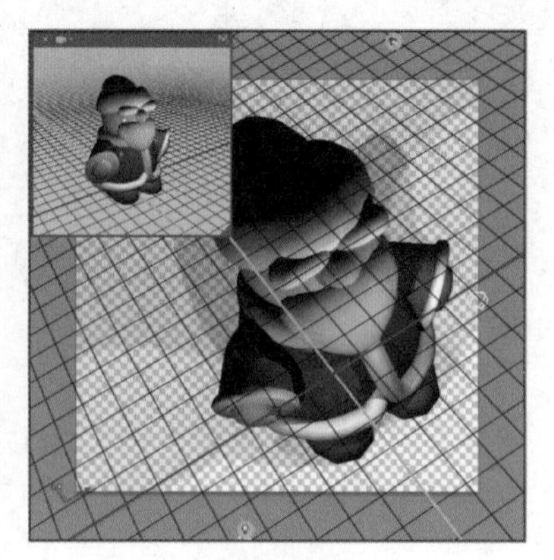

缩放3D对象

在3D副视图中单击选择相机/视图按钮，在弹出的快捷菜单中包括“默认视图”、“左视图”、“右视图”等9种视图显示方式，可以根据需要选择相应的视图显示方式。

2. 3D材质吸管工具

打开一个3D对象后，可以使用3D材质吸管工具对3D对象的材质进行编辑和调整。下面对3D材质吸管工具属性栏的相关选项参数设置方法进行介绍。

3D材质吸管工具的属性栏

❶ **3D材质按钮**：单击该按钮，即可打开“材质”拾色器面板，其中包括多种材质，还可以在该面板中单击右上角的扩展按钮，在弹出的快捷菜单中根据需要载入或替换相应材质。

❷ **载入所选材质按钮**：单击该按钮，即可将当前所选材料载入到材料油漆桶中。

3. 3D材质拖放工具

打开一个3D对象后，还可以使用3D材质拖放工具对3D对象的材质进行编辑和调整。3D材质拖放工具的属性栏与3D材质吸管工具相似，使用3D材质拖放工具为3D对象添加材质时，只需在属性栏中选择相应材质，然后在3D对象上单击。

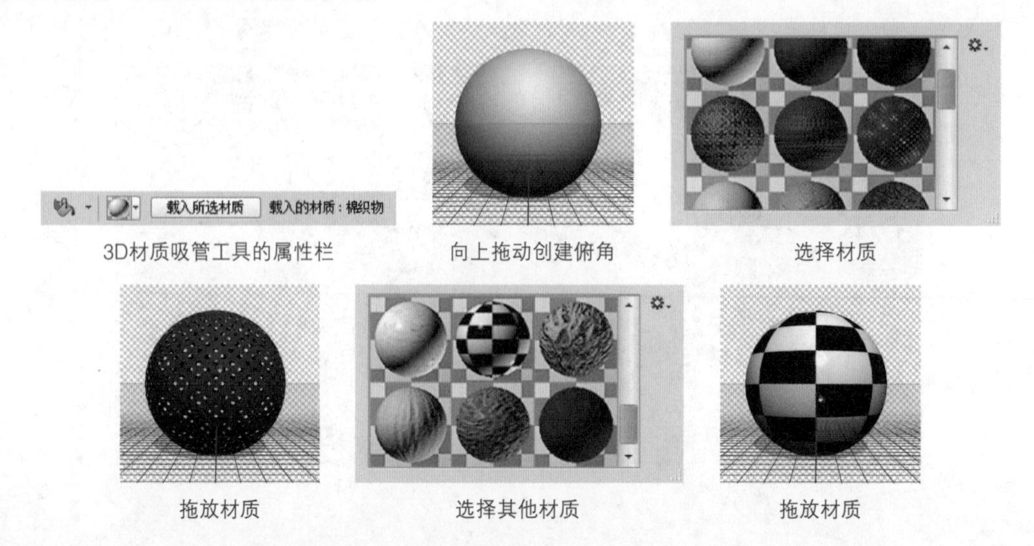

3D材质吸管工具的属性栏　向上拖动创建俯角　选择材质

拖放材质　选择其他材质　拖放材质

编辑3D模型

通常一个3D模型都是由多个纹理组合的效果，纹理所提供的丰富类型可以表现逼真的材质效果。在本节中，将介绍创建和编辑3D模型的纹理、从2D图像创建3D对象、将2D图像创建为3D对象的纹理等相关知识。

模型可以看成是三维效果的框架，主要用于实现空间效果和透视。在Photoshop中处理的是“网格”3D模型，而纹理根据网格进行空间和透视中的材质与质感的表现。执行“窗口>3D”命令，在弹出的3D面板中创建3D对象后，在属性面板中，可以创建和编辑各种纹理，也可以从2D图像创建3D对象，将2D图像创建为3D对象的纹理。创建和编辑纹理主要有以下两种方法。

1. 新建纹理

在“3D材质”选项面板中单击“漫射”选项后的编辑漫射纹理按钮，在弹出的下拉菜单中单击“新建纹理”命令，弹出“新建”对话框。在该对话框中设置适当的参数，创建空白的纹理文档。

单击“替换纹理”命令，弹出“打开”对话框，在该对话框中选择纹理素材，替换指定的纹理素材。在“材质”选项面板中，纹理的效果在预览框内可见。

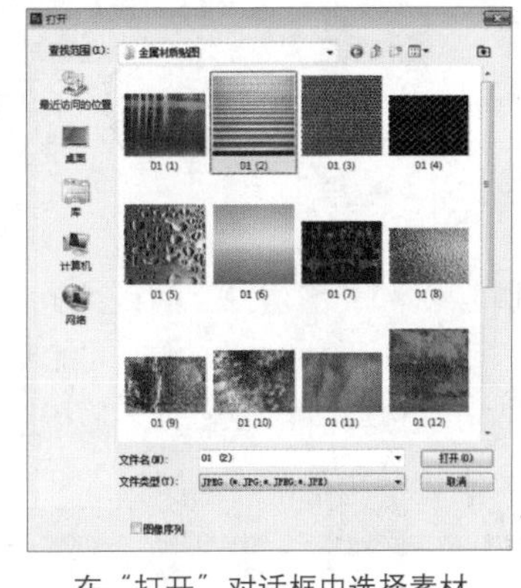

在“打开”对话框中选择素材

替换指定的纹理素材

2. 编辑3D模型的纹理

3D模型的纹理主要通过设置“3D材质”选项面板的各选项进行编辑，或者在该选项面板的菜单中单击“编辑纹理”命令，将当前纹理在新图像窗口中打开并进行编辑。

存储修改后的PSD格式的纹理文档，原3D模型中将显示更新后的新纹理效果。

菜单命令

在新窗口打开纹理

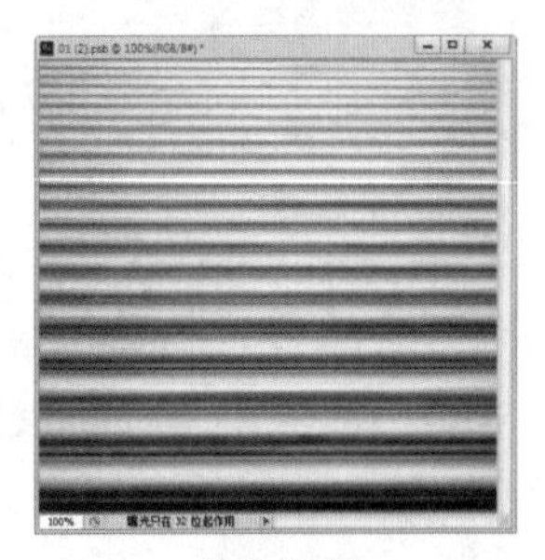

编辑纹理

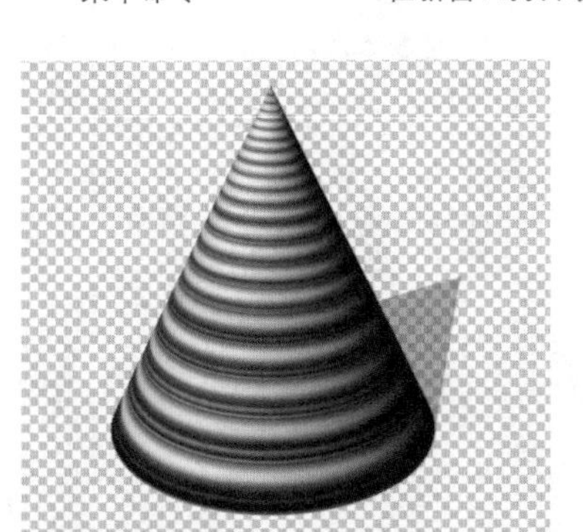

原纹理效果

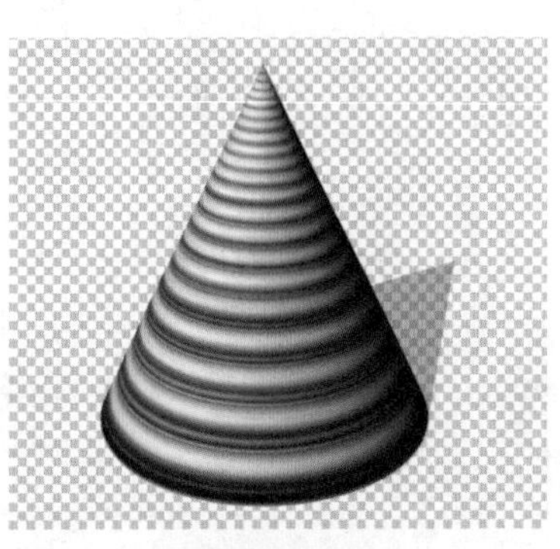

编辑纹理后的效果

设计师训练营　制作3D动画

下面将结合前面学习的创建视频和3D模型的相关知识，制作3D动画。

01 打开图像文件

按下快捷键Ctrl+O，打开附书光盘中的“实例文件\Chapter13\Media\制作3D动画.psd”文件。

02 移动“图层1”和“图层 1 副本”的入点

在“动画（时间轴）”面板中选择“图层 1”，将时间指示器拖动到00:03处，将该图层的时间轴向右拖动，与时间指示器左对齐。使用相同的方法将“图层1副本”的时间轴向右拖动到00:06处。

03 移动“图层 1 副本 2”和“图层 2”的入点

在“动画（时间轴）”面板中选择“图层1 副本 2”，将该图层的时间轴向右拖动到00:09处，将“图层 2”的时间轴向右拖动到00:14处。

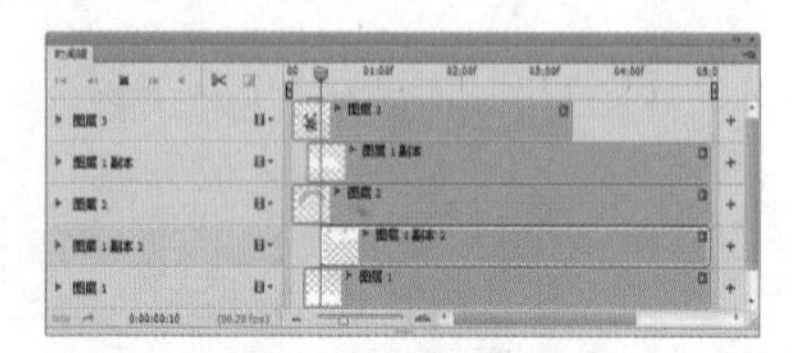

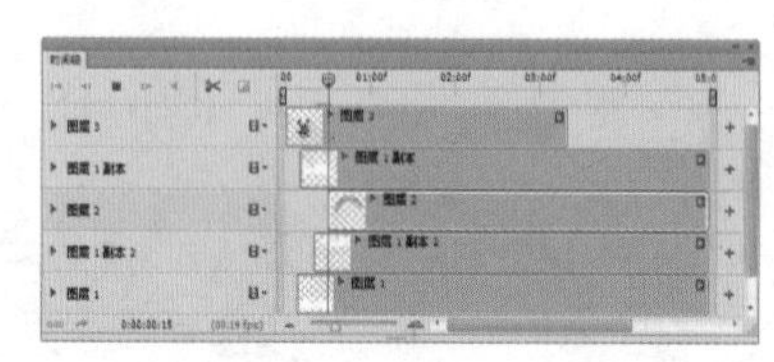

04 移动“图层 3”的入点

使用相同的方法，将“图层 3”的图层持续时间条向右拖动到00:18处。

05 在01:00处创建关键帧

在“图层1”的展开组中单击“3D相机位置”选项前的秒表按钮，在该位置创建一个3D相机位置的关键帧。将时间指示器拖动到01:00处，选择3D对象旋转工具，在图像预览框内选中3D对象，对其进行旋转。

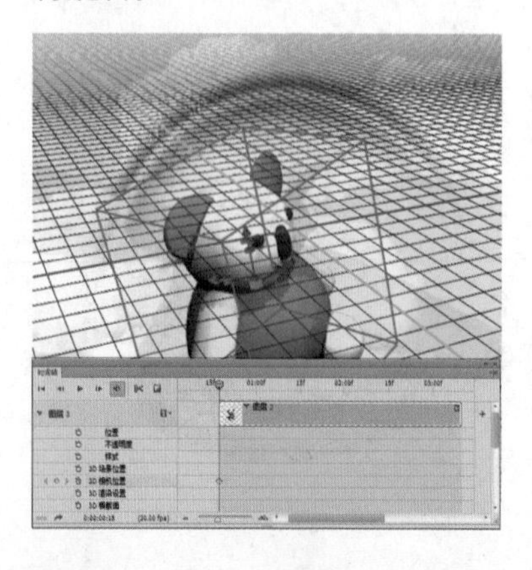

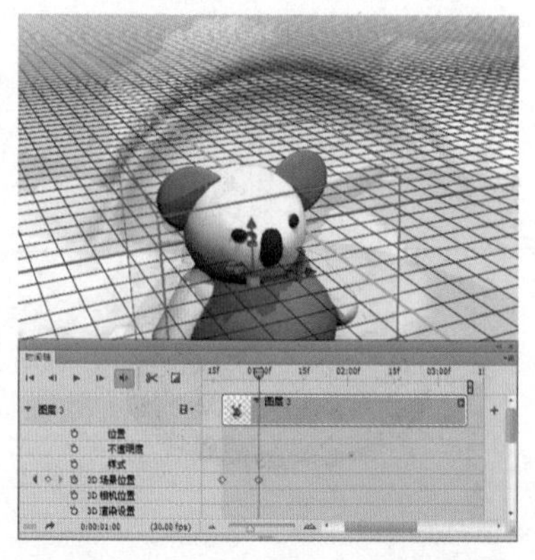

06 在02:00处创建关键帧

将时间指示器拖动到02:00处，使用3D对象旋转工具，对3D对象进行旋转。

07 在03:00处创建关键帧

将时间指示器拖动到03:00处，使用3D对象旋转工具，对3D对象进行旋转。

08 在03:09处创建关键帧

将时间指示器拖动到03:09处，使用3D对象旋转工具，对3D对象进行旋转。

09 创建3D渲染关键帧

将时间指示器拖动到00:18处，然后在该“图层 1”的展开组中单击“3D渲染设置”前面的秒表按钮，在该位置创建一个关键帧。

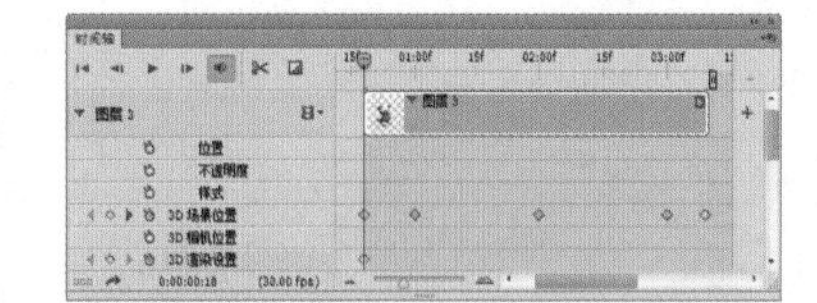

10 创建3D渲染关键帧

将时间指示器拖动到01:00处，执行“窗口>属性”命令，在“属性”面板中，设置3D场景中的“预设”选项为“隐藏线框”，完成后单击“确定”按钮，设置线框纹理的渲染样式，从而在该位置创建一个关键帧。

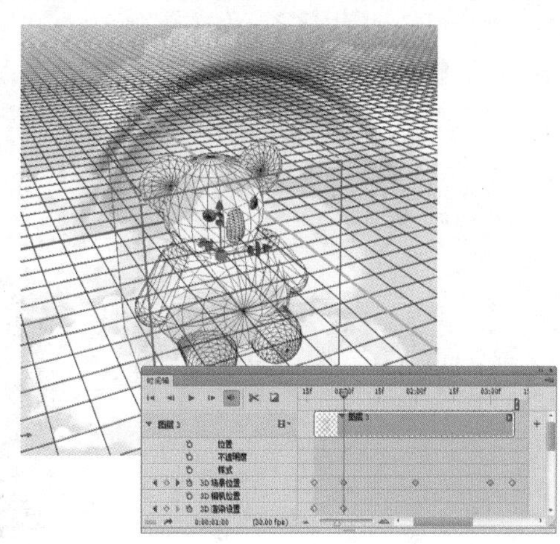

11 在02:00处创建3D渲染关键帧

将时间指示器拖动到02:00处，在3D场景面板选项中设置“预设”选项为“素描草”，设置3D对象纹理的渲染样式，从而在该位置创建一个关键帧。

⑫ 在03:00处创建3D渲染关键帧

将时间指示器拖动到03:00处，在3D场景面板选项中设置“预设”选项为“素描草”，设置3D对象纹理的渲染样式，从而在该位置创建一个关键帧。

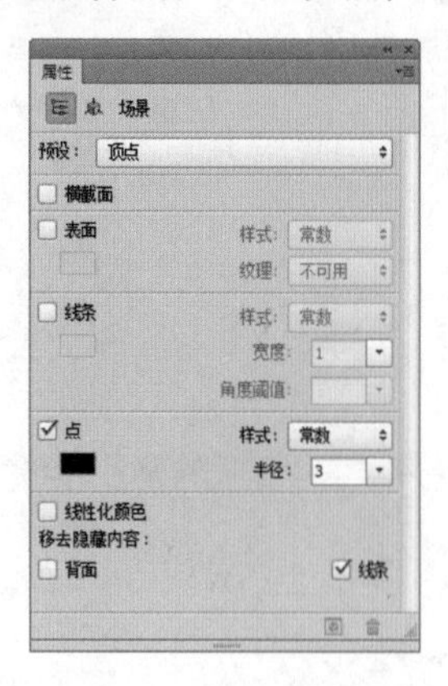

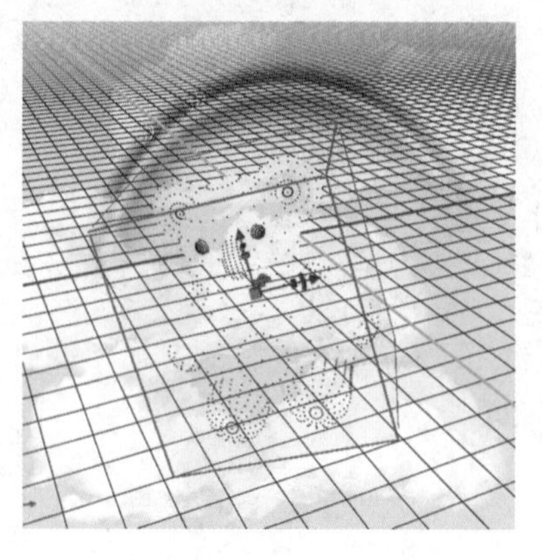

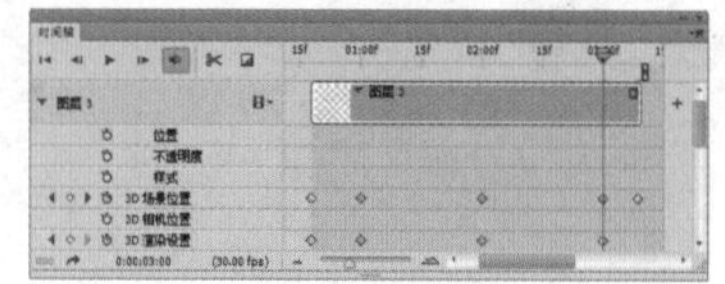

⑬ 在03:09处创建3D渲染关键帧

将时间指示器拖动到03:09处，在3D场景面板选项中设置“预设”选项为“默认”，设置3D对象纹理的渲染样式，从而在该位置创建一个关键帧。

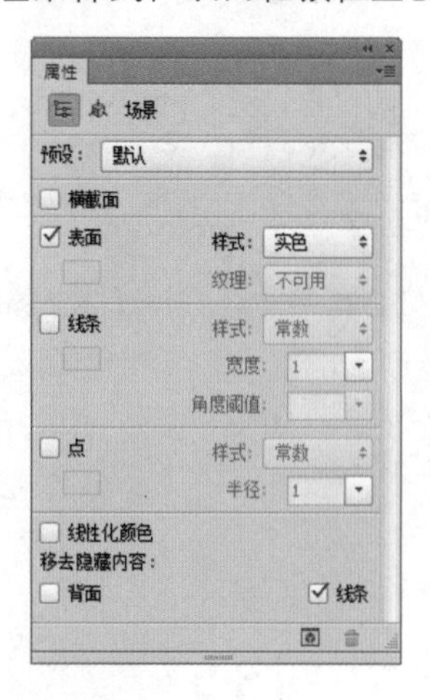

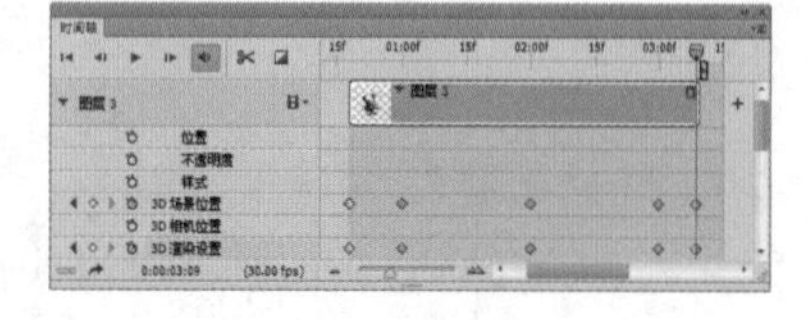

⑭ 输出动画

执行“3D>渲染”命令，将最终效果进行输出渲染。完成后单击“动画（时间轴）”面板下方的“播放动画”按钮▶，预览3D动画的效果。可以看到视频动画中3D对象实现了旋转，且分别在01:00、02:00、03:00和03:09时间处产生了渲染变化。至此，本实例制作完成。

Chapter

14

图像任务自动化

Photoshop提供了图像任务自动化处理功能，即动作。通过记录和实施动作，可以自动对图像进行操作。同类型的图像只要执行相同的操作即可达到预想的效果。

动作的基础知识

使用图像任务自动化功能可为用户节省时间，提高工作效率，并确保多种操作结果的一致性。在Photoshop中提供了多种自动执行任务的方法，其中包括使用动作、快捷批处理、“批处理”命令、脚本、模板、变量，以及数据组。在本节中，将对动作的基础知识和相关操作进行介绍。

01 关于动作

动作是指在单个文件或一批文件上执行一系列任务，如菜单命令、面板选项和具体动作等。比如可以创建一个这样的动作，先更改图像大小，然后对图像应用效果，最后按所需格式存储文件。

Photoshop中，动作是快捷批处理的基础，利用“动作”面板，可以记录、编辑、自定和批处理动作，也可以使用动作组来管理各组动作。

Photoshop和Illustrator中，都提供了预定义的动作，可以帮助用户执行常见的任务。用户可以使用这些预定义的动作，并根据自己的需要对这些动作进行设置，或者创建新动作。另外，动作可以以组的形式进行存储，方便使用和管理。

02 对文件播放动作

播放动作时，可以在活动文档中执行动作记录命令，其中有一些动作需要先选择才可以播放，而另一些动作则可对整个文件执行。对图像使用动作时，可以排除动作中的特定命令，或者只播放单个命令。如果动作包括模态控制，可以在对话框中指定值或在动作暂停时使用模态工具。下面来简单介绍下对文件播放动作的关键操作方法。

❶ 打开“动作”面板。

❷ 选中动作。

❸ 播放动作。

知识链接

从动作创建快捷批处理

动作可应用于一个或多个图像，或应用于将“快捷批处理”图标拖动到的图像文件夹中。用户可以将快捷批处理存储在桌面上或磁盘上的另一位置。

动作是创建快捷批处理的基础，在创建快捷批处理前，必须在“动作”面板中创建所需的动作，然后执行“文件>自动>创建快捷批处理”命令，选择一个位置存储快捷批处理图标。若要应用快捷批处理命令，直接双击相应图标即可。

动作的基本操作

动作的基本操作包括新建动作、新建组、复制、删除和播放等，熟练掌握这些操作，能快速使用“动作”面板批处理文件，提高工作效率。在本节中，将对动作的基本操作进行简单介绍。

专家技巧

创建动作组

为了方便管理动作，可以在“动作”面板中创建动作组并将动作存储到动作组中。可以将动作分类放到动作组中，并将这些组传送到其他计算机中。

单击“动作”面板中的“创建新组”按钮，或者在面板扩展菜单中单击“新建组”命令，在弹出的对话框中设置组的名称，单击“确定”按钮。将需要添加到组中的动作通过直接拖曳，添加到组中。

如果需要重命名动作组，在“动作”面板中双击该组的名称直接输入或在“动作”面板扩展菜单中单击“组选项”命令，在弹出的对话框中输入新名称，单击“确定”按钮。

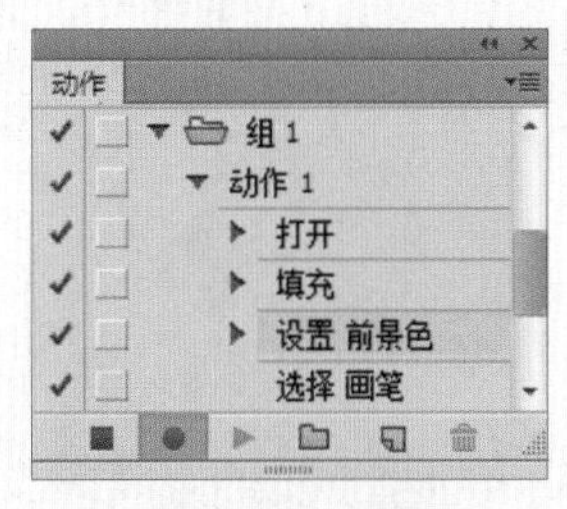

原“动作”面板

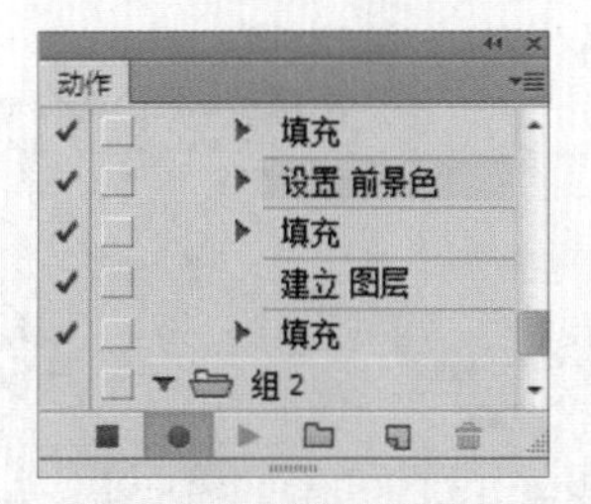

将动作移动到新建组中

在将操作创建为动作之前，首先需要了解如何创建动作。创建动作实际上同创建新图层的操作类似，其原理也相似，只是在图层上存储的是图像，而动作层上存储的是动作以及相关设置。

创建动作的方法有两种，分别是执行扩展菜单命令和单击新建按钮。单击“动作”面板右上角的扩展按钮，在打开的扩展菜单中选择“新建动作”命令，即可弹出“新建动作”对话框，可对新建动作的名称、组、功能键，以及颜色进行设置。单击“动作”面板下方的“创建新动作”按钮，也可以弹出“新建动作”对话框，对相关参数进行设置。

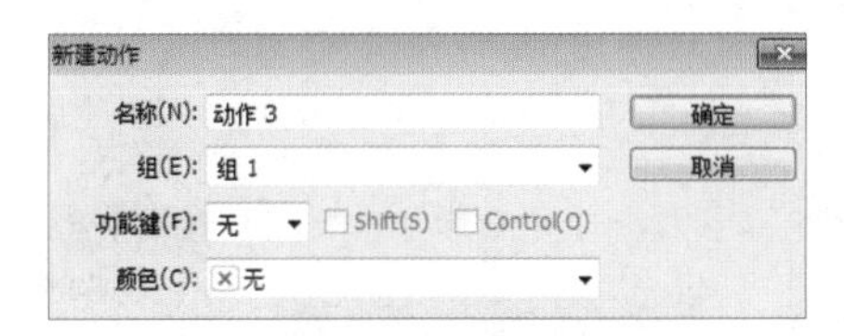

“新建动作”对话框

新建一个动作

记录动作时，有以下5个方面需要注意，也是在记录动作时经常会遇到的问题。

(1) 可以在动作中记录多数命令，但不是所有命令都能被记录。

(2) 可以记录使用选框工具组、移动工具、多边形工具、套索工具组、魔棒工具、裁剪工具、切片工具、魔术橡皮擦工具、渐变工具、油漆桶工具、横排文字工具、注释工具等执行的操作，也可以记录在“历史记录”面板、“色板”面板、“颜色”面板、“路径”面板、“通道”面板、“图层”面板、“样式”面板和“动作”面板中执行的操作。

(3) 播放后的效果取决于程序设置的变量，例如记录了“色彩平衡”命令，但是当前图像文件为灰度，则当前动作不可用。

(4) 如果记录的动作包括在对话框和面板中的指定设置，则动作将反映在记录时有效的设置，若在记录动作的同时更改对话框或面板中的设置，则会记录更改的值。

(5) 模态工具以及记录位置的工具都使用当前为标尺指定的单位，应用模态操作后按下Enter键才可以应用其效果。

动作的高级操作

动作的高级操作包括再次记录动作、覆盖单个命令、重新排列动作中的命令，以及向动作添加命令等。在本节中，将对动作高级操作进行简单介绍，使用户对动作的操作进行更深入的了解。

01 再次记录动作

将操作记录为动作后，有时需要在当前动作中添加动作，以满足后面的操作，此时，可以对图像执行再次记录动作操作。

选择动作，在“动作”面板中单击右上角的扩展按钮，打开扩展菜单，单击“再次记录”命令，在弹出对话框中可创建不同的效果，单击“确定”按钮，即可应用设置。另外，如果动作中包括模态控制，只要通过设置后按下Enter键即可创建不同的效果，也可以直接按下Enter键以保留相同设置。

“新建快照”对话框

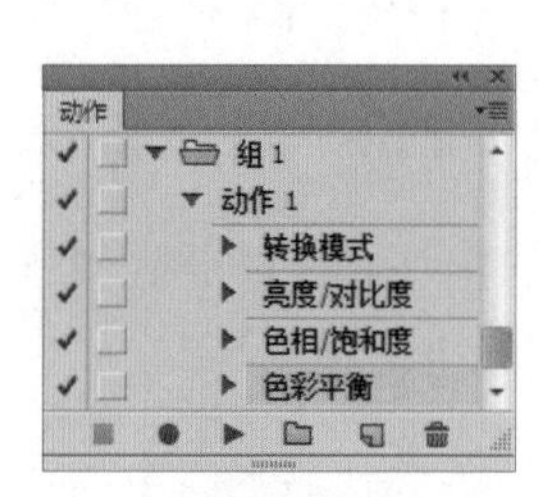

“动作”面板

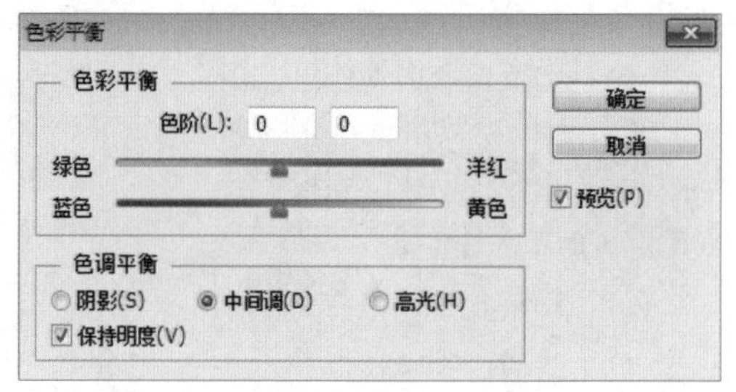

“色彩平衡”对话框

专家技巧

编辑和重新记录动作

在“动作”面板中可以轻松编辑和自定义动作，用户可以调整动作中任何特定命令的设置，或者将现有动作的设置全部修改。

当需要覆盖单个动作时，在“动作”面板中双击需要覆盖的单个命令，在弹出的对话框中设置参数，单击“确定”按钮即可。

若要向动作中添加命令，可直接将动作选中，在动作的最后插入新命令，然后单击“开始记录”按钮，或在“动作”面板扩展菜单中单击“开始记录”命令开始记录，完成记录后，单击“动作”面板中的“停止播放/记录”按钮。

要再次记录动作，选中动作后，从“动作”面板的扩展菜单中单击“再次记录”命令，即可再次记录动作。

02 覆盖单个命令并重新排列动作中的命令

将操作创建为动作后，如果要对单个命令进行更改，可以在“动作”面板中使用将单个命令覆盖的操作，下面来介绍其操作方法。

01 新建动作

按下快捷键Ctrl+O，打开附书光盘中的实例文件\Chapter14\Media\05.jpg文件。打开“动作”面板，依次创建新组和新动作，单击“确定”按钮，开始记录动作。

02 记录动作

对图像多次执行各种操作，将操作记录在“动作”面板中的新建动作中，最后单击“动作”面板中的“停止播放/记录”按钮■，停止动作的记录。

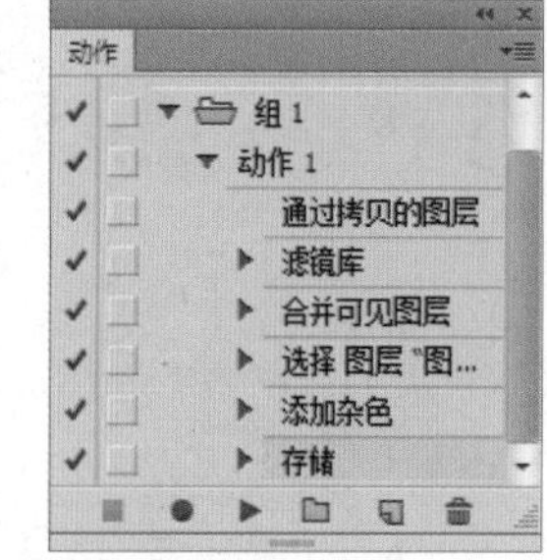

03 覆盖单个命令

单击“图层 1”，使其成为当前图层，然后双击“动作”面板中的“滤镜库”命令，弹出“滤镜库”的相应选项面板，将之前的“水彩画纸”滤镜更改为“塑料包装”滤镜，完成后单击“确定”按钮，覆盖该命令。

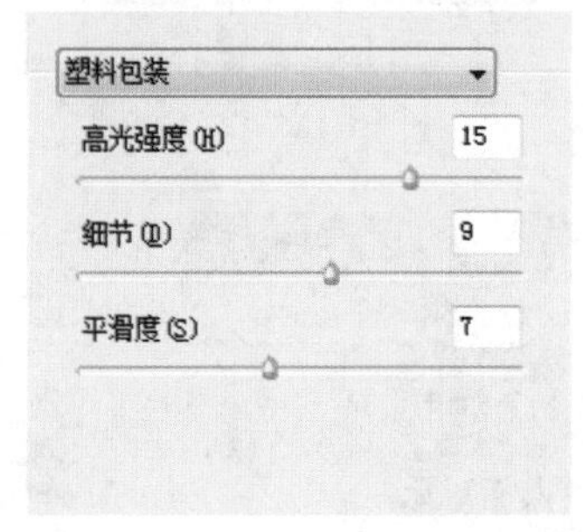

04 将动作应用到其他图像中

按下快捷键Ctrl+O，打开附书光盘中的实例文件\Chapter14\Media\06.jpg文件。单击“动作”面板中的“动作 1”命令，然后单击“动作”面板下方的“播放选定的动作”按钮▶，播放覆盖单个命令后的动作，设置完成后动作将自动停止。按下F7键，打开“图层”面板，在该面板中显示出执行了动作后所产生的图层效果。

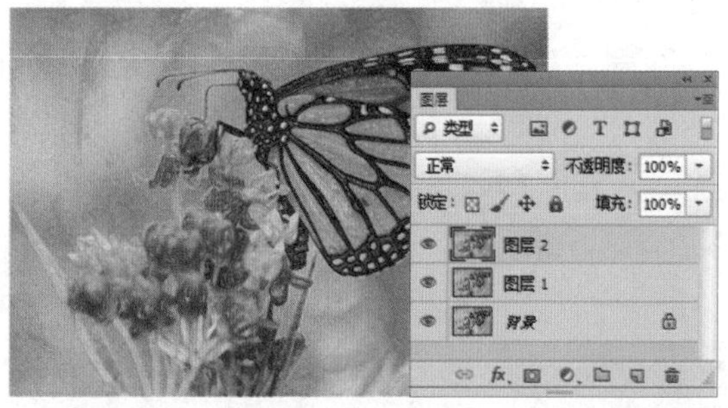

05 记录动作

通过拖曳，将当前“图层”面板中除“背景”图层外的所有图层全部删除，然后再次新建动作，并对图像进行多次调整，将操作记录到动作中。

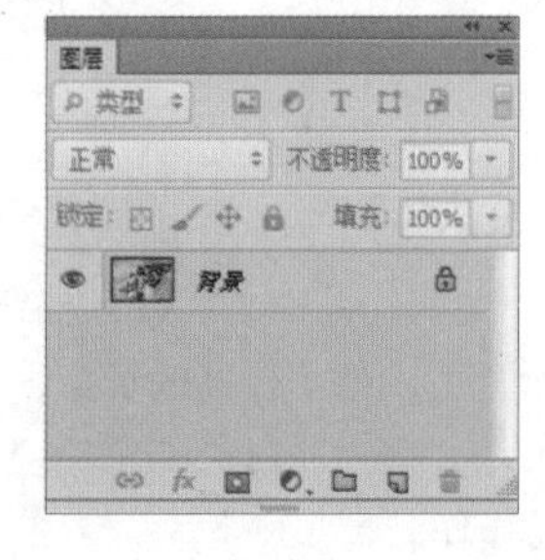

06 调整命令的排列顺序

在“动作”面板中，将刚才记录为动作的操作通过直接拖曳，改变其排列顺序，并将其中的“合并可见图层”命令删除。

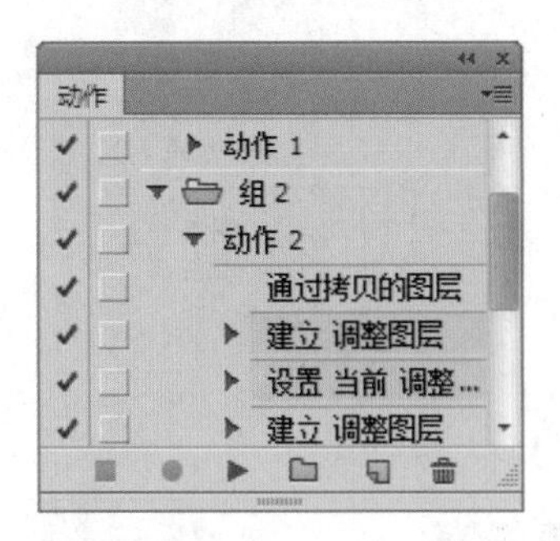

07 应用变换排列后的动作

在“动作”面板中单击“播放选定的动作”按钮▶，将更改后的动作应用到当前图像中，发现图像有了一定的变化。

08 存储动作

单击要存储的动作“组1”，然后单击“动作”面板右上角的扩展按钮，在打开的扩展菜单中单击“存储动作”命令，弹出“存储”对话框，选择一个存储动作的路径位置，单击“保存”按钮存储该动作组。

09 载入和复位动作

单击“动作”面板右上角的扩展按钮，打开扩展菜单，单击“载入动作”命令，弹出“载入”对话框，单击选中需要载入的动作，完成后单击“载入”按钮，即可将动作载入到“动作”面板中。在“动作”面板中单击右上角的扩展按钮，打开扩展菜单，单击“复位动作”命令，弹出Adobe Photoshop询问提示框，单击“确定”按钮，将“动作”面板中的动作复位到只有默认动作的状态。至此，本实例制作完成。

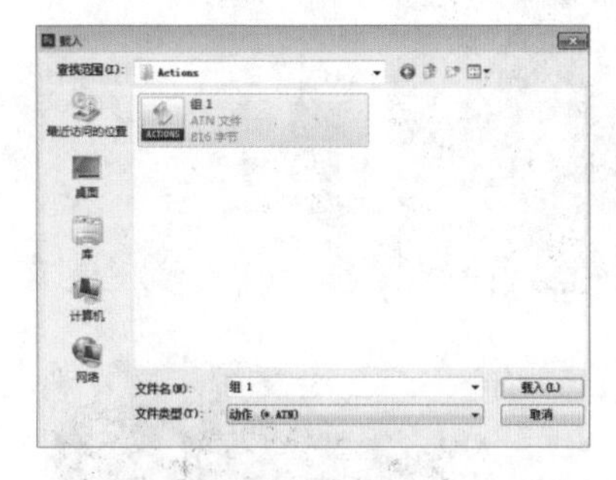

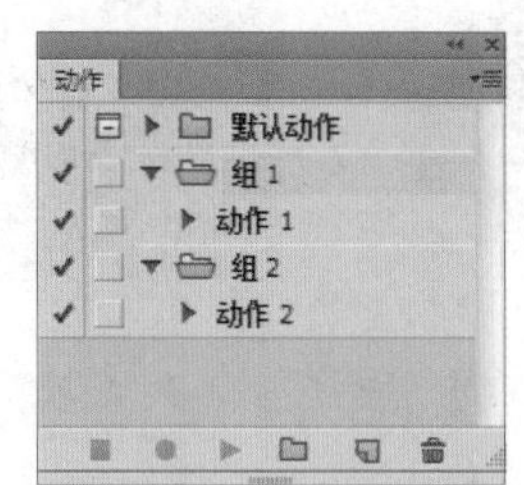

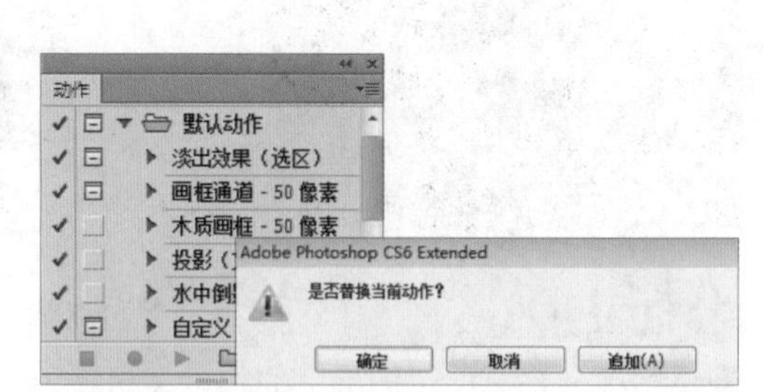

专家技巧 编辑动作

在“动作”面板中选择需要进行编辑的动作，单击该动作前的扩展按钮，选择相应的动作即可进行相应操作。单击“删除”按钮，在弹出的对话框中单击“确定”按钮即可删除相应的步骤。此时若为图像执行该动作，将自动跳过删除的操作步骤进行下一步的操作。

应用自动化命令

使用Photoshop中的自动化命令，可以极大地提高工作效率。自动化命令包括“批处理”、“限制图像”、“创建快捷批处理”和“裁剪并修齐照片”命令等。在本节中，将对应用自动化命令的相关知识和操作进行介绍。

使用Photoshop中的自动化命令可以快速将需要进行统一操作的文件一次性处理，避免多次执行同样操作的繁琐。自动化命令组中的各个用途不相同的命令，执行“文件>自动”命令，包含有即可打开下一级子菜单，在子菜单中包含所有自动化命令。

1.“批处理”命令

使用“批处理”命令可对一个文件夹中的文件同时运行动作。若有带文档输入器的数码相机或扫描仪，也可以用单个动作导入和处理多个图像，扫描仪或数码相机可能需要支持动作的取入增效工具模块。执行“文件>自动>批处理”命令，即可弹出“批处理”对话框。

2.“创建快捷批处理”命令

“创建快捷批处理”命令是一个小应用程序，为一个批处理的操作创建一个快捷方式，若要对其他的文件应用此批处理命令，只需要将其拖曳到生成的快捷图标上即可。用户可以将快捷批处理存储在桌面上或磁盘上的另一个位置。

“批处理”对话框

“创建快捷批处理”对话框

3.“裁剪并修齐照片”命令

执行“裁剪并修齐照片”命令可以将一次扫描的多个图像分成多个单独的图像文件。

4.“条件模式更改”命令

执行“条件模式更改”命令可以将文件由当前模式转换为另一种模式。

5.“限制图像”命令

执行该命令会弹出“限制图像”对话框，在该对话框中设置限制尺寸，即可放大或缩小当前图像的尺寸。

脚本

使用“脚本”命令能够在Photoshop中自动执行脚本所定义的操作，操作范围既可以是单个对象，也可以是多个文档。在本节中，将对Photoshop中脚本方面的知识进行介绍。

Photoshop通过脚本支持外部自动化，在Windows中，可以使用支持COM自动化的脚本语言。这些语言不是跨平台的，但是可以控制多个应用程序，例如Adobe Photoshop、Adobe Illustrator和Microsoft Office。执行“文件>脚本”命令，即可打开“脚本”命令的子菜单，在该子菜单中共提供了12个脚本命令，使用这些命令可以对脚本的相关功能进行设置。

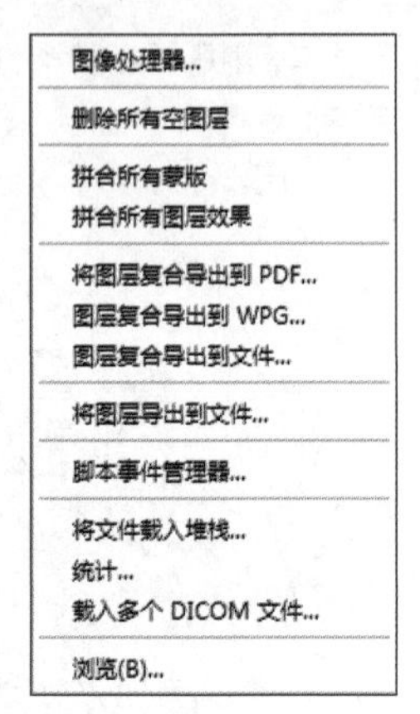

“脚本”命令子菜单

1.“图像处理器”命令

执行“文件>脚本>图像处理器”命令，可以转换和处理多个文件，此命令与“批处理”命令不同，不必先创建动作就可以使用图像处理器来处理文件。执行“文件>脚本>图像处理器”命令，即可弹出“图像处理器”对话框，对相关参数进行设置。

2.“删除所有空图层”命令

执行“文件>脚本>删除所有新图层”命令，可将当前图像文件中的所有空图层全部删除。

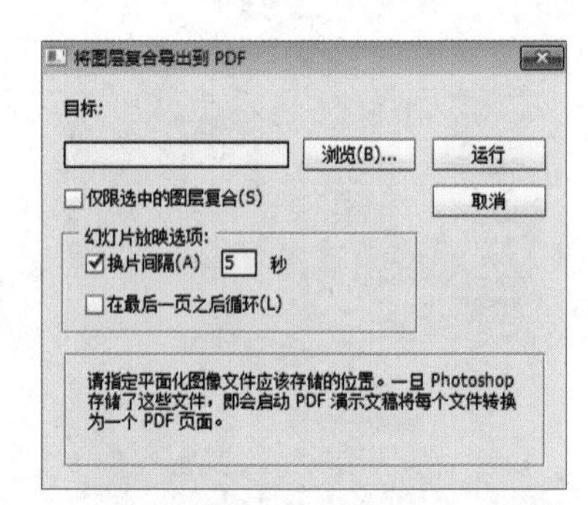

“将图层复合导出到PDF”对话框

3.“拼合所有蒙版”和“拼合所有图层效果”命令

执行“文件>脚本>拼合所有蒙版”命令，可将当前图像中带有蒙版的图层拼合成为普通图层，使蒙版中不可见的部分从图层中减去，而可见部分保持不变。执行“拼合所有图层效果”命令，可将当前图像中的所有图层效果拼合到一个图层中。

4.“图层复合导出到PDF”命令

执行“文件>脚本>将图层复合导出到PDF”命令，将弹出“将图层复合导出到PDF”对话框，在该对话框中设置相关参数，可将图层复合到PDF文件。

5.“图层复合导出到WPG”命令

执行“文件>脚本>图层复合导出到WPG”命令，可以将所有的图层复合导出到Web照片画廊，在Photoshop CS6中，Web照片画廊已被Adobe输出模块取代，可在Bridge中找到Adobe输出模块。

6.“图层复合导出到文件”命令

执行“文件>脚本>图层复合导出到文件”命令，弹出“将图层复合导出到文件”对话框，在该对话框中设置相关参数，可将所有的图层复合导出到单独的文件中，每个图层对应一个文件。

“将图层复合导出到文件”对话框

7. “将图层导出到文件”命令

在Photoshop中，可以使用多种格式（包括PSD、BMP、JPEG、PDF、Targa和TIFF等）将图层作为单个文件导出和存储。可以将不同的格式设置应用于单个图层，也可以将一种格式应用于所有导出的图层，存储时系统将为图层自动命名。可以设置选项以控制名称的生成。所有的格式设置都将与Photoshop文档一起存储，以便再次使用此功能。执行“文件>脚本>将图层导出到文件”命令，弹出“将图层导出到文件”对话框，设置相应参数。

8. “脚本事件管理器”命令

执行“文件>脚本>脚本事件管理器”命令，可以使用事件来触发Java-Script或Photoshop动作，例如在Photoshop中打开、存储或导出文件。执行“文件>脚本>脚本事件管理器”命令，弹出“脚本事件管理器”对话框，可进行参数设置。

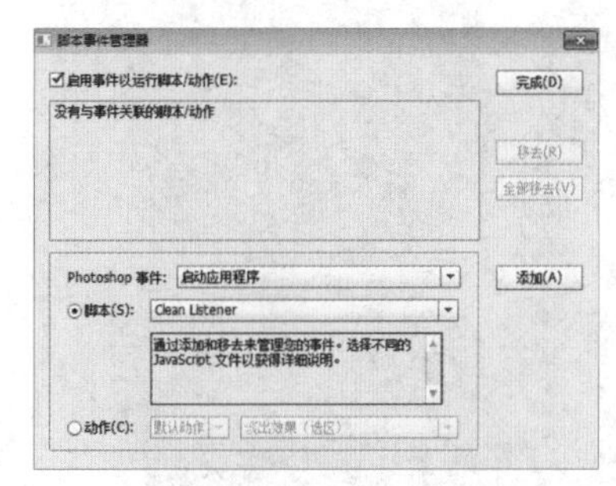

“脚本事件管理器”对话框

9. “将文件载入堆栈”命令

执行“文件>脚本>将文件载入堆栈”命令，弹出“载入图层”对话框，可将多个图像载入图层，方便图层对齐、制作360°全景图等操作。

10. “统计”命令

执行“文件>脚本>统计”命令，弹出“图像统计”对话框，在该对话框中，可自动创建和渲染图形堆栈。其堆栈方法是将多个图像组合到单个多图层的图像中，并将图层转换为智能对象，然后应用选定的堆栈模式。

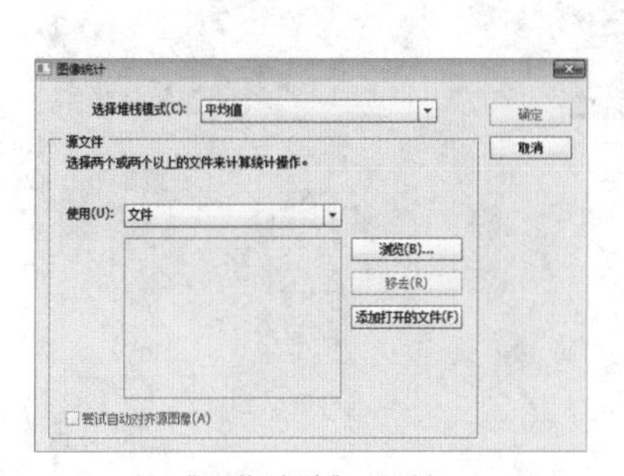

“图像统计”对话框

11. “载入多个DICOM文件”命令

DICOM（医学数字成像和通信的首字母缩写）是接收医学扫描的最常用的标准。使用Photoshop Extended可以打开和处理DICOM文件，DICOM文件可包含多个“切片”或帧以表示扫描的不同层。DICOM文件的文件扩展名有.dc3、.dcm、.dic或无扩展名。执行“文件>脚本>载入多个DICOM文件”命令，打开“选择文件夹”对话框，选择多个DICOM文件，单击“确定”按钮载入文件。

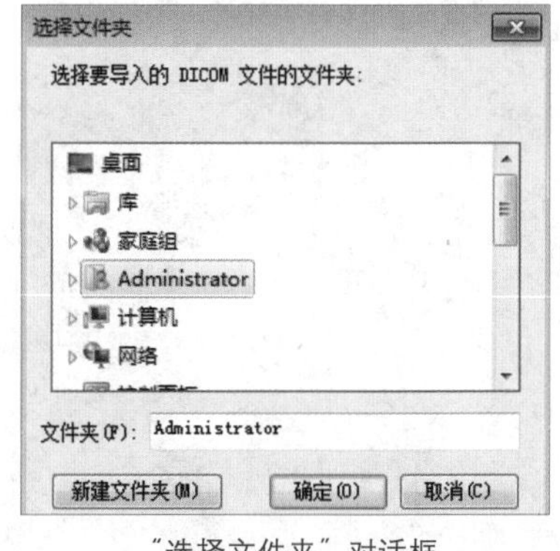

“选择文件夹”对话框

载入多个DICOM文件

“图层”面板

12. “浏览”命令

执行“文件>脚本>浏览”命令，弹出“载入”对话框，在该对话框中可选择需要载入的文件，并在Photoshop中进行浏览。

Part 04 应用篇

Chapter 15　打印输出和文件发布

Chapter 16　Photoshop CS6实战应用

打印输出和文件发布

打印输出和Web图像发布是图像后期处理的重要环节。本章将介绍在图像后期打印输出时，如何进行正确的设置以保证理想的打印质量，及如何创建发布Web的优化图像。

色彩管理

在打印输出时，色彩管理尤为重要，正确选择色彩有利于使显示器颜色和打印颜色达到最大程度上的统一。在本小节中，将对色彩管理的相关知识和操作进行介绍。

01 色彩管理参数设置

在打印输出时，需要为图像配置颜色文件，在Photoshop中，如果没有针对打印机和纸张类型的自定配置文件，可以让打印机驱动程序来处理颜色转换，这种方法转换的颜色在打印输出以后有时会出现失真的情况，通过色彩管理可以尽量避免这种情况。

“色彩管理”选项组位于“Photoshop打印设置”对话框中，通过对该选项组进行设置，可有针对性地为图像文件配置颜色文件。执行“文件>打印”命令，弹出“Photoshop打印设置”对话框，单击右侧的下拉按钮，在打开的下拉列表中选择“色彩管理”选项，即可切换到“色彩管理”选项组中。

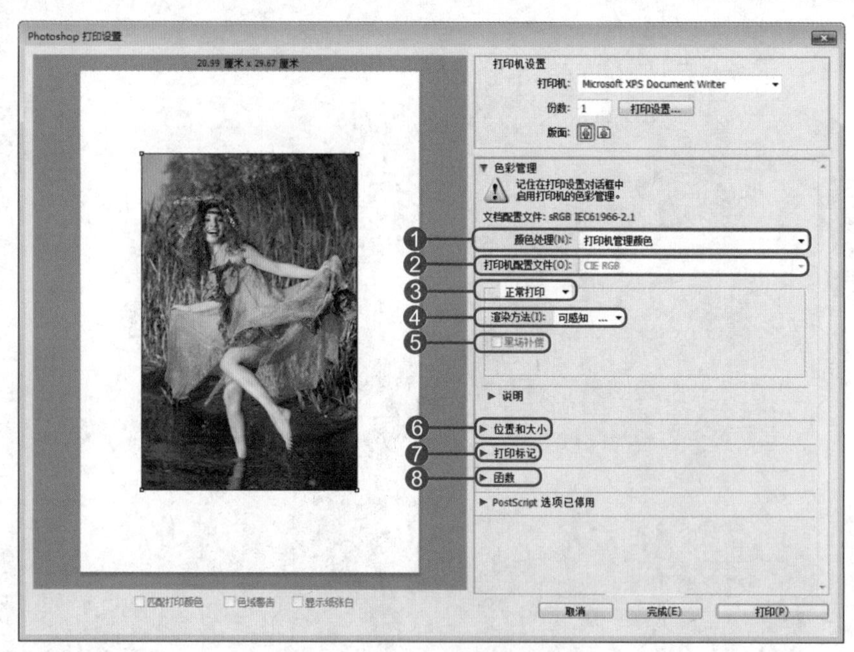

“Photoshop打印设置”对话框

❶**“颜色处理”下拉列表**：单击右侧的下拉按钮，在打开的下拉列表中显示出当前颜色处理的方式选项，共有3个选项，分别是“打印机管理颜色”、“Photoshop管理颜色”和“分色”。

❷**“打印机配置文件”下拉列表**：单击右侧的下拉按钮，在打开的下拉列表中，选择一种打印机配置文件，在后面的处理中，将按照选择的配置进行处理。

❸**“正常打印”下拉列表**：单击右侧的下拉按钮，在打开的下拉列表中，选择一种打印方式，包括“正常打印”和“印刷校样”两种类型。

❹**“渲染方法”下拉列表**：单击右侧的下拉按钮，在打开的下拉列表中可对打印输出时打印机对图像使用的渲染方法进行设置，包括“可感知”、“饱和度”、“相对比色”和“绝对比色”4种类型。

❺ **"黑场补偿"复选框**：勾选该复选框，可确保图像中的阴影详细信息通过模拟输出设备的完整动态范围得以保留。

❻ **"位置和大小"选项**：单击三角按钮，即可打开该选项，其中包括"位置"、"缩放后的打印尺寸"等选项，用于设置打印大小及其在页面上的位置。

❼ **"打印标记"选项**：单击三角按钮，即可打开该选项，其中包括"角裁剪标志"、"说明"和"中心裁剪标志"等选项，用于控制与图像一起在页面上显示的打印机标记。

❽ **"函数"选项**：单击三角按钮，即可打开该选项，其中包括"药膜朝下"、"负片"等选项，用于控制打印图像外观的其他选项。

知识链接 关于"打印一份"命令

当只需要打印一份文件时，可以直接执行"文件>打印一份"命令，直接打印一份文件。执行该命令后，可直接打印一份文件而不会显示对话框。在"Photoshop打印设置"对话框中，如果要设置打印一份图像，在"打印设置"选项面板中设置"份数"为1，再单击"打印"按钮，即可打印一份图像文件。

02 从Photoshop打印分色

在准备对图像进行预印刷和处理CMYK图像或带专色的图像时，可以将每个颜色通道作为单独一页打印。这样有利于检查不同通道的颜色情况，避免出现不必要的麻烦，下面将介绍从Photoshop打印分色的操作方法。

01 转换颜色通道

按下快捷键Ctrl+O，打开附书光盘中的实例文件\Chapter 15\Media\01.jpg文件。执行"图像>模式>CMYK颜色"命令，弹出提示框，单击"确定"按钮，即可将当前图像的颜色模式转换为CMYK颜色模式。执行"窗口>通道"命令，打开"通道"面板，在该面板中显示出CMYK颜色模式的通道。

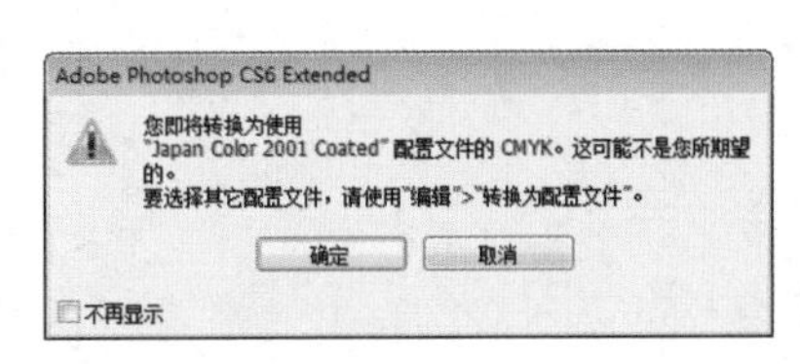

02 分色

执行"文件>打印"命令，弹出"Photoshop打印设置"对话框，单击"颜色处理"右侧的下拉按钮，在打开的下拉列表中选择"分色"选项，单击"打印"按钮，将图像分色打印。至此，本实例制作完成。

打印设置

在打印输出之前，需要对图像页面进行设置，通过设置可以使图像在打印输出时按照用户的需要进行输出。在本小节中，将对打印设置的相关知识和基本操作进行介绍。

打印设置对话框中显示特定于打印机、打印机驱动程序和操作系统的选项，了解打印设置对话框的相关选项设置，可以更轻松地完成打印输出的要求。执行“文件>打印”命令，在弹出的对话框中单击“打印设置”按钮，在弹出的对话框中对其中的选项进行设置。

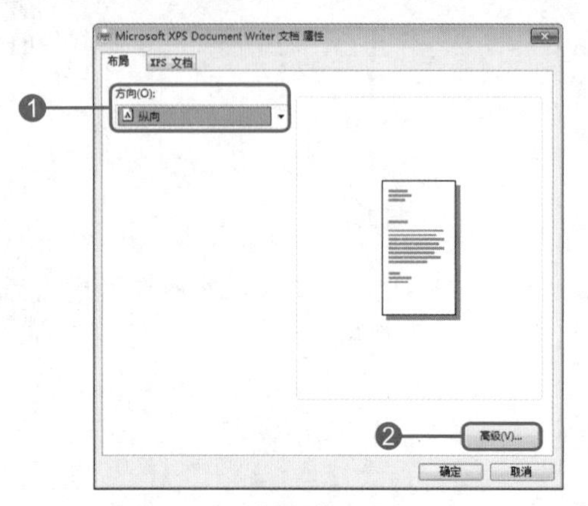

“布局”选项卡

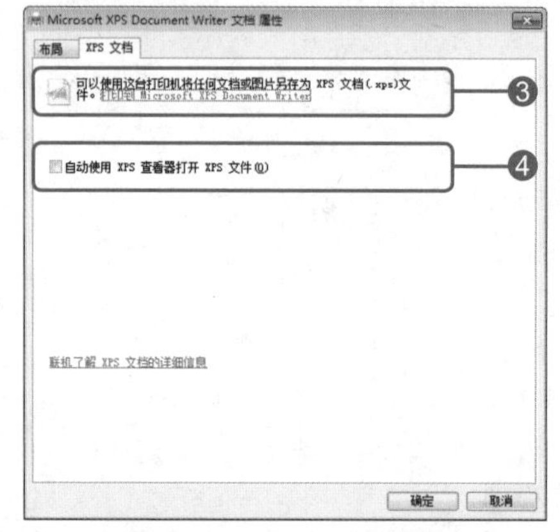

“XPS”选项卡

❶“方向”选项组：该选项组中有两个选项，分别是“纵向”和“横向”，通过选择任意一个选项设置当前文档输出的方向。在对话框上方的预览区域也可以观察到页面方向的预览效果。

❷“高级”按钮：单击该按钮，即可打开“高级选项”对话框，在其中可以对“纸张/输出”和“文档选项”两个选项的参数进行设置。

❸“输出格式”选项组：可设定文档输出的格式类型。

❹“自动使用”复选框：勾选该复选框，即可自动使用XPS查看器打开XPS文件。

在打印对话框中，在“位置和大小”选项组中，可以对图像的位置进行调整。

❺“位置”选项组：在该选项组中，可对版心到页边的距离进行设置，也可直接勾选“居中”复选框使其自动对齐。

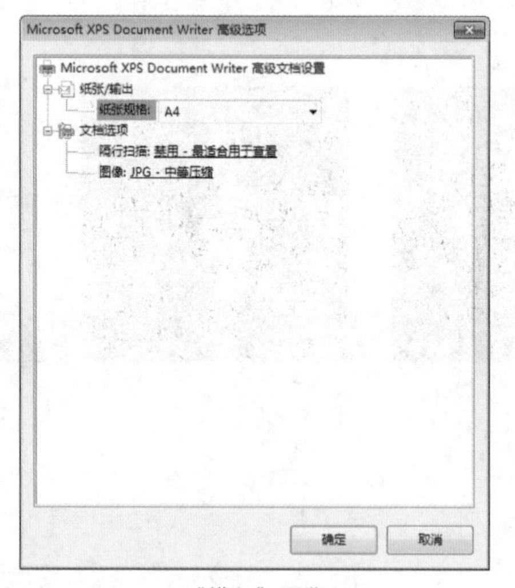

“横向”预览

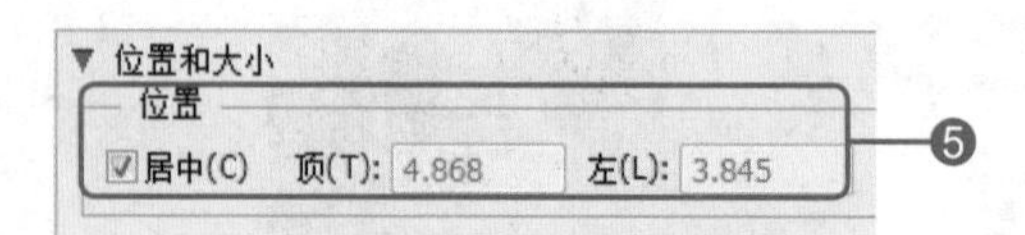

“打印”对话框中的“位置”选项组

Section 03 打印双色调

在Photoshop中打印输出图像时，为了节约打印成本，可以打印双色调图像，通过设置，可以将任意两种颜色设置为双色调图案的选用色。在本小节中，将介绍打印双色调的相关知识。

专家技巧

关于访问不同的模式通道

双色调使用不同的彩色油墨表现不同的灰阶，在Photoshop中，双色调被视为单通道、8位的灰度图像。在双色调模式中，不能直接访问个别的图像通道，而是通过“双色调选项”对话框中的曲线操纵通道。而其他的模式文件，如RGB、CMYK和Lab模式文件则可以直接访问通道。

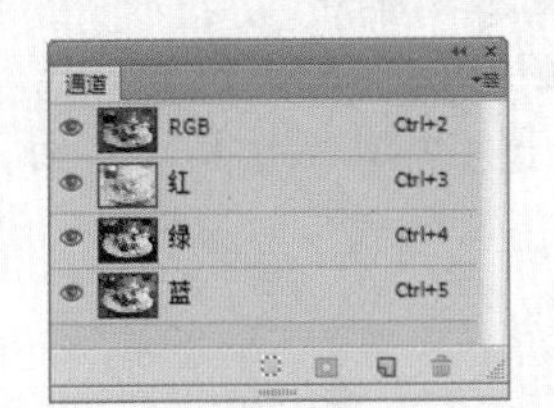

RGB模式图像“通道”面板

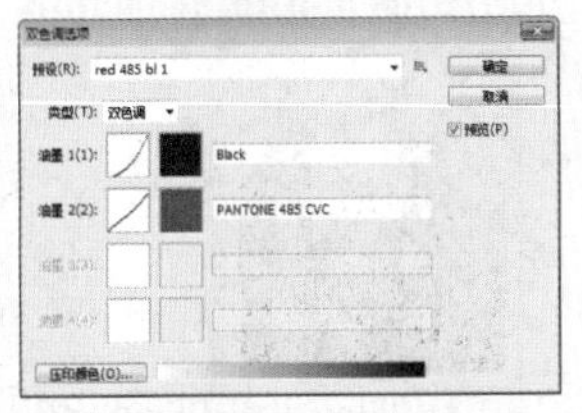

“双色调选项”对话框

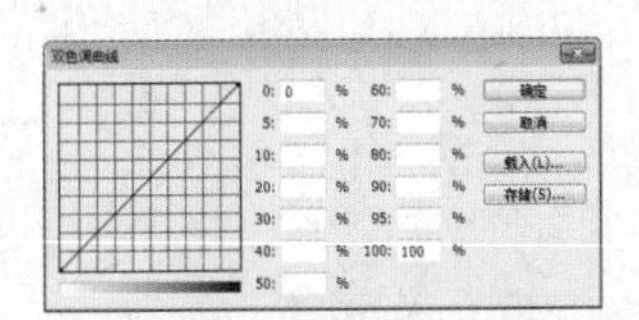

“双色调曲线”对话框

双色调图像“通道”面板

01 关于双色调

在Photoshop中打印输出图像时，可以在Photoshop中创建单色调、双色调、三色调和四色调。单色调是用非黑色的单一油墨打印的灰度图像；双色调、三色调和四色调分别是用两种、三种和四种油墨打印的灰度图像。在这些图像中，将使用彩色油墨来重现带色彩的灰度图像。

双色调增大了灰色图像的色调范围。虽然灰度重现可以显示多达256种灰阶，但印刷机上每种油墨只能重现约50种灰阶。由于这个原因，与使用两种、三种或四种油墨打印并且每种油墨都能重现多达50种灰阶的灰度图像相比，仅用黑色油墨打印的同一图像看起来明显粗糙得多。

在打印图像文件时，有时用黑色油墨和灰色油墨打印双色调，更多情况下，双色调用彩色油墨打印高光颜色。此技术将使用淡色调生成图像，并明显增大图像的动态范围。双色调非常适合使用强调专色的双色打印作业。

RGB颜色模式

灰度图像

单色调图像

双色调图像

02 指定压印颜色

压印颜色是相互打印在对方上面的两种无网屏油墨，为了预测颜色打印后的外观，需要使用压印油墨的打印色样来相应调整网屏显示。此调整只影响压印颜色在屏幕上的外观，而并不影响打印出来的外观。下面将介绍指定压印颜色的操作方法。

01 转换为灰度图像

按下快捷键Ctrl+O，打开附书光盘中的实例文件\Chapter 15\Media\02.jpg文件。执行“图像>模式>灰度”命令，弹出“信息”提示框，单击“扔掉”按钮，将当前图像转换为灰度图像。

02 设置压印颜色

执行“图像>模式>双色调”命令，弹出“双色调选项”对话框。单击该对话框左下角的“压印颜色”按钮，弹出“压印颜色”对话框。单击1+2右侧的色块，弹出“拾色器（压印颜色）”对话框。设置颜色为R236、G16、B140，设置完成后单击“确定”按钮，返回到“压印颜色”对话框中。

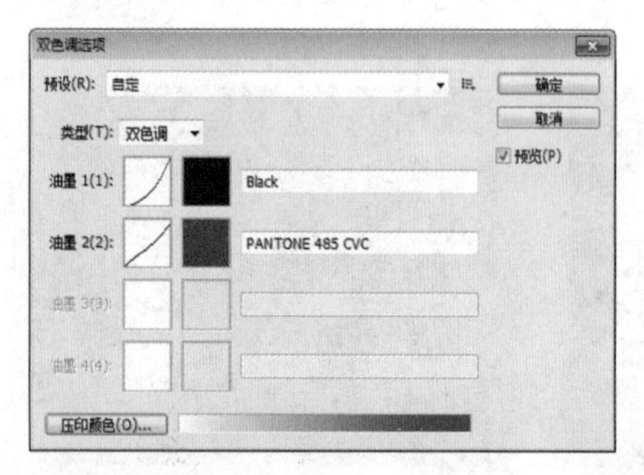

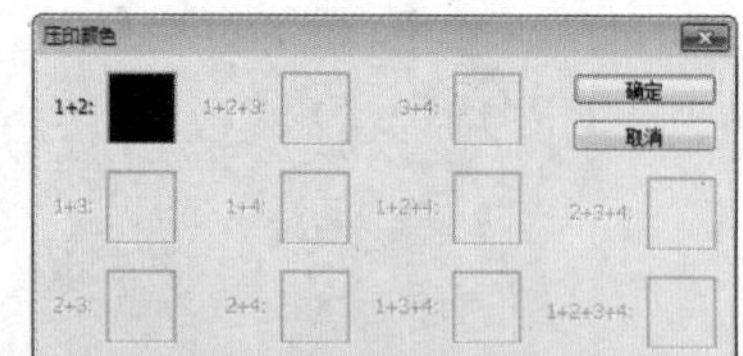

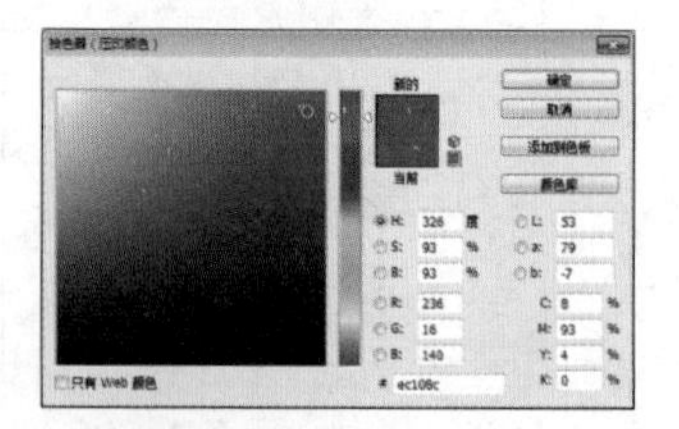

03 应用压印颜色

在“压印颜色”对话框中，单击“确定”按钮，返回到“双色调选项”对话框中，可以看到压印颜色发生了变化，设置完成后单击“确定”按钮，即可将刚才所设置的压印颜色应用到当前图像中。至此，本实例制作完成。

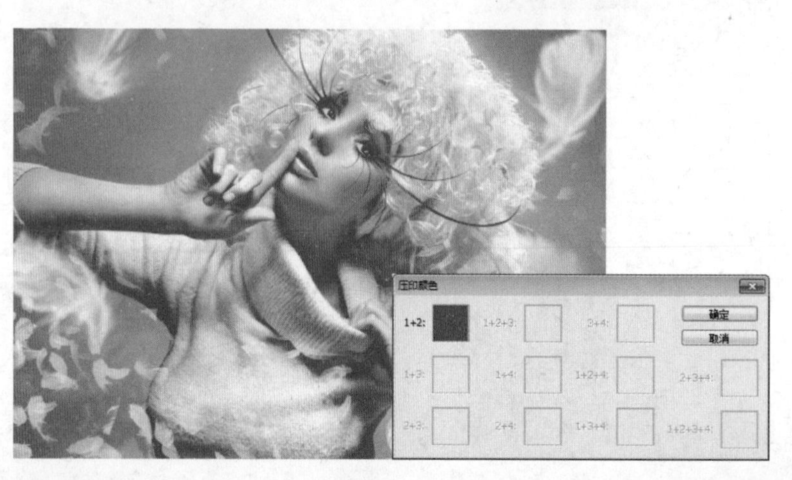

创建发布Web的优化图像

在针对Web和其他联机介质准备图像时，用户通常需要在图像显示品质和图像文件大小之间加以调和。在本小节中，主要介绍创建发布Web的优化图像的相关知识。

Web图形格式可以是位图和矢量图，位图格式与分辨率有关，位图图像尺寸随分辨率的不同而改变，图像品质也可能会发生变换，如GIF、JPEG、PNG和WBMP格式等。矢量格式图像与分辨率无关，用户可以对图像进行放大或缩小，而不会降低图像品质，如SVG和SWF格式等。矢量格式也可以包含栅格数据，可以通过“存储为Web和设备所用格式”对话框将图像导出为SVG和SWF格式。

01 JPEG优化选项

JPEG格式是用于压缩连续色调图像的标准格式，将图像优化为JPEG格式的过程依赖于有损压缩，它将有选择地扔掉数据。在“存储为Web和设备所用格式”对话框中，设置预设为“JPEG高”，即可切换到相应选项组中。

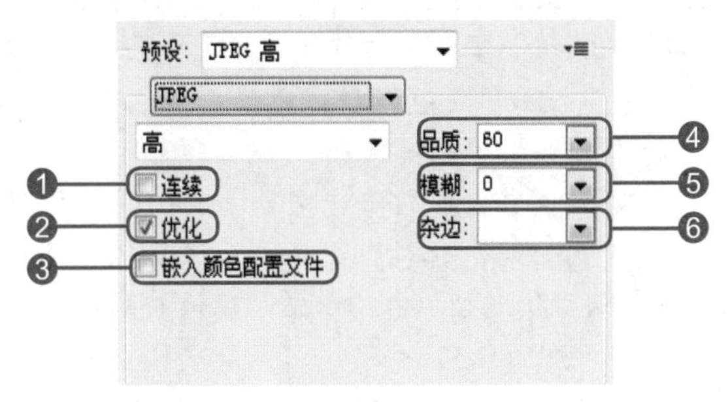

“JPEG 高”选项组

❶**“连续”复选框**：勾选该复选框，可在Web浏览器中以渐进方式显示图像，图像将显示为一系列叠加图形，从而使浏览者能够在图像完全下载前查看它的低分辨率版本。

❷**“优化”复选框**：勾选该复选框，可创建大小稍大的JPEG文件。

❸**“嵌入颜色配置文件”复选框**：勾选该复选框，可在优化文件中保存颜色配置文件，某些浏览器用颜色配置文件进行颜色校正。

❹**“品质”文本框**：设置参数确定压缩程度，数值越高，压缩算法保留细节越多，但生成的文件越大。

❺**“模糊”文本框**：在该文本框中，可指定应用于图像的模糊量，“模糊”选项应用效果同“高斯模糊”滤镜相同。设置了模糊后，可以获得更小的文件。

❻**“杂边”下拉列表**：在该下拉列表中，可为在原图像中透明的像素指定一个填充颜色。选择“其他”选项可以在弹出的“拾色器”对话框中选择一种颜色作为杂边颜色。

02 GIF和PNG-8优化选项

GIF是用于压缩具有单调颜色和清晰细节图像的标准格式。与GIF格式一样，PNG-8格式可有效压缩纯色区域，同时保留清晰的细节。在“存储为Web和设备所用格式”对话框中，设置预设为“GIF 128仿色”或“PNG-8 128仿色”，即可切换到相应选项组中。

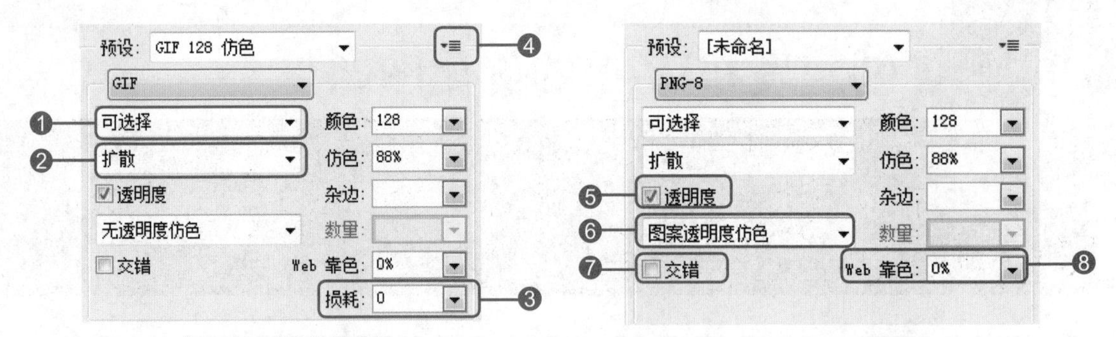

“GIF 128 仿色”选项组　　“PNG-8”选项组

❶ **“减低颜色深度算法”下拉列表：**通过单击该下拉按钮，在打开的下拉列表中选择需要的选项，指定用于生成颜色查找表的方法，及想要在颜色查找表中使用的颜色数量。在该下拉列表中包含9个选项。选择“可感知”选项，可通过为人眼比较灵敏的颜色赋予优先权来创建自定颜色表；选择“随样性”选项，可通过从图像的主要色谱中提取色样来创建自定颜色表；选择“受限”选项，可使用调整通用的标准216色颜色表来显示图像，只有当避免浏览器仿色是优先考虑的因素时，才建议使用该选项；选择“自定”选项，可使用用户创建或修改的调色板显示图像；选择“黑-白”、“灰度”、“Mac OS”和“Windows”选项时，使用一组调色板显示图像。

❷ **“指定仿色算法”下拉列表：**确定应用程序仿色的方法和数量。单击右侧的下拉按钮，在打开的下拉列表中包括4个选项，选择“无仿色”选项，不应用任何仿色方法；选择“扩散”选项，应用与“图案”仿色相比通常不太明显的随机图案，仿色效果在相邻像素间扩散；选择“图案”选项，使用类似半调的方形图案模拟颜色表中没有的任何颜色；选择“杂色”选项，应用与“扩散”仿色方法相似的随机图案，但不在相邻像素间扩散图案。

❸ **“损耗”文本框：**通过直接在文本框中输入数值或拖动下方的滑块可设置扔掉数据来减小文件大小，较高的“损耗”设置会导致更多的数据被扔掉，通常用户可设置应用5~10的损耗值。

❹ **扩展按钮：**单击扩展按钮，可打开扩展菜单，在该菜单中显示出当前对话框的部分编辑选项，方便用户操作。

❺ **“透明度”复选框：**勾选该复选框后，可选择对部分透明度像素应用仿色的方法。

❻ **“指定透明度仿色算法”下拉列表：**在勾选了“透明度”复选框后，可激活该下拉列表，在该下拉列表中包含有4个选项。选择“无透明度仿色”选项，不对图像中部分透明的像素应用仿色；选择“扩散透明度仿色”选项，应用与“图案”仿色相比通常不太明显的随机图案；选择“图案透明度仿色”选项，对部分透明的像素应用类似半调的方块图案；选择“杂色透明度仿色”选项，应用与“扩散”算法相似的随机图案，但不在相邻像素间扩散图案。

❼ **“交错”复选框：**勾选该复选框，当完整图像文件正在下载时，在浏览器中显示图像的低分辨率版本。

❽ **“Web靠色”文本框：**在该文本框中，可指定将颜色转换为最接近Web调板等效颜色的容差级别，值越大，转换的颜色越多。

原图

“Web靠色”为100%

Chapter

16

Photoshop CS6 实战应用

本章为您提供了3个各具特色的综合案例，帮助您进行平面创意设计的实际操作。您可以通过对这些案例的学习，发挥自己的想象力，独立设计一些独特的合成效果。

Section 01 制作艺术文字

文字作为传播信息的媒介，在人与人之间的交流中起着十分重要的作用。特效文字除了可以传播一定的信息外，还可以让受众获得一定的视觉享受。本实例以文字为主体对象，在主体文字周围以花朵和破旧纸纹进行装饰和点缀，以突出主体文字，下面来介绍具体的操作步骤。

01 填充背景颜色

按下快捷键Ctrl+N，新建一个“宽度”为14厘米，“高度”为18厘米，“分辨率”为300像素/英寸的空白文件，然后设置前景色为R253、G250、B209，按下快捷键Alt+Delete，将前景色填充到“背景”图层中。

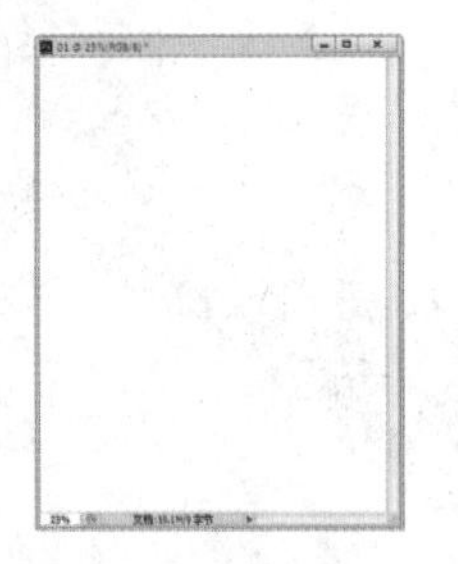

02 添加墨点素材

按下快捷键Ctrl+O，打开附书光盘中的实例文件\Chapter16\Media\01.png~03.png文件。将文件中的几个图像直接拖曳到原图像中，并调整其位置，生成“图层1”~“图层3”。

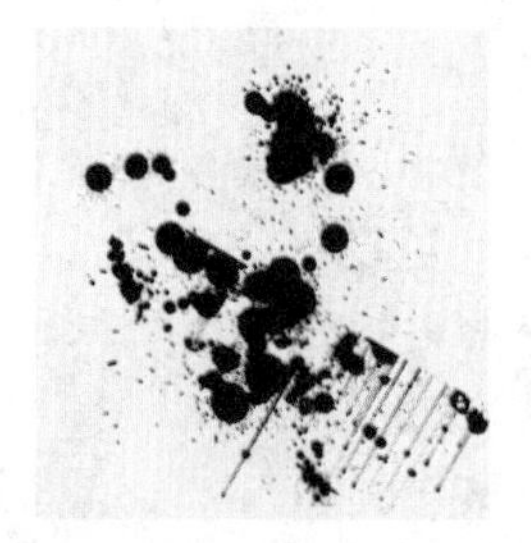

03 盖印图层

按住Ctrl键不放，分别单击“图层1”~“图层3”缩览图，将其全部选中，按下快捷键Ctrl+Alt+E，将图层合并到新图层中，生成“图层 3（合并）”。

04 填充渐变到盖印对象中

将“图层1”~“图层3”隐藏，然后按住Ctrl键不放，单击“图层3（合并）”缩览图，将该图层中的选区载入到当前图像中。单击渐变工具，设置渐变效果从左到右依次为0%：R117、G26、B82，100%：R176、G32、B122，从上到下单击并拖动鼠标，将渐变效果应用到当前图层选区中。按下快捷键Ctrl+D，取消选区。

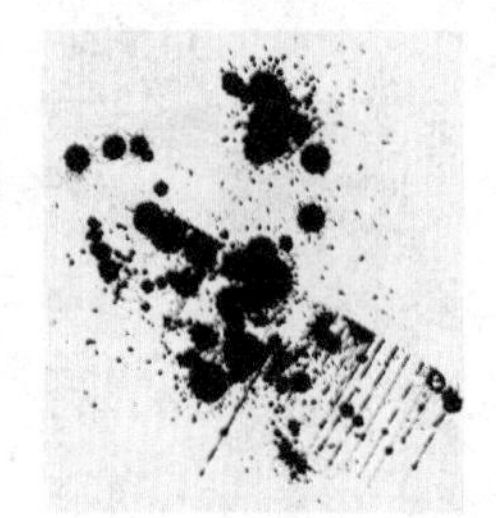

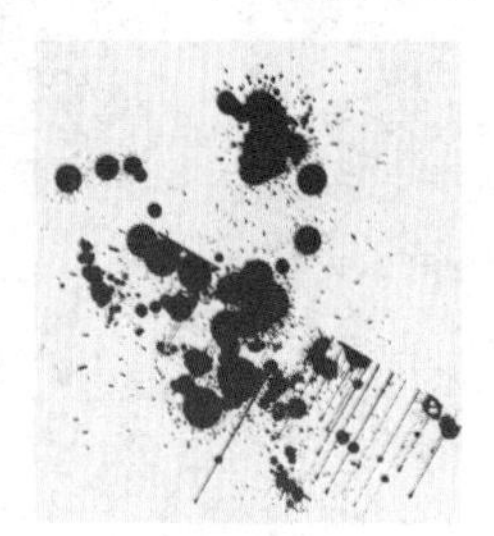

05 添加红色色块

单击“图层”面板下方的“创建新图层”按钮，新建“图层4”。单击画笔工具，设置前景色为R170、G29、B85，在属性栏中设置“流量”为10%，在页面正中涂抹，应用该效果。

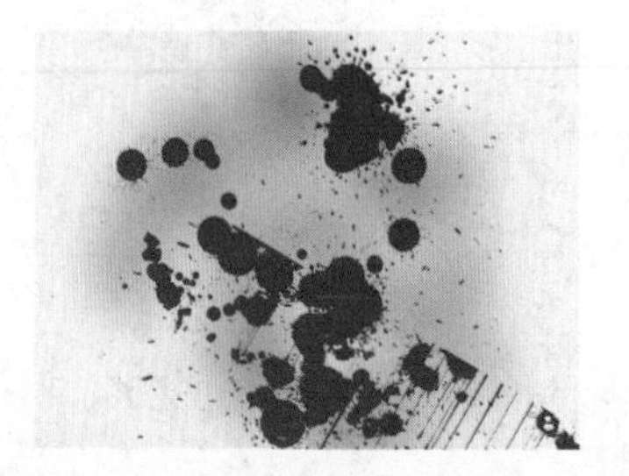

06 添加纸纹素材并绘制圆角形状

按下快捷键Ctrl+O，打开附书光盘中的实例文件\Chapter 16\Media\04.jpg文件。将该文件中的对象直接拖曳到原图像中，生成“图层 5”，然后将纸纹放置到页面左下角位置。单击圆角矩形工具，在属性栏中设置“半径”为50像素，通过单击并拖动鼠标，在纸纹上添加圆角矩形形状。

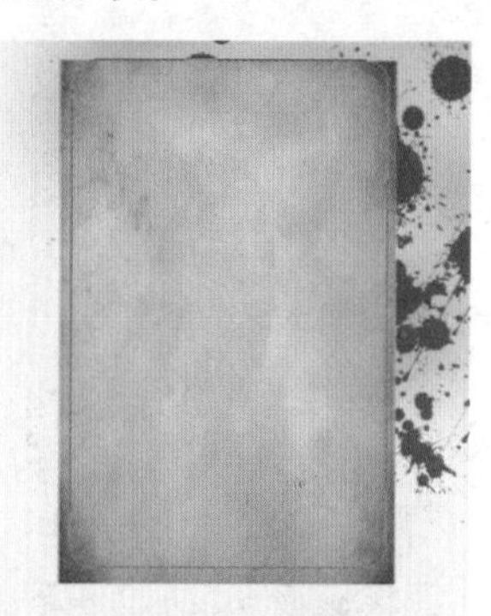

07 添加图层蒙版并调整图层位置

按下快捷键Ctrl+Enter，将路径转换为选区，然后单击“图层”面板中的“添加图层蒙版”按钮，为“图层 5”添加图层蒙版，最后将“图层 5”直接拖动到“图层 3（合并）”的下层位置。

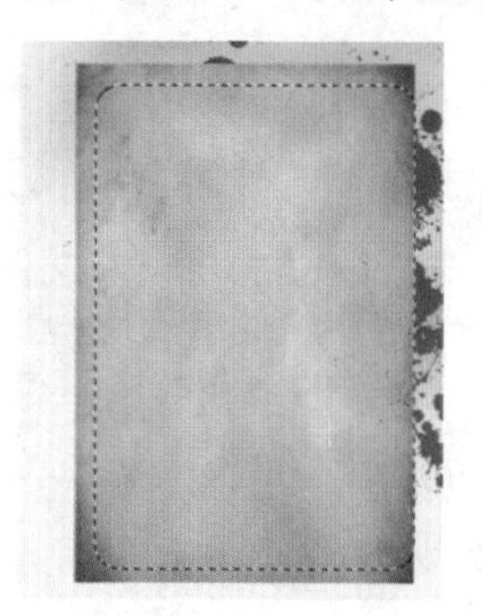

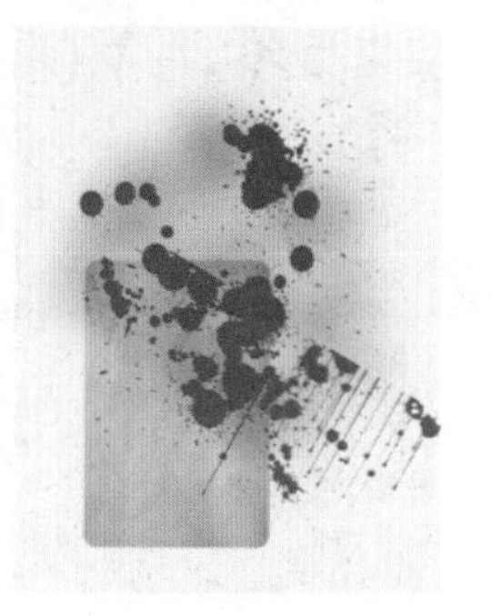

08 为盖印图层添加图层蒙版

单击“图层 3（合并）”，然后单击“添加图层蒙版”按钮，添加图层蒙版。单击画笔工具，设置前景色为“黑色”，在墨点右边和下边位置涂抹，擦除部分图像。

09 添加橙色色块

单击“图层”面板中的“创建新图层”按钮，新建“图层 6”。设置前景色为R204、G90、B26，单击画笔工具，设置“流量”为45%，在纸纹上涂抹。

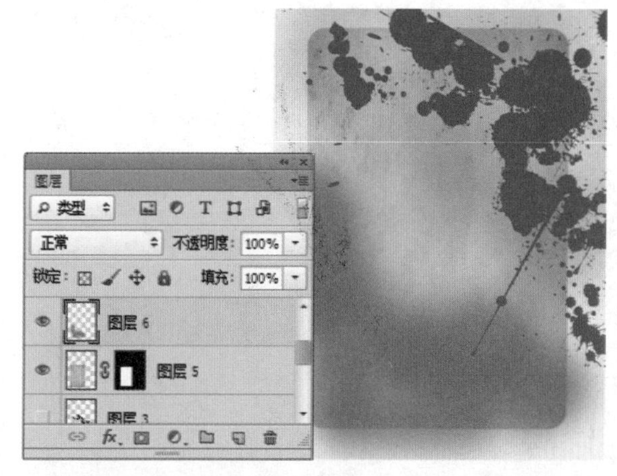

10 设置图层混合模式

单击“图层 6”，使其成为当前图层，设置“图层6”的图层混合模式为“叠加”，“不透明度”为45%，即可让颜色自然叠加到纸纹上。

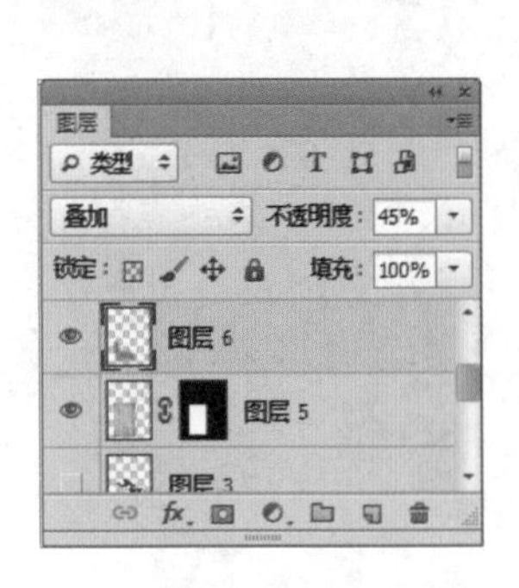

11 添加紫红色色块

新建“图层 7”，使用画笔工具为纸纹涂抹颜色R164、G30、B106，设置图层混合模式为“叠加”，“不透明度”为62%，应用设置到图层中。

12 对素材花朵执行“黑白”命令

按下快捷键Ctrl+O，打开附书光盘中的实例文件\Chapter16\Media\05.png文件。单击“图层”面板中的“创建新的填充或调整图层”按钮，选择“黑白”选项，切换到相应“调整”面板中，设置“红色”为119，“黄色”为-145，“洋红”为80，将设置的参数应用到当前图像中。

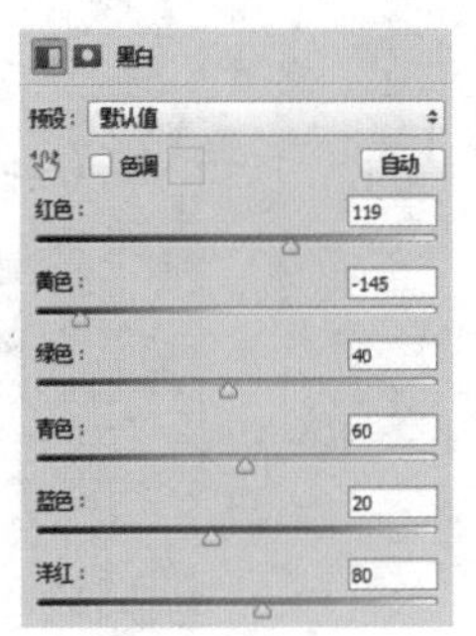

13 填充颜色到花朵中

新建“图层 2”，将页面填充为R253、G250、B209，然后设置“图层 2”的图层混合模式为“正片叠底”。按住Alt键不放，在“图层 2”和调整图层的中间单击，即可添加剪贴蒙版。

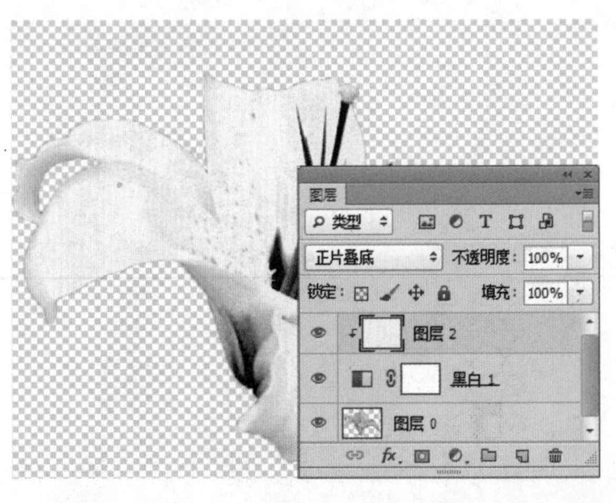

14 复制对象并设置图层混合模式

单击“图层 1”，按下快捷键Ctrl+J，将“图层 1”复制到新图层中，生成“图层 1 副本”。将其拖动到最上层位置，设置图层混合模式为“正片叠底”、“不透明度”为37%。

15 盖印花朵图层

按下快捷键Shift+Ctrl+Alt+E，将所有图层盖印到新图层中，生成“图层 3”。

16 将花朵添加到原图像中

单击移动工具，将盖印图层中的图像直接拖曳到原图像中，生成“图层 8”，按下快捷键Ctrl+T，将花朵适当变形后调整到右下角的图像中。

17 添加“投影”图层样式到花朵中

双击“图层 8”，打开“图层样式”对话框，设置“投影”样式的“角度”为-68度，“距离”为51像素，“扩展”为9%，“大小”为117像素，单击“确定”按钮。

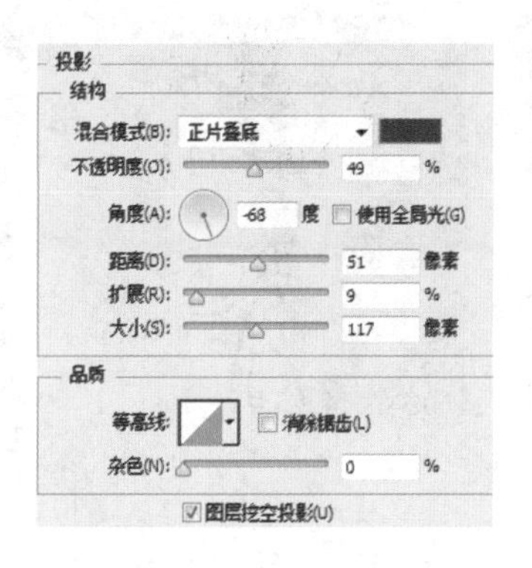

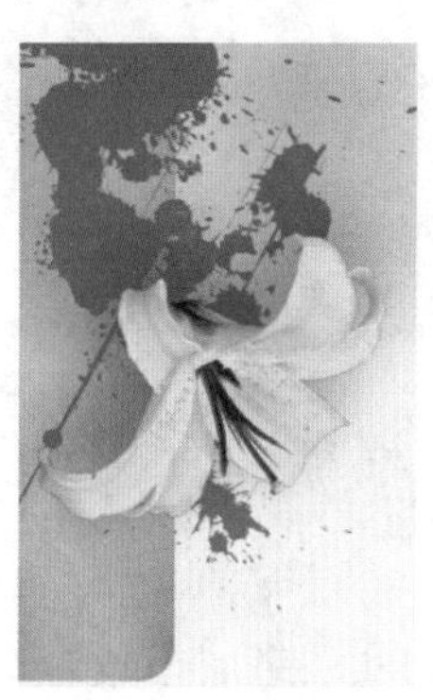

18 添加红色花

打开附书光盘中的实例文件\Chapter16\Media\06.png文件，按照同上面相似的方法，调整花朵效果，并设置填充颜色为R180、G31、B89。盖印图层，并添加到原图像中，生成“图层 9”。

19 添加其他的花朵使其成为一簇

按照同上面相似的方法，打开附书光盘中的实例文件\Chapter16\Media\07.png~10.png文件，然后适当改变其颜色，并添加到当前图像中。复制“图层 9”，将图像调整到页面的不同位置。

20 将图层样式复制到不同图层中

按住Alt键不放，拖曳鼠标到其他所有的花朵图层中，将图层样式复制到该图层对象中，即可应用图层样式到该图层中。

21 创建花蕊路径

单击钢笔工具，在下部的花朵位置通过单击和拖动鼠标，绘制出花蕊部分封闭路径，然后单击“创建新图层”按钮，新建“图层 15”。

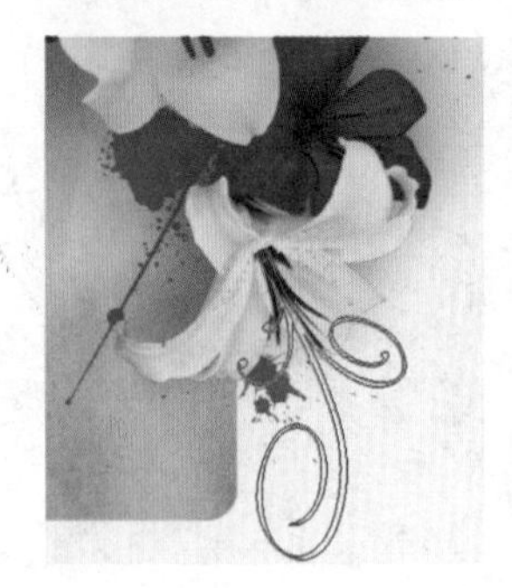

22 填充花蕊颜色

按下快捷键Ctrl+Enter，将路径转换为选区，并将其填充为“黑色”，最后按下快捷键Ctrl+D，取消选区。按照同样的方法，在图像中添加其他的花蕊封闭路径，将其转换为选区后，为其填充“黑色”，最后取消选区，在“图层”面板中生成“图层 15 副本”和“图层 16”。

23 对花朵细节线条进行路径描边

单击钢笔工具，在图像下方的花部分绘制若干根路径。设置前景色为R111、G50、B38，新建“图层 17”，在“路径”面板中按住Alt键不放，单击“用画笔描边路径”按钮，弹出“描边子路径”对话框，勾选“模拟压力”复选框，设置完成后单击“确定”按钮，即可应用路径描边效果。

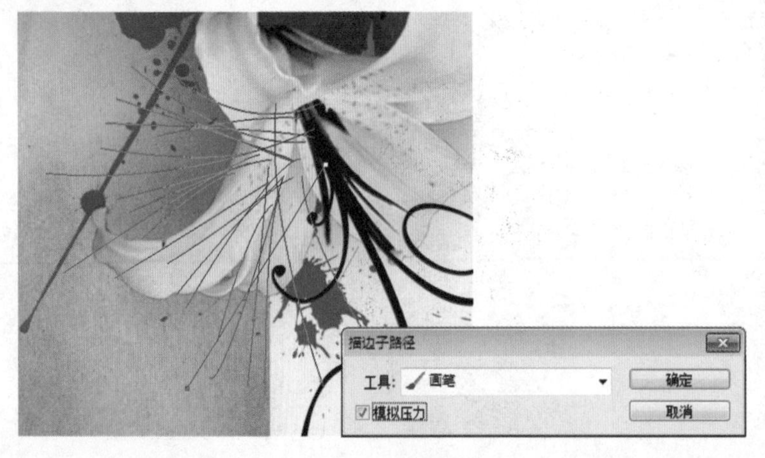

24 调整细线的图层位置

将“图层 17”拖动到“图层 4”的上方位置，然后分别使用加深工具和减淡工具，在当前图层上涂抹，使其颜色变化更加丰富。

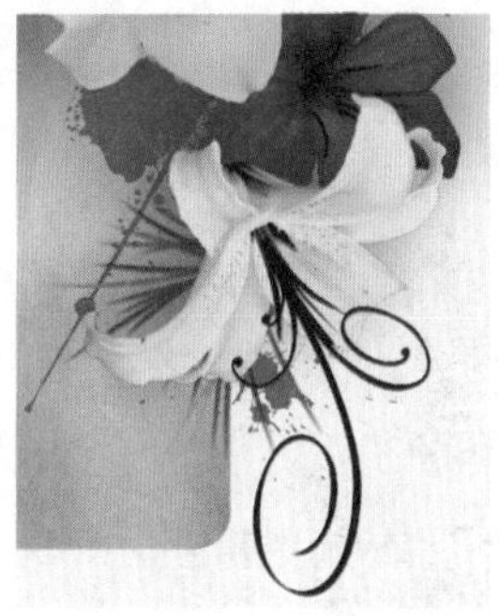

25 复制细线图层并调整其位置

按下快捷键Ctrl+J，将“图层 17”复制到新图层中，生成“图层 17 副本”，将该图层对象调整到图像的左上角位置，并调整对象的大小和倾斜角度。

26 添加主体文字

单击横排文字工具，在图像中单击置入插入点，当出现闪烁的插入点后，输入适当文字，并将其排列成不同大小的3行。将文字图层全部选中后，按下快捷键Ctrl+Alt+E，将文字图层盖印到新图层中，然后将盖印图层外的其他文字图层隐藏，并将盖印图层中的图像调整到页面正中位置。

27 绘制文字上的花纹形状

单击矩形工具，按住Shift键不放，在图像中绘制一个正方形形状。单击椭圆工具，按住Shift键不放，在图像中绘制一个正圆形状，使用路径选择工具调整其大小和形状后，删除矩形形状。新建“图层 18”，将路径转换为选区，并将其填充为“白色”，最后取消选区。

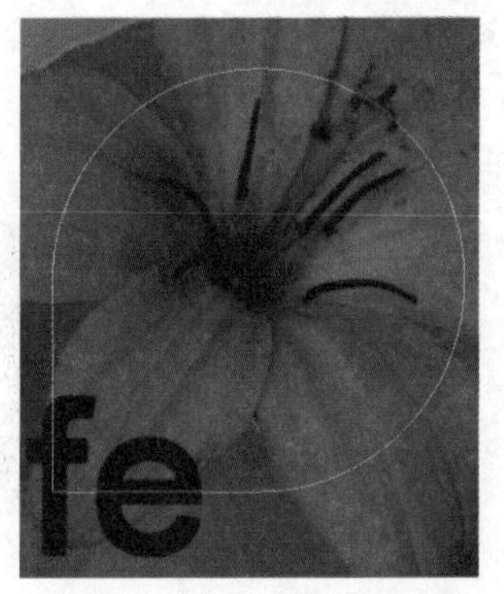

28 复制花纹形状并调整其位置

单击移动工具，按住Alt键不放，拖动鼠标，复制该图层，生成“图层 18 副本”，然后将复制对象缩小并水平翻转后，调整到与之前对象相对的位置。将“图层 18”和“图层 18 副本”同时选中，按下快捷键Ctrl+E，将两个图层合并。

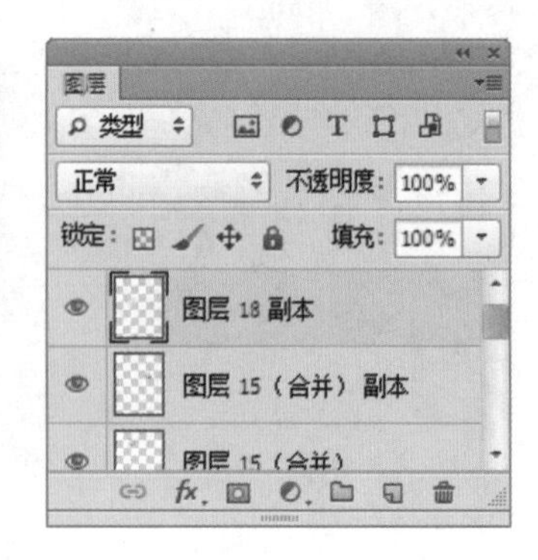

29 复制合并图层并调整其位置

将合并对象拖曳到文字的左上方位置，并调整到合适的大小，然后按住Alt键不放，拖动鼠标，复制该对象，将其添加到文字的四周，并调整到合适的大小。单击盖印文字图层，为其添加图层蒙版，使用铅笔工具，将文字中i字母的点擦除。

30 合并主体文字图层并载入选区

按住Shift键，将盖印文字图层和复制图层同时选中，按下快捷键Ctrl+E，将当前图层合并。按住Ctrl键不放，单击合并图层缩览图，将图层中的选区载入到当前图像中。

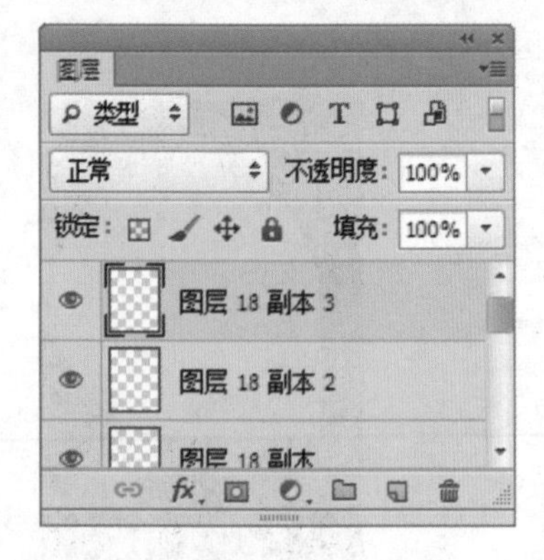

31 应用渐变并调整文字倾斜度

单击渐变工具，设置渐变效果从左到右依次为0%：R187、G30、B111，36%：R247、G226、B197，61%：R247、G226、B197，79%：R237、G149、B176，100%：R207、G36、B104。通过从上向下单击并拖动鼠标将渐变应用到当前选区中，按下快捷键Ctrl+D，取消选区，然后将文字调整到倾斜状态，并放置到花朵中间位置。

32 调整细线的图层位置

双击“图层 18 副本 3”，弹出“图层样式”对话框，在“投影”选项面板中，设置“角度”为120度，“距离”为1像素，“扩展”为9%，“大小”为92像素，将其应用到当前图层中。

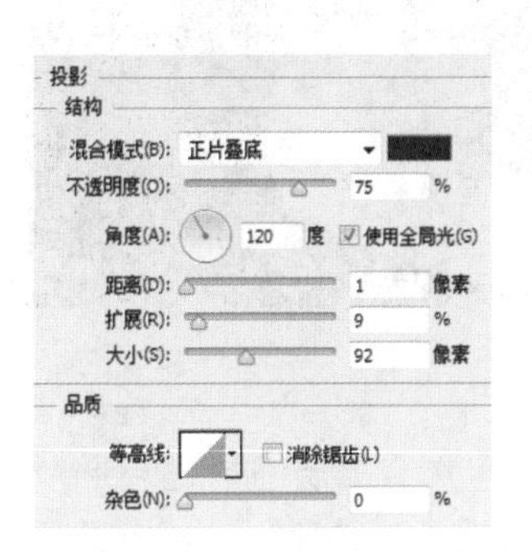

33 复制细线图层并调整其位置

分别复制以前所添加的花朵，然后按下快捷键Ctrl+Shift+]，将其调整到图像最上层位置。变为调整这些复制出的图层的位置，使其将部分文字遮挡住，使图像更具有层次感。

34 在文字高光位置添加亮点并设置图层混合模式

新建“图层 18”，单击画笔工具，设置前景色为R181、G210、B220，在属性栏中设置“不透明度”为79%，在文字上单击，添加亮点，并设置该图层的图层混合模式为“亮光”，使文字变亮。

35 加深阴影位置的墨点颜色

单击“图层 3（合并）”，使其成为当前图层，单击加深工具，在墨点的边缘部分涂抹，使边缘部分颜色加深，制作出层次感。

36 添加色块到花朵中

新建“图层 19”，单击画笔工具，设置前景色为R206、G33、B188，在花朵上单击。

37 添加花朵色块图层混合模式

在“图层”面板中设置“图层19”的图层混合模式为“亮光”、“不透明度”为71%，设置完成后即可查看具体效果。

38 添加文字

设置前景色为R133、G45、B85，在页面左下角位置添加文字，然后将所有文字图层盖印到新图层中。将原文字图层隐藏，在“图层”面板中设置盖印图层的图层混合模式为“正片叠底”、“不透明度”为73%。至此，本实例制作完成。

制作超现实合成图像

使用Photoshop中的合成功能，能够将毫无关系的几张图像自然地组合到一张图像中，从而制作出具有特殊视觉效果的图像。本实例将制作一款汽车超现实意境合成图像，让汽车置于水浪的街道中，充满迷幻的效果。下面就来介绍具体的操作步骤。

01 新建图像文件

按下快捷键Ctrl+N，打开“新建”对话框，设置“名称”为02，“宽度”和“高度”分别为13.95厘米和10厘米，“分辨率”为300像素/英寸，然后单击“确定”按钮，新建一个空白图像文件。

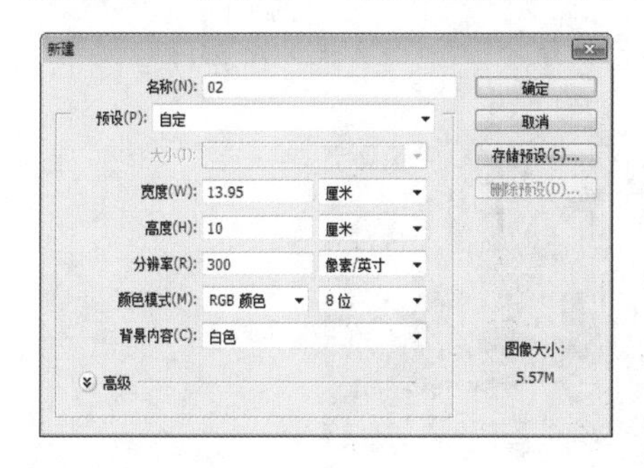

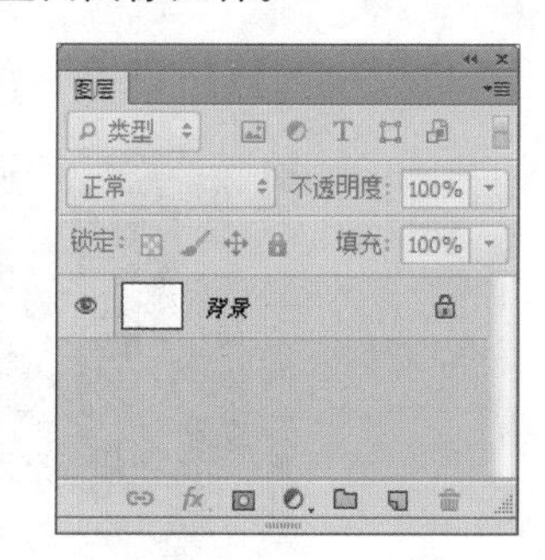

02 打开街道素材

按下快捷键Ctrl+O，打开附书光盘中的实例文件\Chapter16\Media\11.jpg文件。双击“背景”图层，将其转换为普通图层，得到“图层 0”。

03 创建选区

单击套索工具，沿着街道的边缘单击并拖动鼠标，在画面上创建街道的选区。

04 存储选区

单击鼠标右键，在弹出的快捷菜单中选择“储存选区”命令，打开“存储选区”对话框，设置“名称”为001，单击“确定”按钮，在“通道”面板中生成一个001通道。按下快捷键Ctrl+D，取消选区。

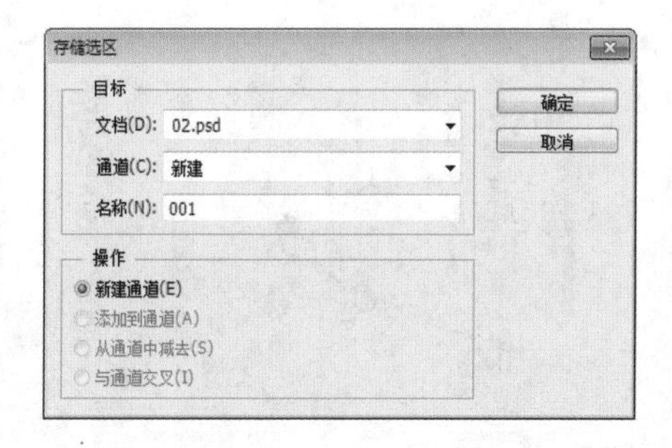

05 执行“内容识别比例”命令

选区存储后执行“编辑>内容识别比例”命令，显示内容识别比例调整框，对街道图像进行水平缩放，调整完成后按下Enter键退出“内容识别比例”操作。

06 裁剪图像

单击裁剪工具，沿着街道图像的边缘单击并拖动鼠标创建裁剪框，按下Enter键，完成对图像的裁剪。

07 移动素材图像

单击移动工具，将街道素材图像拖曳到02.psd文件中，在“图层”面板中生成“图层 1”，并适当调整其在画面中的位置。

08 复制素材图像

在“图层”面板中，选择“图层1”，按下快捷键Ctrl+J，复制一个图层，得到“图层 1 副本。”

09 转换为Lab颜色模式

执行“图像>模式>Lab颜色”命令，在弹出的对话框中单击“不拼合”按钮，转换图像颜色模式，在“通道”面板中选择“明度”通道。

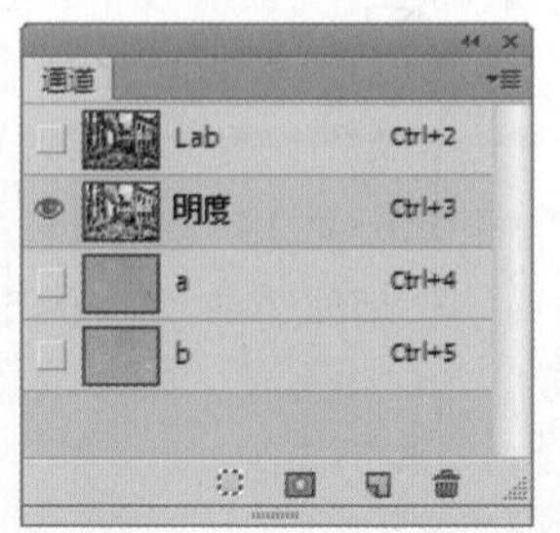

10 调整“应用图像”对话框

执行“图像>应用图像”命令，在弹出的“应用图像”对话框中设置各项参数，调整图像明暗对比度，完成后单击“确定”按钮。再次打开“应用图像”对话框，设置各项参数。

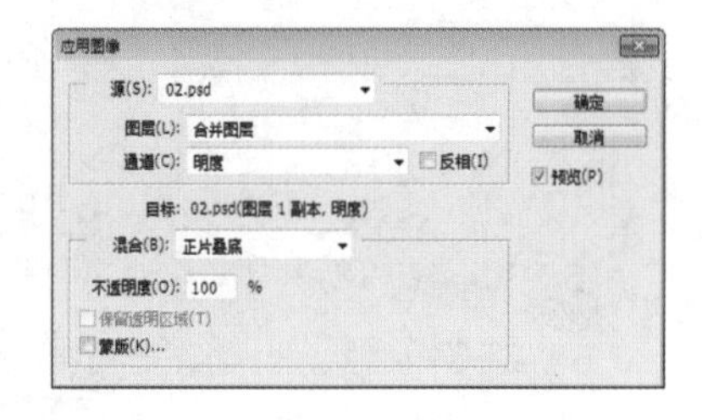

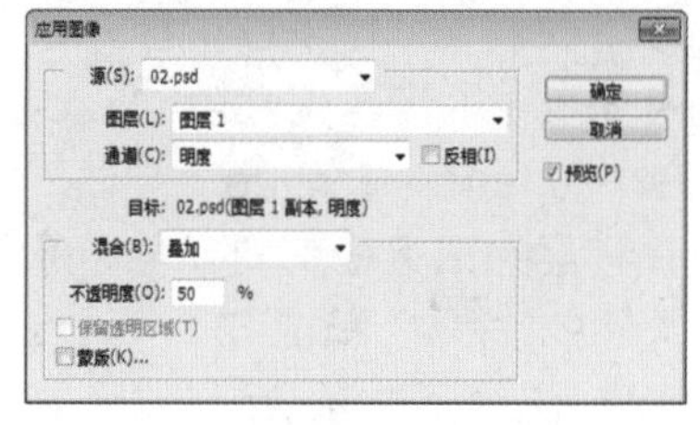

11 转换为RGB颜色模式

设置完成后单击“确定”按钮，加强图像明暗对比效果。执行“图像>模式>RGB颜色”命令，在弹出的对话框中单击“不拼合”按钮，将图像模式转换为RGB颜色模式。

12 设置图层混合模式

设置“图层 1 副本”的混合模式为“柔光”、“不透明度”为38%，调整图像的对比效果。单击“图层”面板下方的“创建新的填充或调整图层”按钮，在弹出的菜单中选择“照片滤镜”命令。

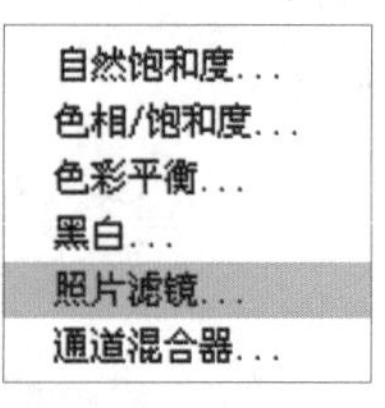

13 设置照片滤镜颜色

在弹出的“照片滤镜”调整面板中，选中“颜色”单选按钮，单击“颜色”后的色块，打开“拾色器（选择滤镜颜色）”对话框，设置颜色为R172、G122、B51，单击“确定”按钮，然后在“照片滤镜”调整面板中设置“浓度”为41%。

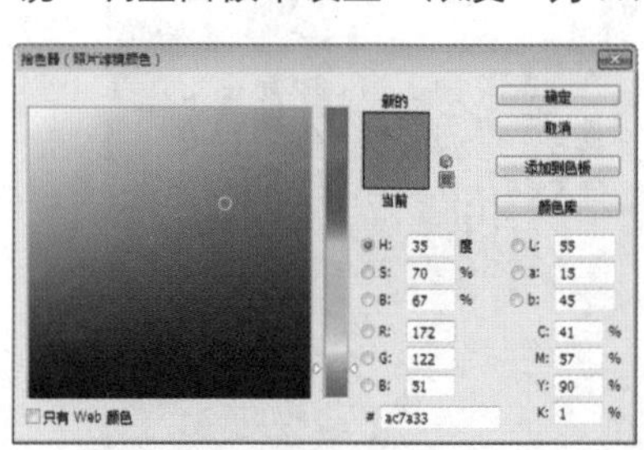

14 设置图层混合模式

在“图层”面板中自动生成一个“照片滤镜 1”调整图层，设置图层混合模式为“变暗”，调整照片滤镜的颜色效果。

15 添加水素材图像

按下快捷键Ctrl+O，打开附书光盘中的“实例文件\Chapter16\Media\海水.jpg”文件。并将素材图像拖曳到当前图像文件中，得到“图层 2”，适当调整其在画面中的位置。

16 添加图层蒙版

选择“图层 2”，单击“图层”面板下方的“添加图层蒙版”按钮，为“图层 2”添加图层蒙版。单击画笔工具，选择柔角笔刷，设置前景色为黑色，在图层蒙版中涂抹，隐藏街道以外的海水图像。

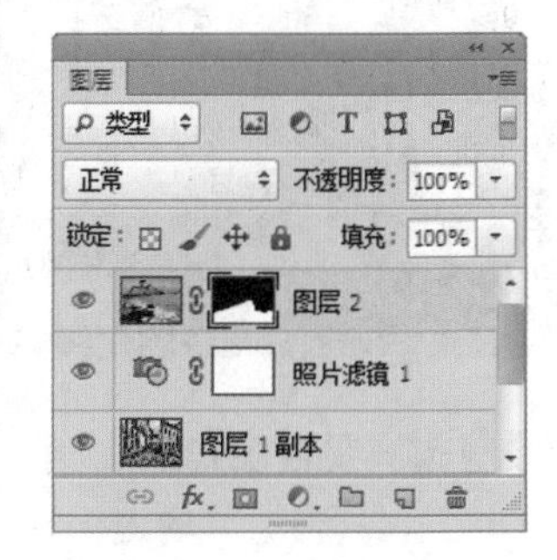

17 复制图像

复制一个“图层 2”，得到“图层 2 副本”图层，按住Shift键单击蒙版图层，对该蒙版进行停用。

18 调整素材图像

对图像进行自由变换并右击，执行“水平旋转”命令，将图像水平旋转，并调整其位置。

19 编辑图层蒙版

按住Shift键的同时单击“图层 2 副本”图层的图层蒙版，启用图层蒙版。单击画笔工具，设置前景色为黑色，在图层蒙版中进行涂抹，使海水图像与街道效果衔接得更自然。

20 添加“色相/饱和度”调整图层

按住Ctrl键，单击“图层 2”的蒙版缩览图，载入蒙版选区。单击“图层”面板下方的“创建新的填充或调整图层”按钮，选择“色相/饱和度”命令，分别设置“全图”、“青色”、“蓝色”面板的参数值，调整海水的颜色。

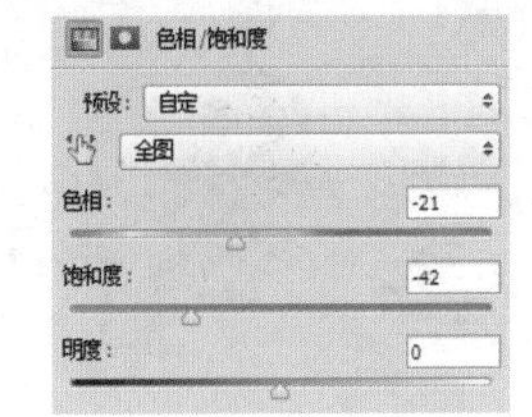

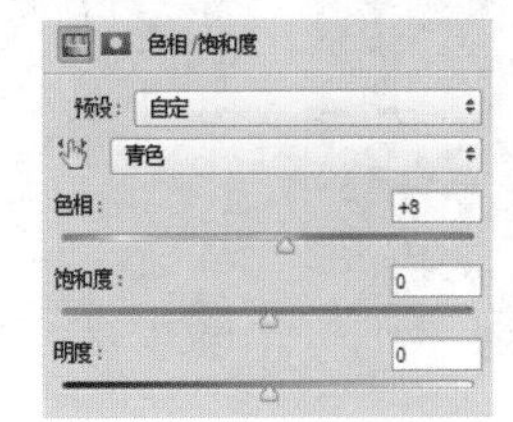

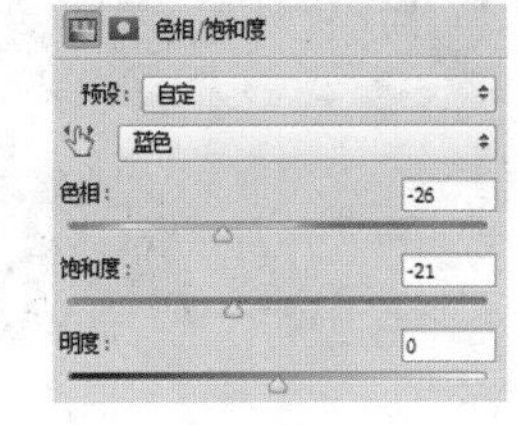

21 添加“可选颜色”调整图层

调整完成后关闭调整面板，在“图层”面板中生成一个“色相/饱和度 1”调整图层。采用相同的方法打开“可选颜色”调整面板，设置“青色”面板参数值，调整海水颜色，使其效果更自然，然后在“图层”面板中生成一个“选取颜色 1”调整图层。

22 设置图层混合模式并选择多个图层

选择“选取颜色 1”调整图层，设置该图层的图层混合模式为“柔光”、“不透明度”为41%，调整海水效果。按住Ctrl键的同时，在“图层”面板中选择多个图层。

23 编辑图层组

选择图层后，执行“图层>新建>从图层新建组”命令，设置“名称”为“组 1”，单击“确定”按钮，新建“组 1”。复制“组 1”，得到“组 1 副本”，选择“组 1 副本”，按下快捷键Ctrl+E，合并该图层组，得到“组 1 副本”，隐藏图层组“组 1”。

24 调整海水图像

单击修补工具，在海水中的石头部分创建选区，在属性栏中选中“源”单选按钮，然后拖动选区内的图像至左下方的海水部分，释放鼠标替换选区内的图像，完成后按下快捷键Ctrl+D，取消选区。

25 修补图像

采用相同的方法，对周围的小石头进行修补，使海水的效果更加自然。

26 添加汽车素材图像

按下快捷键Ctrl+O，打开附书光盘中的“实例文件\Chapter16\Media\悍马.jpg”文件。将素材图像拖曳当前图像文件中，得到“图层 3”，并适当调整其在画面中的位置。

27 添加图层蒙版

选择“图层 3”，单击“图层”面板下方的“添加图层蒙版”按钮，为“图层 3”添加图层蒙版。单击钢笔工具，沿着汽车的边缘绘制路径。

28 将路径转换为选区

路径绘制完成后，按下快捷键Ctrl+Enter，将路径转换为选区，然后按下快捷Shift+Ctrl+I对选区进行反选。

29 编辑图层蒙版

选择“图层 3”的图层蒙版，设置前景色为黑色，按下快捷键Alt+Delete，为选区填充前景色，隐藏选区内的图像，完成后按下快捷键Ctrl+D，取消选区。单击画笔工具，选择柔角笔刷，设置前景色为黑色，对图层蒙版进行涂抹，隐藏汽车顶部车灯部分的背景图像。

30 继续编辑图层蒙版

继续使用画笔工具，设置前景色为黑色，对汽车的车轮部分进行涂抹，隐藏汽车的车轮下部，使下面的海水显示在画面中，使合成画面效果更真实。

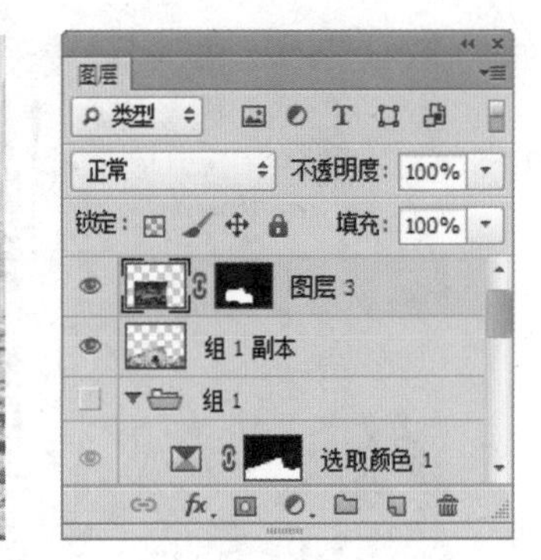

31 输入文字

单击横排文字工具，打开“字符”面板，设置文字的字体与大小，设置颜色为白色，然后在画面上输入白色文字。按下快捷键Ctrl+T，显示出控制框，对文字进行旋转，完成后按下Enter键结束自由变换操作。

32 栅格化文字

在“图层”面板中选择HUMMER文字图层，单击鼠标右键，在弹出的快捷菜单中选择“栅格化文字”命令，将文字图层转换为普通图层。

33 添加图层蒙版

单击“图层”面板下方的“添加图层蒙版”按钮，为文字图层HUMMER添加图层蒙版。

34 编辑图层蒙版

单击画笔工具，选择柔角笔刷，设置画笔大小为3px，设置前景色为黑色，在图层蒙版中进行涂抹，隐藏汽车车窗轮廓处的文字效果，然后设置文字图层的“不透明度”为79%。

35 输入金色文字

单击横排文字工具，打开“字符”面板，设置文字的字体与大小，设置颜色为金色（R156、G121、B61），然后在画面中输入文字。执行“自由变换”命令对文字进行旋转，并在“图层”面板中设置文字图层的图层混合模式为“颜色”。

36 添加“曲线”调整图层

按住Ctrl键的同时单击“图层 3”的图层蒙版缩览图，载入图层选区。单击“图层”面板下方的“创建新的填充或调整图层”按钮，在弹出的菜单中选择“曲线”命令，打开“曲线”调整面板，适当调整曲线的位置。在“图层”面板中生成一个“曲线 1”调整图层。按下快捷键Ctrl+D，取消选区。

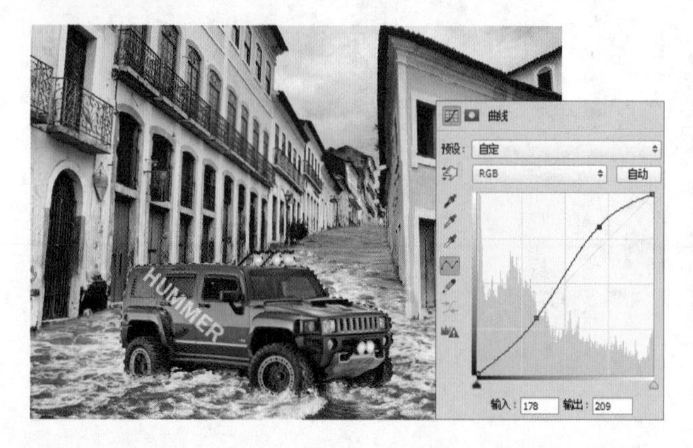

37 添加“照片滤镜”调整图层

单击“图层”面板下方的“创建新的填充或调整图层”按钮，在弹出的菜单中选择“照片滤镜”命令，打开“照片滤镜”调整面板。选中“颜色”单选按钮，单击右侧的“颜色”色块，打开“拾色器(照片滤镜颜色)”对话框，设置颜色参数值后单击“确定”按钮。在“照片滤镜”调整面板中设置“浓度”为25%，在“图层”面板中生成一个“照片滤镜 2”调整图层。

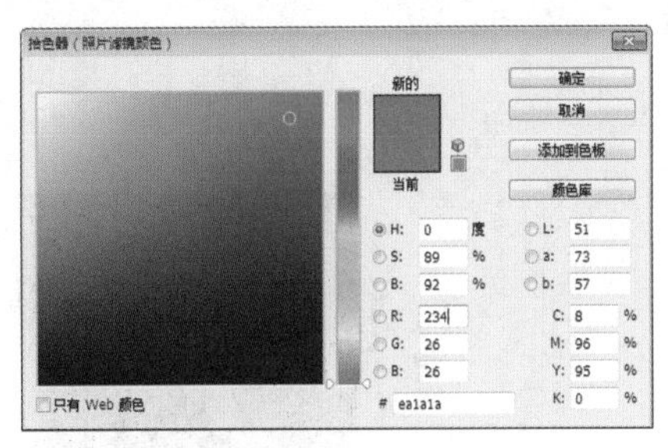

38 设置图层混合模式与不透明度

选择“照片滤镜 2”调整图层，设置该图层的图层混合模式为“饱和度”，“不透明度”为42%，减淡照片滤镜效果。

39 创建选区

新建“图层 4”，单击矩形选框工具，在右上角创建矩形选区。

40 填充选区颜色

选区创建完成后，设置前景色为黑色，按下快捷键Alt+Delete，为选区填充前景色，然后按下快捷键Ctrl+D，取消选区。结合文字工具在画面上输入白色文字。至此，本实例制作完成。

制作电影海报

电影海报是为一部即将上映的电影而制作发布的，它以营利为目的，通过某种观念的传达，向人们诉说电影的内容等信息，吸引更多的观众对电影有所关注。本海报制作的是电影海报，下面来介绍详细的操作方法。

01 添加背景图像

按下快捷键Ctrl+N，新建“宽度”为17厘米，“高度”为22.67厘米，“分辨率”为300像素/英寸的空白文件。打开附书光盘中的“实例文件\Chapter16\Media\人物.jpg”文件，将该文件拖曳到原图像中，生成“图层1”。

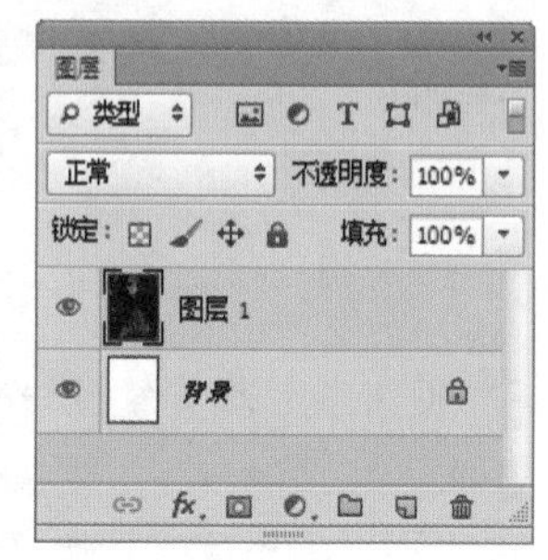

02 调整图像的色调饱和度

单击“图层”面板下方的“创建新的填充或调整图层”按钮，在弹出的菜单中选择“可选颜色”命令，在弹出的相应面板中设置“中性色”选项的参数，以调整图像的色调。使用相同的方法，创建“色相/饱和度”调整图层，并设置“饱和度”为-24，以降低图像的饱和度。完成后，按下快捷键Ctrl+Alt+G分别创建剪贴蒙版。

03 调整图像对比度

使用相同的方法，创建“色阶”调整图层，并设置相应参数，以调整图像的对比度。完成后，按下快捷键Ctrl+Alt+G创建剪贴蒙版。然后结合图层蒙版和画笔工具隐藏部分图像色调。

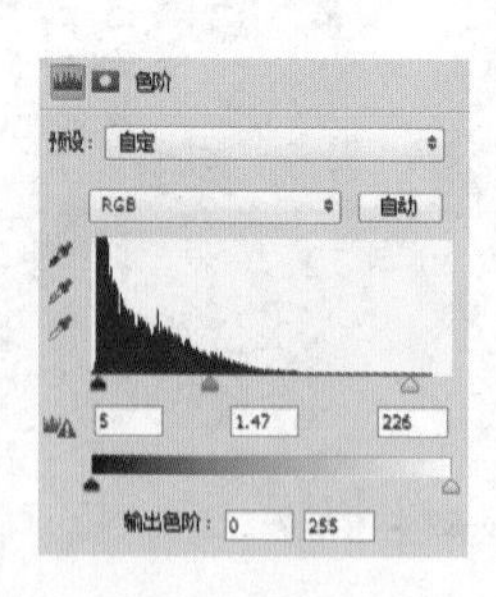

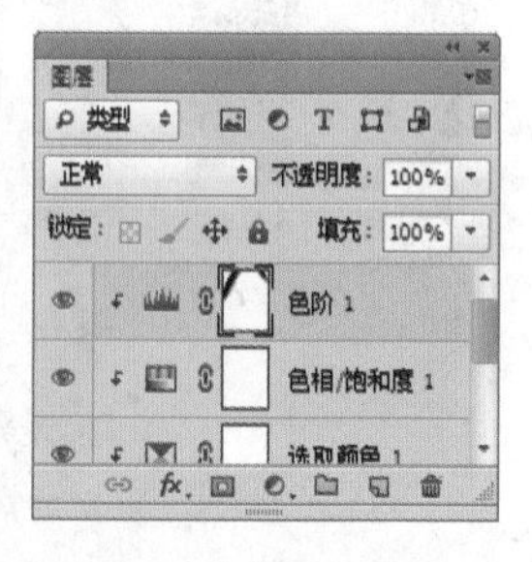

04 调整图像亮度对比度

使用相同的方法，创建“亮度/对比度”调整图层，并设置“亮度”为7，“对比度”为10，以增强图像的亮度和对比度。完成后，按下快捷键Ctrl+Alt+G创建剪贴蒙版。

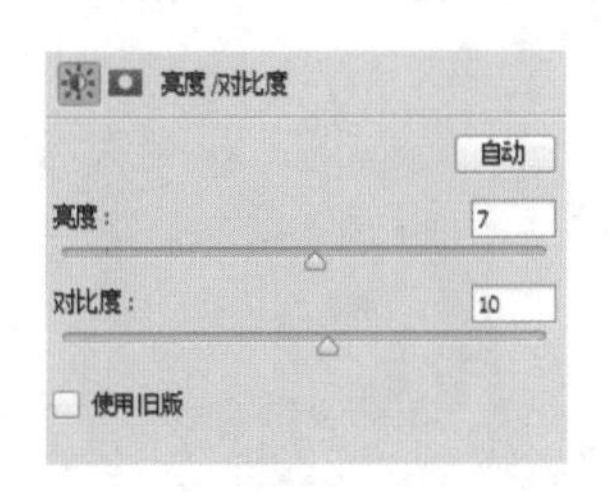

05 添加图像文件

打开附书光盘中的“实例文件\Chapter16\Media\纹理.jpg”文件，将该文件拖曳到原图像中，生成“图层 2”。

06 调整图像效果

单击“添加图层蒙版”按钮，使用画笔工具在图像中涂抹以隐藏部分图像色调。设置该图层的图层混合模式为“点光”，使其与下层图像呈现融合效果。多次复制“图层 2”，并依次调整各图像的大小、位置和所在图层的图层混合模式。

07 绘制图像

在“图层 2”下方新建“图层 3”，单击画笔工具，并设置不同的前景色，在图像中绘制出裂痕效果。设置该图层的图层混合模式为“叠加”、“不透明度”为40%。

08 添加图层样式

为图层添加“斜面和浮雕”图层样式，并在弹出的对话框中设置相应的参数，使该图像呈现更加逼真的立体效果。

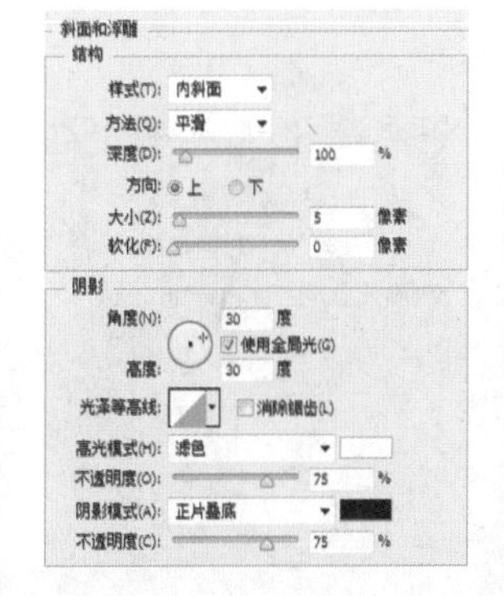

09 添加纹理素材

按下快捷键Ctrl+O，打开附书光盘中的“实例文件\Chapter16\Media\纹理1.jpg”文件。并将其拖曳到当前图像中，结合图层蒙版和画笔工具隐藏部分图像色调。

10 设置图层混合模式

设置其图层的图层混合模式为“划分”。按下快捷键Ctrl+J复制该图层，并适当调整图像的大小和位置。

11 绘制光晕图像

新建“图层 5”，使用矩形选框工具创建一个矩形选区并为其填充黑色。执行“滤镜>渲染>镜头光晕”命令，在弹出的对话框中设置相应参数，完成后单击“确定”按钮。然后设置其图层混合模式为“滤色”，制作出光晕图像效果。

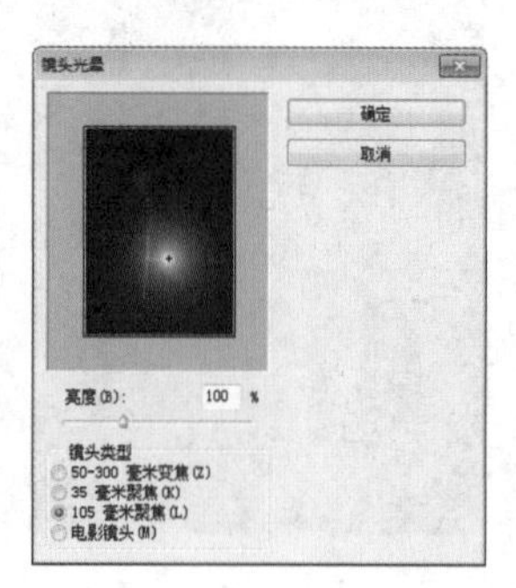

12 绘制血滴图像

新建“组 1”并重命名为“血”，新建“图层 6”，结合钢笔工具和填充工具绘制出血滴的基本外形，并设置其图层混合模式为“正片叠底”。复制该图层并设置图层混合模式为“柔光”，然后调整图层之间的上下关系。新建多个图层，使用相同的方法，继续深入绘制血滴图像，并创建剪贴蒙版，使其具有真实的质感。

13 绘制高光图像

新建“图层 10”，设置“前景色”为白色，使用半透明的柔角画笔绘制血滴的高光图像。

14 绘制暗部图像

新建“图层 11”，使用相同的方法绘制血滴的暗部图像。结合图层蒙版和画笔工具隐藏部分图像后，设置其图层混合模式为“正片叠底”、“不透明度”为80%。

15 盖印图层并调整

按下快捷键Ctrl+Alt+E盖印“血”组，得到“血（合并）”图层，结合图层蒙版和画笔工具隐藏部分图像后，设置其“不透明度”为80%。按下快捷键Ctrl+J复制该图层，并设置其图层混合模式为“正片叠底”、“不透明度”为40%。

16 绘制图像并调整

新建“图层 12”，使用画笔工具为人物的眼部上色，并设置其图层混合模式为“柔光”。打开附书光盘中的“实例文件\Chapter16\Media\纹理0.jpg”文件，并将其拖曳到当前图像文件中，结合图层蒙版和画笔工具隐藏部分图像色调。

17 设置图层混合模式

设置该图层的图层混合模式为“叠加”，使其与下层图像自然融合。

18 调整图像色调

创建“色彩平衡”调整图层，并设置“中间调”选项的参数为-16、29、-3，以调整图像的色调。

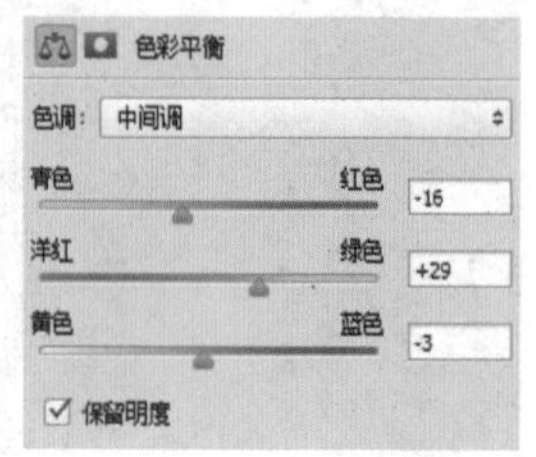

19 绘制图像并调整

新建“图层 14”，使用合适的柔角画笔，在图像中多次涂抹以绘制图像。绘制完成后，设置该图层的图层混合模式为“叠加”，使其与人物面部的色调更加协调统一。

20 合并可见图层并调整图像效果

按下快捷键Ctrl+Shift+Alt+E盖印可见图层，生成“图层 15”。分别使用加深工具和减淡工具，在人物面部进行涂抹，以增强人物面部色调的对比度。然后结合横排文字工具和图层样式，在画面中添加文字，使画面更加丰富。至此，本实例制作完成。

附录 Photoshop CS6常用快捷键列表

工具箱

操　作	快捷键	操　作	快捷键
矩形、椭圆选框工具	M	画笔、铅笔、颜色替换、混合器画笔工具	B
移动工具	V	历史记录画笔、历史记录艺术画笔工具	Y
魔棒、快速选择工具	W	裁剪切片、切片选择工具	K
仿制图章、图案图章工具	S	减淡、加深、海绵工具	O
橡皮擦、背景橡皮擦、魔术橡皮擦工具	E	钢笔、自由钢笔工具	P
污点修复画笔、修复画笔、修补、红眼工具	J	直接选择、路径选择工具	A
横排文字、直排文字、横排文字蒙版、直排文字蒙版工具	T	矩形、圆角矩形、椭圆、多边形、直线、自定形状工具	U
油漆桶工具、渐变工具	G	吸管、颜色取样器、标尺、注释、计数工具	I
抓手工具	H	缩放工具	Z
默认前景色和背景色	D	切换前景色和背景色	X
切换标准模式/快速蒙版模式	Q	临时使用移动工具	Ctrl
标准屏幕模式、最大化屏幕模式、带有菜单栏的全屏模式、全屏模式	F	临时使用吸色工具	Alt
套索、多边形套索、磁性套索工具	L	临时使用抓手工具	空格

文档操作

操　作	快捷键	操　作	快捷键
画布大小	Alt+Ctrl+C	打印	Ctrl+P
图像大小	Alt+Ctrl+I	打开“首选项”对话框	Ctrl+K
减小/增大画笔大小	[或]	显示最后一次显示的“首选项”对话框	Alt+Ctrl+K
选择第一个画笔	Shift+,	设置“常规”选项（在“首选项”对话框中）	Ctrl+1
选择最后一个画笔	Shift+.	设置“界面”（在“首选项”对话框中）	Ctrl+2
创建新的渐变预设（在“渐变编辑器”中）	Ctrl+W	设置“文件处理”（在“首选项”对话框中）	Ctrl+3
新建图形文件	Ctrl+N	设置“性能”（在“首选项”对话框中）	Ctrl+4
用默认设置创建新文档	Ctrl+Alt+N	设置“光标”（在“首选项”对话框中）	Ctrl+5
打开已有的图像	Ctrl+O	设置“透明度与色域”（在“首选项”对话框中）	Ctrl+6
打开为	Ctrl+Alt+Shift+O	设置“单位与标尺”（在“首选项”对话框中）	Ctrl+7
关闭当前图像	Ctrl+W	设置“参考线、网格、切片和计数”（在“首选项”对话框中）	Ctrl+8
保存当前图像	Ctrl+S	设置“增效工具”（在“首选项”对话框中）	Ctrl+9

（续表）

操　作	快捷键	操　作	快捷键
另存为	Ctrl+Shift+S	键盘快捷键设置	Alt+Shift+Ctrl+K
存储副本	Ctrl+Alt+S	菜单设置	Alt+Shift+Ctrl+M
页面设置	Ctrl+Shift+P	颜色设置	Shift+Ctrl+K

■ 编辑操作

操　作	快捷键	操　作	快捷键
还原/重做前一步操作	Ctrl+Z	扭曲（在自由变换模式下）	Ctrl
重做两步以上操作	Ctrl+Alt+Z	取消变形（在自由变换模式下）	Esc
还原两步以上操作	Ctrl+Shift+Z	重复上一次的变换	Ctrl+Shift+T
剪切选取的图像或路径	Ctrl+X或F2	变换复制的图像并生成一个副本图层	Ctrl+Shift+Alt+T
拷贝选取的图像或路径	Ctrl+C	删除选框中的图案或选取的路径	Delete
合并拷贝	Ctrl+Shift+C	用背景色填充所选区域或整个图层	Ctrl+BackSpace或 Ctrl+Delete
将剪贴板的内容粘到当前图形中	Ctrl+V或F4	用前景色填充所选区域或整个图层	Alt+BackSpace或 Alt+Delete
将剪贴板的内容粘到选框中	Ctrl+Shift+V	打开"填充"对话框	Shift+BackSpace
自由变换	Ctrl+T	从历史记录中填充	Alt+Ctrl+Backspace
应用自由变换（在自由变换模式下）	Enter	等比例变换（在自由变换模式下）	Shift

■ 图像调整

操　作	快捷键	操　作	快捷键
打开"色阶"对话框	Ctrl+L	将选定的点移动10个单位 （在"曲线"对话框中）	Shift+↑/↓/ ←/→
自动调整色阶	Ctrl+Shift+L	选择曲线上的前一个点 （在"曲线"对话框中）	Ctrl+Tab
打开"曲线"对话框	Ctrl+M	选择曲线上的下一个点 （在"曲线"对话框中）	Ctrl+Shift+Tab
将选定的点移动1个单位 （"曲线"对话框中）	↑/↓/←/→	打开"色相/饱和度"对话框	Ctrl+U
删除点（在"曲线"对话框中）	Ctrl+单击点	全图调整（在"色相/饱和度"对话框中）	Ctrl+~
取消选择所选通道上的所有点 （在"曲线"对话框中）	Ctrl+D	只调整红色（在"色相/饱和度"对话框中）	Ctrl+1
切换网格大小（在"曲线"对话框中）	Alt+单击网域	只调整黄色（在"色相/饱和度"对话框中）	Ctrl+2
选择RGB彩色通道 （在"曲线"对话框中）	Ctrl+~	只调整绿色（在"色相/饱和度"对话框中）	Ctrl+3
选择单色通道（在"曲线"对话框中）	Ctrl+1/2/3/4	只调整青色（在"色相/饱和度"对话框中）	Ctrl+4
打开"色彩平衡"对话框	Ctrl+B	只调整蓝色（在"色相/饱和度"对话框中）	Ctrl+5
去色	Ctrl+Shift+U	只调整洋红（在"色相/饱和度"对话框中）	Ctrl+6
反相	Ctrl+I	选择多个控制点（在"曲线"对话框中）	Shift+单击